中國茶全書

—湖南湘西卷—

包太洋　主编

中国林業出版社

图书在版编目（CIP）数据

中国茶全书．湖南湘西卷 / 包太洋主编．-- 北京 : 中国林业出版社，2022.5
ISBN 978-7-5219-1477-1

Ⅰ．①中… Ⅱ．①包… Ⅲ．①茶文化—湘西地区 Ⅳ．① TS971.21

中国版本图书馆 CIP 数据核字（2022）第 003359 号

策划编辑：段植林　李　顺
责任编辑：李　顺　陈　慧　陈　惠
出版咨询：（010）83143569

出 版：中国林业出版社（100009 北京市西城区刘海胡同 7 号）
网 站：http://www.forestry.gov.cn/lycb.html
印 刷：北京博海升彩色印刷有限公司
发 行：中国林业出版社
版 次：2022 年 5 月第 1 版
印 次：2022 年 5 月第 1 次
开 本：787mm × 1092mm　1/16
印 张：17.25
字 数：350 千字
定 价：228.00 元

《中国茶全书》
总编纂委员会

策　　划：罗　宇　周　宇　杨应辉　饶　佩　施　海　廖美华
吴德华　陈建春　李细桃　胡卫华　郗志强　程真勇
牟益民　欧阳文亮　敬多均　余柳庆　向海滨　张笑冰
编 辑 部：李　顺　陈　慧　王思源　陈　惠　薛瑞琦　马吉萍

《中国茶全书·湖南湘西卷》编纂委员会

主　　　　　编： 包太洋

副　　主　　编： 高建华　田科虎

执　行　主　编： 李雄野

执行常务副主编： 代尚锐

执 行 副 主 编： 黄文军　史春枝

编　辑　人　员： 刘亮晶　贺建武　秦廷发　李　荔　杨雪华

高芙蓉　田智强　彭　欢　余海云　欧阳杰

出版说明

2008年,《茶全书》构思于江西省萍乡市上栗县。

2009—2015年，本人对茶的有关著作，中央及地方对茶行业相关文件进行深入研究和学习。

2015年5月，项目在中国林业出版社正式立项，经过整3年时间，项目团队对全国18个产茶省的茶区调研和组织工作，得到了各地人民政府、农业农村局、供销社、茶产业办和茶行业协会的大力支持与肯定，并基本完成了《茶全书》的组织结构和框架设计。

2017年6月，在中国林业出版社领导的指导下，由王德安、段植林、李顺等商议，定名为《中国茶全书》。

2020年3月,《中国茶全书》获中宣部国家出版基金项目资助。

《中国茶全书》定位为大型公益性著作，各卷册内容由基层组织编写，相关资料都来源于地方多渠道的调研和组织。本套全书可以说是迄今为止最大型的茶类主题的集体著作。

《中国茶全书》体系设定为总卷、省卷、地市卷等系列，预计出版180卷左右，计划历时20年，在2030年前完成。

把茶文化、茶产业、茶科技统筹起来，将茶产业推动成为乡村振兴的支柱产业，我们将为之不懈努力。

王德安

2021年6月7日于长沙

保靖黄金茶产业示范园（湘西州扶贫开发办提供）

古文县瓮草村安吉白茶产业基地（墨戎镇提供）

茶文化推介（吉首市茶叶办提供）

茶旅活动（吉首市茶叶办提供）

吉首隘口茶旅风光（吉首市茶叶办提供）

永顺县莓茶产业基地（永顺县提供）

河溪古镇持久村夯古茶叶基地（吉首市河溪镇人民政府提供）

花垣五龙农业开发有限公司茶园基地（湘西州茶叶协会提供）

吉首乾州古城茶馆照

序　一

湖南湘西州具有独特的地理条件，特别是地理气候微生物发酵带、土壤富硒带、植物群落亚麻酸带“三带”特征，注定这里成为全国重要的绿茶产区、全省著名的绿茶产业带，注定这里茶叶的成分、色泽、香气、口感等独具特色，明显好于一些产区的茶叶，注定这里很多茶叶品种发芽早、产量高、节间长、适制性强，一芽一叶采摘率高。

湘西茶的高品质，珍藏着山水间的灵气，凝聚着制茶人的匠心，也承载着这片土地上的故事。明朝嘉靖年间，湖广贵州都御史陆杰从保靖前往吉首巡视兵防，经过保靖葫芦时，将士瘴气中毒，饮用保靖黄金茶后痊愈，赏茶农黄金一两，奉为贡品，“一两黄金一两茶”之说由此而起。湘西古丈籍歌唱家何纪光把《挑担茶叶上北京》唱响了大江南北，《古丈茶歌》也广为传唱，丰富了湘西茶的文化内涵和底蕴。

这些年，湘西州把茶叶的资源优势转化为产业优势、经济优势，下了大功夫。2020年，全州茶园总面积70多万亩，可采面积30多万亩[①]，茶叶产值50多亿元；“古丈毛尖”获中国驰名商标、百年世博会中国名茶金奖，“古丈毛尖”“古丈红茶”“保靖黄金茶”成为国家地理标志保护产品，“湘西黄金茶”品牌影响力不断扩大，永顺莓茶、保靖黑茶销量稳步提升，古丈、保靖、吉首被评为“全国重点产茶县”，古丈被评为“全国名茶之乡”“有机茶之乡”“中国茶文化之乡”。茶叶产业已成为湘西州农业八大特色产业的第一大产业，对巩固拓展脱贫攻坚成果、全面推进乡村振兴、加快农业农村现代化具有重要推动作用。

对湘西州来说，把握新发展阶段、贯彻新发展理念、构建新发展格局，提高现代化建设质量水平，最大的短板在农村，最大的潜力也在农村，而持续推进茶叶产业扩面提质，是更好更快补齐短板、挖掘潜力、锻造优势的有力抓手。发展茶叶产业，是一项经济工作，也是一项政治工作。习近平总书记高度重视茶产业发展和茶文化交流，作出了“一片叶子，成就了一个产业，富裕了一方百姓”的经典论述，开展了“万里茶道”“茶酒论”“茶之友谊”等“茶叙外交”。作为精准扶贫重要理念的首倡地，湘西州扛牢首倡

① 1亩=1/15hm^2≈666.7m^2，下同。

地的政治责任，不仅要体现在高质量打赢脱贫攻坚战上，更要体现在现代化建设的方方面面，任何时候都要强化看齐意识，认真学习贯彻习近平总书记关于发展茶叶产业的重要论述，把茶叶产业扩面提质作为解决“三农”问题的关键工作抓紧抓实。要让茶叶成为全州农业的骨干支柱产业、农村的拳头产品、农民的主要财源，让茶叶成为全省的主产区、大品牌，把湘西州打造成国内外有影响力的绿色生态茶叶产地和茶产业强州，为全面落实“三高四新”战略定位和使命任务、建设现代化新湖南贡献更多力量。

序　二

湖南湘西州是精准扶贫首倡地，是湖南茶产业的核心区和优势区域。湘西宜种茶、出好茶，茶历史、茶文化源远流长，是大自然的馈赠，也是劳动者的创造，为地方增添财富、远播声名、带来希望。

近年来，湘西州委、州政府高度重视茶产业发展，基地建设不断壮大，经营主体蓬勃发展，品牌价值快速提升，打造出了“湘西黄金茶”“保靖黄金茶”“十八洞黄金茶”“古丈毛尖”“永顺莓茶”“凤凰雪茶”等一批知名度高、影响力强的茶叶区域公共品牌，助推了茶业增效、茶民增收。

当前湘西州茶产业迎来了高质量发展和最佳投资机遇期，湘西州委、州政府将认真贯彻落实习近平总书记关于茶产业的经典论述，紧扣湖南省“千亿湘茶”发展战略，瞄准“茶叶基地100万亩、综合产值100亿元”的发展目标，坚持“绿色有机、质量兴茶”发展之路，着力加大基地建设，大力推进茶旅融合，助推茶产业高质量发展。湘西州将扩大基地规模，坚持适区适种、适种适制，坚持适度规模经营与适量分散经营相结合，稳步提升主产区，合理开发新产区，力争尽快实现种植规模100万亩。育强市场主体，培育一批实力强、品牌响、产业链完善的龙头企业，带动整个市场主体成长壮大，全面推进优质茶园向优势企业集中，提高茶叶科学化种植、标准化生产、集约化经营、品牌化营销水平。做优特色品牌，突出绿色、生态、有机、富硒优势，加强古丈毛尖茶、保靖黄金茶、湘西黄金茶和永顺、凤凰雪茶等品牌建设，大力发展绿茶、红茶、黑茶等多茶类，打造一批国家级农产品区域公用品牌、全国知名品牌企业。坚持融合发展，推动茶叶与文旅、工业、商贸、物流等产业要素相互渗透，促进全产业链发展，尤其积极策应全域旅游发展，建设一批茶叶特色小镇，打造茶乡特色乡村旅游，推出一批观茶、采茶、制茶和茶道、茶艺体验等主题项目，开发一批新式茶饮品、红茶黑茶特色工艺品和旅游纪念品，举办评茶斗茶赛事和文化旅游节，引导茶叶产业与文化旅游、康健养生深度融合。

参与《中国茶全书》编纂工作，能够更好地实现湘西州茶叶品牌“走出去”，推动全州茶产业和茶文化更好更快发展。相信在各级各部门、各位专家和社会各界人士的关心支持下，湘西茶产业一定会发展成为湘西州最重要的特色支柱产业，湘西茶产业必将成为中国茶叶非常闪亮的名片，助力湘西州打造成为全国脱贫地区乡村振兴示范区！

前 言

湘西土家族苗族自治州（全书简称“湘西州”）地处武陵山腹地，是古老的茶产区之一。汉末三国之交的吴初在《桐君采药录》（约230年）记载的全国几个产茶地，其中就有酉阳（今湖南永顺南）一地，说明湘西的永顺一带，在东汉时代就已是一个知名的茶叶产地。从唐朝之后，湘西茶产区的史料多次在典籍中被提及。通过文献记载、考古文物、传统技艺等，均可以看出湘西茶史悠久。

湘西州位于湖南省西北部，在湘、鄂、渝、黔四省市交界处，境内多山，峡谷、河流、天坑、溶洞、阴河、溪流众多，森林覆盖率高，自然风光秀丽。现辖1市7县、1个高新技术产业开发区，总人口近300万人，是习近平总书记精准扶贫重要论述的首倡地，是湖南省唯一的少数民族自治州。

传奇北纬30°，神秘之境在湘西。湘西州处于全国罕见的气候微生物发酵带、土壤富硒带和植物群落亚麻酸带和全国四大茶区过渡区，是我国重要的绿茶产区，有“中国绿心”之称，是湖南省茶叶产业的核心产区和优势区域。域内小气候多样，自然环境优越，孕育出了“保靖黄金茶”“古丈毛尖”“湘西黄金茶”“十八洞黄金茶”“永顺莓茶”“凤凰雪茶”等知名茶叶区域公用品牌。

近年来，湘西州按照省委、省政府“建设茶叶强省，打造千亿湘茶”的战略目标，积极落实湘西州委、州政府“打造百亿茶产业，增添湘西新名片”产业发展目标，坚定不移走“品质立茶、品牌兴茶、政策扶茶、文旅活茶”之路，着力将茶产业打造成为全州巩固脱贫成果、实现乡村振兴的优势产业、富民产业、生态特色产业、农旅融合产业。2017年，全州茶叶种植面积28.57万亩，产量3999t，综合产值12.75亿元。2020年，全州茶叶种植面积突破70万亩，占全省茶园面积1/4，综合产值50.12亿元；涉茶人口超过14万人，茶农人均增收4000元以上，涉及全州8个县（市）的89个乡镇、513个村。许多贫困户依靠自己双手发展产业脱贫致富，把茶叶作为当家产业，收获“金叶子”脱了贫。

在中华五千年的历史长河中，湘西人民长期利用茶，茶经历了药用、饮用、礼用的过程。与此同时，湘西人民产生和发展了用茶习俗，以茶传情表意，以茶载道，更进一

步科学合理地规划发展茶产业；注重以市场导向为原则，开发有本地域、本民族特色的茶文化旅游资源，积极拓展茶旅游、茶观光、茶休闲、茶体验等茶叶新兴业态，重点开发一批茶叶生态观光园、茶旅小镇、休闲茶庄，推动茶叶产品的产业链与价值链延伸，促进了茶业与旅游业深度融合发展，成就了茶的文学艺术。湘西茶文化这棵树上分支众多，硕果灿若繁星，兼收并蓄，包罗万象，既可阳春白雪，也有下里巴人。湘西茶文化源远流长，对整个中国茶文化的产生和发展起着重要的作用，有着不可或缺的影响。湘西州作为全国主要旅游目的地之一，具有特殊的地理条件和丰富的民俗文化，茶叶生长条件优越，茶文化绚丽多姿，开发茶文化旅游对湘西州来说具有重要的价值。近几年，湘西州注重从发展共识、基地建设、质量监管、产品研发、营销拓展、品牌宣传等环节着力，着重打造独特的茶旅文化；注重把茶文化旅游与自然旅游和人文旅游资源结合起来，因地制宜发展茶产业成为湘西州绿色发展、生态兴州、精准脱贫的重要支柱产业。

《中国茶全书·湖南湘西卷》的编纂，旨在深度挖掘、宣传和弘扬湘西州茶文化，助推湘西州茶产业高质量发展，更好地助力湘西州乡村振兴事业。该书的编纂得到了湘西州人民政府、湘西州委党史研究室（湘西州地方志编纂室）、湘西州农业农村局、湘西州茶叶办及全州各县市茶叶办、湘西州茶叶协会的大力支持，在此表示衷心的感谢！

编　者

2021 年 12 月

目录

乾州
乾州

第一章 茶史篇

湘西州地处武陵山腹地，重峦叠嶂，溪瀑纵横，生态优美，产茶历史悠久，自古是茶叶的重要产地，是古老的茶乡，是我国茶文化早期产生形成地区之一。湘西地区在战国时期就有了饮茶的历史，1985年古丈河西镇白鹤湾战国古墓群发现的大量茶器茶具，把湘西州的茶历史追溯到春秋战国时期。两汉时期，就有茶事活动。唐朝，湘西州茶饮普及，产茶区遍布酉水、沅水、澧水、武水等多条水系，成为主要的贡茶区之一。宋朝，湘西州已经成为武陵山一带商品茶的主产区。元朝创设土司制度，巩固了湘西茶叶作为朝廷贡品的历史地位。迄至明末清初，湘西茶叶贸易范围逐渐扩大，成为湘、鄂、黔、渝四省市交界处进行茶马交易的主要商品，茶马贸易和茶叶贩运非常繁荣。1921—1948年，湘西州茶叶进入艰难发展期。中华人民共和国成立后，湘西州产业发展进入恢复发展期、名优茶开发期，名茶辈出，打造出保靖黄金茶、古丈毛尖、永顺莓茶系列知名品牌。步入21世纪后，全州1市7县、1个高新技术产业开发区、30多家龙头企业蓬勃发展，绘就出湘西茶叶发展新的画卷。

第一节　湘西茶史概说

湘西有十分悠久的产茶史。通过历史文献记载、考古实物、专家考证可知，湘西茶叶种植历史悠久。湘西地区是远古的茶乡，茶叶种植历史可追溯到先秦时期，唐朝开始就进贡茶叶，清朝时已经形成了以种茶谋生、靠茶致富的专业化茶叶生产方式。

一、文献记载

据东晋常璩《华阳国志·巴志》记载，先秦时期，地处武陵山区的巴蜀一带就已经“土植五谷，牲具六畜。桑、蚕、麻、纻、鱼、盐、铜、铁、丹、漆、茶、蜜、灵龟、巨犀、山鸡、白雉，黄润、鲜粉，皆纳贡之。其果实之珍者：树有荔芰，蔓有辛蒟，园有芳蒻、香茗、给客橙、葵。”茗，即由嫩芽制成的茶（图1-1）。

汉末三国之交的吴初在《桐君采药录》（约230年）记载，东汉“酉阳、武昌、晋陵皆出好茗。巴东别有真香茗，煎饮，令人不眠。”汉代的酉阳在今湖南永顺南一带，其县治即今王村（芙蓉镇）。可见汉代，湘西州多县已盛产茗茶。西晋《荆州土地记》载：“武陵七县通出茶，最好。”当时的武陵郡，其郡治在今常德，

图1-1 保靖黄金茶400多年的古茶树王（保靖县茶叶办提供）

其境在湖南沅水、澧水流域，湖北清江以南，贵州铜仁东南及重庆彭水、酉阳附近十县，“武陵七县”自然亦含湘西州在内。可见，早在西晋之际，包括湘西州在内的武陵山区就已经成为茶叶的重要产区。

唐朝陆羽（733—804年），编纂了世界第一部茶叶专著《茶经》，被誉为茶圣。《茶经》采用了唐朝李泰（620—652年）《坤元录》说法：“辰州溆浦县西北三百五十里无射山，云蛮俗当吉庆之时，亲族集会歌舞于山上，山多茶树。”吕洞山正好处于溆浦县西北方，且与溆浦县高速公路里程180km，与《茶经》中的“三百五十里”相差无几。唐朝杜佑《通典》载：唐玄宗天宝年间灵溪郡贡茶芽二百斤[②]。灵溪郡治在今永顺、龙山、古丈一带。

吴觉农在其《湖南茶叶史话》中指出：“据说永顺东南120里[③]，源出高望山，唐末楚王立铜柱所在，一名叫茶溪。《茶经》所指茶溪或者指此。”这说明古丈高望界和会溪坪一带产茶。该地如今还有古茶树遗存。

后晋天福四至五年（939—940年），在古丈县下溪州故城会溪坪发生了一场溪州之役。据考证，这是与茶叶相关的战事。五代时期，藩镇割据，茶税繁重。《旧五代史》载：“自湖南楚国马殷，从判官高郁清，听民自接山收茗，筹募高户，置邸阁居茗，号八床主人，卖于北客，收其征以赡军，岁数十万。”溪州刺史彭士愁，不堪连年献贡茶之劳累，更不忍茶税之繁重，带领五溪之民“侵暴辰澧”，最后立铜柱罢兵。铜柱铭文中有这样的记载：“凡王廷差收买溪货，并都幕采伐土产，不许辄有庇占。”进而又说：“尔能恭顺，我无征徭，本州赋租，自为供赡。”这又从另一个侧面说明，原来繁重的茶叶赋租税课，通过这次战争，完全免去，由溪州自为供赡。

宋朝时期的溪州为羁縻州，溪州刺史彭氏也以土贡的方式向朝廷贡茶。但因朝廷对此地的管控并不具有延续性，因而有关贡茶的记录，文献所载并不系统，但溪州地区一直向朝廷贡茶则是不争的历史事实。《宋史·食货志》对各地所产的茶叶商品等级也有详细记载，武陵山茶叶名列其中，这同样说明当时湘西所产茶叶已经形成规模性经营。

元朝在溪州地区设置土司，称为永顺安抚司，古丈地区则由该土司统辖。明朝永顺保靖分别设置为两个宣慰司，古丈地区交由永顺彭氏土司统辖，并在该地设置了古丈坪长官司，永顺土司对朝廷的贡茶出处，开始变得明朗。明清时期，湘西茶叶生产益盛（图1-2）。明正德《湖广图经志

图1-2 湖南省重点文物保护单位黄金寨古茶园石碑（保靖县茶叶办提供）

② 1斤=500g，下同。
③ 1里=500m，下同。

书》："辰州府，茶。各州县皆出。"清光绪《古丈坪厅志》载："古丈坪厅之茶，种于山者甚少，届人家园圃所产，及以园为业者所种，清明谷雨前采摘，清香馥郁，有洞庭君山之胜，夫界亭之品。近在百余里内，茶为沅陵出产之大宗。其始固亦一二人之栽植，而后遂成为风气。若其无涩苦味，则古厅之独胜也。"可见，当时茶叶的珍贵、繁荣与身价。

以上摘录的文献典籍，足可勾勒出湘西悠久的产茶历史和厚重的茶文化。

二、考古文物

1984年，湖南省以及湘西州考古队在河西白鹤湾发掘上百座战国楚墓，出土千余件珍贵的历史文物，呈现巴、楚、土著遗物共存一穴的历史迹象。据专家考证，春秋战国时期，巴军顺酉水而下进攻楚黔中郡，途经古丈县境。经过一场鏖战，巴军失利，最后退守河西。在楚军强大攻势下，"巴人后遁而归"。在这频繁的战事中，巴人的种茶、制茶的技术和饮茶风俗，传入古丈县。白鹤湾出土的文物中，就有茶壶、茶杯、茶灶等冥器。

2003年7月和2004年4月，湖南湘西州文物管理处在古丈县河西镇燕子窝墓地抢救性发掘战国、西汉、东汉墓葬10座，共出土文物110件，再次发现了不少与茶有关的茶具，如烧开水用的陶豆陶斧、喝茶用的土陶杯等。燕子窝墓地是一处西汉末期到东汉期初在当地享有名望的家族墓地，出土的部分典型茶具器物，充分展示了这一时期茶饮文化的发展。

2019年8月，保靖县迁陵镇花井村汉墓出土了数量众多的水器。如M65（墓编号，下同）出土有铜圆壶1件、铜谯壶1件、方壶2件、圆壶2件，M75出土有方壶3件、圆壶2件、罐2件、小罐1件，M79出土圆壶5件、小壶3件、谯壶1件，M77出土方壶2件、圆壶1件、耳杯2件、杯2件、勺2件、瓢1件、谯壶1件，M79出土圆壶1件、谯壶1件，等等（以上为不完全统计，因为一些出土器物还在修复中）。这些水器也可以说就是茶具，对于发掘湘西茶文化具有十分重要的意义。

三、传统技艺

湘西有着久远的茶叶加工传统技艺（图1-3）。成书于三国魏明帝太和年间（227—232年）的《广雅》有如下记载："荆巴间采叶作饼，叶老者饼成，以米膏出之。欲煮茗饮，先炙，令赤色，捣末置瓷器中，以汤浇覆之。用葱、姜、橘子芼之。其饮

图1-3 茶叶加工技艺（湘西州茶叶协会提供）

醒酒，令人不眠。”据考证，“荆巴地区”大致范围包括湖北，陕西汉中、安康两地区的汉水两岸一带，川东的万县、达县、涪陵三地区，湖南的湘西州、黔东北部分地区。这一记载表明，当时加工茶叶需要用蒸煮、杀青、发酵、压饼、储存等工序，所制成的商品茶属于红茶类型。该记载，可以称得上是对湘西早期饮茶传统习俗的一个全方位阐明。湘西有着古老的茶叶采摘传统技艺。在湘西古丈县，至今保留着数千年传承下来极其考究的茶叶采摘传统手工技艺（图1–4）。

图 1–4 茶叶采摘（吉首市茶叶办提供）

湘西古丈苗族乡民的传统采茶手工技艺的要求十分严格，都是靠数千年沉淀的长期的经验积累而来。古丈毛尖传统采摘手工技艺中的时间要求极为严格，采摘季节性很强，鲜叶质量要求高。一般在清明节前一个星期开采，全程采摘期为10~15天。清明节前采的为“社茶”，清明节后采的为“清明茶”。鲜叶要求采一芽一叶，叶要求初展或开展，并要求不能采摘带雨水的茶芽，不采紫色叶，更不能采虫伤叶，也不能采成空心茶芽，即光有茶叶，而没有茶芯的茶芽。同时不允许夹带鱼叶和茶芽根部的鳞片，所谓鱼叶，是指叶片尚未舒展者。古丈苗族采茶有春、夏、秋三季之别。但古丈毛尖只能取自春叶。采摘期的采摘时辰以每天的清晨为好，一般要求在太阳直射到茶芽之前为度，这是加工极品贡茶的标准。

古丈毛尖数千年来传统采茶时间的严格限制，其实有着非常明确地科学性和合理性。其依据在于，一旦太阳光直射到茶芽时，初生的茶芽也会开始光合作用，而不是靠茶树所提供的养料生长。光合作用一旦开始，茶叶内部的化学成分就会发生改变，从而影响到茶叶的香味和口感。因而，古代加工贡茶时，一定要选择太阳光没有直射到茶芽前采摘。古丈毛尖加工的要点在于，采茶时的断芽，大多采用掰断或者扯断，指甲通常不直接接触断口处。掰断是将手的大拇指和食指一并使用，再借手腕力量向上掰断；扯断是指用手的食指和中指夹住茶叶，向上使劲，扯断茶叶。之所以要严格规定采茶的技艺要求，其目的都是要求采茶的过程中，手指不对茶芽构成挤压，以免导致茶叶基部细胞的破裂。细胞破裂后，细胞液会流出细胞外，茶叶内部的生化反应就会导致茶叶的香味和口感有效物质发生改变，从而影响制作茶品的质量。至于为何不能用指甲掐断芽根，则与很多有关茶叶的专著存在着较大的偏差。比如《茶史》一书就明确记载，断茶时必须要快，只能用指甲掐断，不能有手指掰断，而古丈毛尖的采摘却不允许用指甲。其中的原因则在于，古丈毛尖的产地与我国东南地区的茶叶产地生态背景很不相同。古丈毛尖的茶树生长地，春季多浓雾和阴天（图1-5）。茶芽长出后，生长速度很慢。茶芽基部的茶梗十分柔嫩，通常都不会出现纤维化，甚是脆弱，只要稍加用力，茶芽的梗就会自然弹断，无须用指甲掐断。这样做的好处则在于，由于茶梗是自然弹断，因而破裂的细胞很少。汁液的渗出微不足道，不会引发红根，更不会影响到茶叶的香味和口感。在采茶过程中，最易出现的败作就是"红根"。所谓"红根"，就是指制作好的茶叶根部呈现为红褐色，而这也是茶叶质量欠佳的直接标志。因而茶叶采摘后，如果每根茶叶的基部颜色变成红褐色，茶农们一般称之为"红根"。"红根"就是指茶叶所含的单宁酸，经过氧化后变成红褐色，出现红褐色以后，茶叶的品质就会明显下降，不能制作出极品的古丈毛尖。要避免制茶中出现红根，其间的技术要领是采茶时，不能对茶根处用力挤压，而导致茶叶里的细胞破裂。细胞破裂就会引发茶叶大量分泌单宁酸，从而表现为红根现象。

图1-5 悠悠茶情（湘西州农业农村局提供）

不仅采茶时的技术要求十分严格，对鲜芽的运输要求也十分严格，关键是要确保鲜叶及时进入制茶工艺，否则也会影响茶叶的质量。如果采下的鲜茶在空气中延续的时间过久，没有及时做到摊青、杀青加工，或者在鲜茶芽运输的过程中，受到人为的挤压或过于紧密地堆放，都会导致茶叶过分的分泌单宁酸，同样会造成茶芽的红根现象。因而当地乡民无论是采茶、运输，还是摊青、杀青，都要做到快、轻，不仅茶芽的装筐，要从快从轻，鲜茶芽运输的过程中也必须要用透风的竹篓、背篓，轻放、轻装。采完一批就要马上送到加工地点实施摊青和杀青。摊青、杀青时也要快放、轻放，不允许拖延时间，其标准是鲜茶芽运到加工地时，最好保持处于常温状态，茶芽如果发热，那就意味着茶芽开始变质，制作成古丈毛尖，等级就要下降。遇到这样的情况，当地乡民通常是将稍微变质的茶芽用于制作红茶。这不仅是为了避免出现红根，同时也是为了避免鲜茶受挤压，或者呼吸不畅时，会发生不利的生化反应，影响茶叶的芳香和口味。

总之，古丈苗族乡民的采茶技艺十分考究，虽说各项技术要求都是靠数千年的经验积累而来，但其原理却与当代的科学技术分析结论甚是契合，与古丈毛尖的生长背景相合拍。所以，在唐宋时期，古丈毛尖就已加工成极品贡茶。

第二节　黄金古茶园

湘西有历史悠久的黄金村古茶园、古茶树。保靖黄金茶主要产自保靖黄金村古茶园，而保靖古茶园最早可以追溯到元朝，其统治者对少数民族地区采用土司制度实行管理。当时保靖属于产茶区，上交贡茶则是分内之事，为了更好地保证茶的产量与口感，保靖古茶园的雏形孕育而生。遗留于今的保靖古茶园格局，大致是明朝时期开始创建。有明一代，保靖土司地位攀升以至宣慰司，这时保靖土司有实力修建和管理大规模的茶园。至于清朝雍正改土归流之后，虽然没有土司的庇佑，但是保靖地区仍然得上供茶叶，故而茶园仍然得以维持运作，主要是由当地的流官负责。在这几百年间，保靖古茶园一直在传统模式的管理下，保持着优质的口感，得以在元、明、清三朝成为贡茶。尤其是清朝改土归流，保靖地区已没有土司的土贡任务，但仍然成为贡茶区，足以见得贡茶品质之佳。

图 1-6　夯纳乌古茶园（保靖县茶叶办提供）

保靖黄金寨古茶园包括7个片区，分别为格者麦古茶园、德让拱古茶园、库鲁古茶园、夯纳乌古茶园（图1-6）、团田古茶园、龙颈坳古茶园（图1-7）和冷寨河古茶园。前六个片区沿横贯该村的冷寨河两岸分布，第七个小片区位置偏南，与苗祖圣山吕洞山融为一体。此外，在葫芦镇、吕洞山镇和水田河镇等其他村，也零星分布着一些古茶树。

图 1-7　龙颈坳古茶园（保靖县茶叶办提供）

保靖黄金茶古茶园、古茶树是

保靖黄金茶产业发展的活见证、活档案，是茶树种质资源的基因宝库和湘茶珍贵的茶文化遗产。2008年，保靖县文物管理局在黄金村（当时属葫芦镇）开展第三次全国文物普查，首次确认有古茶树的存在。2009年，保靖黄金茶古茶园被列为湖南省第九批省级文物保护单位，成为全国第二个“仍在生存的古老植物并具有相当价值的植物作为文物保护对象”，是活着的文物，并划定了保护范围和建设控制地带。保护范围以古茶园外缘为起点，四向各至100m处，建设控制地带为四向各至保护范围外200m处。

2020年，湘西保靖县有古茶树108个株系、5923棵，主要集中在黄金村七大古茶园（表1-1~表1-3）。其中古茶树主干围径在30cm以上的古茶树有2057株，明朝古茶树718株，清朝1339株，面积约148600m^2，均沿河傍山而植，海拔280~530m。现存的“古茶树王——保靖黄金茶1号母茶树”有414年的树龄。现保存最好、树龄最长的古树，为德让拱古茶园中的“黄金茶树王”，被当地农业部门定为“黄金3号”物种；该树树径120cm，主干围径95cm，其他主要分支的围径分别为45cm、35cm、32cm，主干高4.5m、冠幅达5.5m，每年可产黄金毛尖500余克。另外，生长在库鲁古茶园的“黄金2号”古茶树，枝叶繁茂，现为黄金茶开发扦插的最主要物种，湖南省有关部门为该古茶树立有保护碑；该茶树高238cm，树冠510cm，共有8根枝干，最大的围径有31cm（图1-8）。

图1-8“黄金2号”古茶树（保靖县茶叶办提供）

表1-1　2020年保靖黄金村古茶园的古茶树情况

茶园名称	面积/亩	具体情况
龙劲坳古茶园	20	树龄200~300年3株，树龄100~200年79株
格者麦古茶园	160.8	树龄200~300年147株，树龄100~200年1312株
德让拱古茶园	152.8	树龄400年以上2株（黄金茶母本1株，1号古茶王1株），树龄300~400年13株，树龄200~300年107株，树龄100~200年1112株
库鲁古茶园	123.6	树龄300年以上1株（2号古茶树），树龄200~300年2株，树龄100~200年105株
夯纳乌古茶园	67.5	树龄200~300年9株，树龄100~200年647株
团田古茶园	9.4	树龄350年1株(168号)，树龄200~300年46株，树龄100~200年2133株
冷寨河古茶园	0.8	树龄200~300年5株，树龄100~200年219株

表 1-2　保靖县黄金寨古茶园当代开发简史

年份	事项
1949	保靖县黄金村古茶生产得到了恢复和发展
1994	保靖黄金茶获得湘、鄂、川、黔四省边区茶叶展销第一名
1995	保靖黄金茶获“湘茶杯”名茶评比银质奖
1997	保靖黄金茶进入钓鱼台国宾馆，获国内外朋友高度赞赏
1998	发展本土特色资源黄金茶，利用扦插技术，全县的黄金茶种植面积达到 266.67hm^2
2005	保靖黄金茶被农业部、湖南农业大学、湖南省茶叶研究所一行专家组到黄金村实地考察鉴定命名为“保靖黄金茶”，并列入国家级种子名录库
2007	黄金 2、3 号古茶树被保靖县人民政府列为被保护的古茶树，进行挂牌保护，编号为 B07826
2008	保靖黄金茶在中国茶叶高峰论坛中被评为“全国名优绿茶金奖”
2009	黄金古茶被中国绿色食品发展中心认定为“绿色食品”，成为全县首例获得绿色食品标志使用权的产品；保靖县委、县政府出台了《关于进一步加快黄金茶产业发展的意见》，以科学发展观为指导，着力培植龙头企业，实施品牌战略，建设生态茶园，实现经营产业化，进一步加快了黄金茶产业发展步伐；保靖黄金古茶园被批准为湖南省第九批重点文物保护单位；湖南省茶叶研究所同保靖县农业局在保靖县城召开“特早生高氨基酸优质绿茶新品种保靖黄金茶 1 号现场评议会”，公布氨基酸检验结果；湖南省保靖县被评为全国重点产茶县
2010	保靖黄金茶获得农业部的农产品地理标志登记
2011	在长沙举行的湖南省保靖县黄金茶拍卖会上，2 两*“1 号母树”保靖黄金茶拍出了 9.8 万元的高价，也就是卖得 980 元 /g，而截至当日 13 时 21 分，国际黄金现货价格的卖出价为 307.84 元 /g，1 两保靖黄金茶的价格超过了同等重量黄金的 3 倍，2 号、8 号母树产出的 2 两茶也分别拍得 6.8 万元、3.88 万元，成为中国绿茶中的“新贵”；保靖黄金茶获得中国中部农博会金奖
2012	保靖黄金茶获得著名商标证书
2013	湖南省保靖县被评为茶叶发展示范县；湖南省保靖县被评为产业发展示范县
2014	保靖黄金茶获得武陵山富硒茶博会金奖
2016	保靖黄金茶被评为湖南著名商标；保靖黄金茶获得上海国际茶博会金奖；保靖黄金茶被评为湖南省十大农业品牌；保靖黄金茶被评为湖南十大茶叶公共品牌；湖南省保靖县被评为全国重点产茶县
2018	保靖黄金茶获得上海茶博会金奖；保靖黄金茶获得“全国十佳地标品牌”称号；保靖黄金茶被评为湖南茶叶千亿产业十大创新产品；保靖黄金茶登录 CCTV-4 纪录片《源味中国》亮相；“中国·国茶保靖黄金茶产业扶贫与乡村振兴高峰论坛”在保靖县隆重举行——挖掘和提升黄金茶文化内涵，打造茶文化展示高端平台
2019	“保靖黄金茶”产业综合产值突破 8 亿元
2020	保靖黄金茶春茶采摘加工 662t，其中：绿茶 381t，红茶 281t，总产值 7.484 亿元，综合产值近 9 亿元

注：*1 两 =50g，下同。

表 1-3　保靖古茶园外围区分布情况

所在镇	所在村（组）	地点	经度	纬度
吕洞山镇	夯沙村	夯噶	109°40′6.3″	28°25′13.3″
吕洞山镇	夯吉村	半列别	109°41′59.6″	28°26′45.9″
吕洞山镇	吕洞村	图旗	109°41′21.8″	28°27′38.3″
吕洞山镇	矮坡村	大猫桥	109°41′45.3″	28°29′2.8″
吕洞山镇	黄金村	团田	109°47′7.9″	28°26′46″
吕洞山镇	排吉村	独排	109°45′2.3″	28°27′8.2″
吕洞山镇	傍海村	学校后门坡	109°44′7.7″	28°28′10.5″
吕洞山镇	夯沙村	夯噶	109°40′6.3″	28°25′13.3″
吕洞山镇	夯吉村	半列别	109°41′59.6″	28°26′45.9″
吕洞山镇	吕洞村	图旗	109°41′21.8″	28°27′38.3″
吕洞山镇	矮坡村	大猫桥	109°41′45.3″	28°29′2.8″
吕洞山镇	黄金村	团田	109°47′7.9″	28°26′46″
吕洞山镇	排吉村	独排	109°45′2.3″	28°27′8.2″
吕洞山镇	傍海村	学校后门坡	109°44′7.7″	28°28′10.5″
葫芦镇	啊着村	仁高	109°82′1.1″	28°49′29.3″
葫芦镇	大岩村	拿米作	109°80′20.6″	28°48′48.3″
葫芦镇	茶坪村	夯图牙	109°80′23.1″	28°47′10.1″
葫芦镇	排纽村	洞仁社五	109°77′99.6″	28°47′36.9″
葫芦镇	堂朗村	白豪山	109°78′27.6″	28°48′8.8″
葫芦镇	木芽村	柴重	109°77′24.2″	28°49′24.3″
葫芦镇	青岗村	任共楼	109°78′85.4″	28°49′8.3″
葫芦镇	瓦厂村	半者仁	109°76′82.2″	28°53′5.8″
葫芦镇	葫芦村	排后早	109°75′60.4″	28°53′9.1″
葫芦镇	枫香村	老寨场	109°76′5.3″	28°54′14.5″
葫芦镇	米塔村	夯仁瓦	109°74′57.2″	28°53′22.9″
葫芦镇	桃花坪	动呆五	109°74′61.7″	28°50′7.9″
水田河镇	水田村	余家几斗乌	109°58′89″	28°53′59″
水田河镇	中心村新寨组	龙颈坳	109°39′41″	28°30′46″
水田河镇	孔坪村排家组	毕各了归	109°36′3″	28°30′44″
水田河镇	丰宏村他者组	窝夯街	109°59′94″	28°63′71″

第三节　黄金古茶道

湘西古老的黄金古茶道主要是沿南长城一带的苗疆边墙，曾是“苗防”的重点区域，尤其清雍正皇帝“改土归流”前，苗疆与明清王朝常发生武装冲突。明宣德五年（1430

年）建筑边墙，即南方长城，沿城墙每三五里便设有边关、营盘、哨卡，防止苗民起义，并禁止苗汉贸易。南长城是在明清两朝所筑的松桃、铜仁、凤凰、花垣、吉首生苗和熟苗居住界线之间的屯堡、碉楼、营哨、关卡构成的环形军事线上修建的。明万历末年，修筑墙壕把湘西的碉楼哨卡连了起来，形成一道如北方长城似的军事防线的“边墙”。史载“旧日边墙上起黄会营，下止镇溪所，绕水逾山，统三百余里”，“天启中又起自镇溪所至喜鹊营止，添墙六十里”（明），这段明“边墙”至崇祯年间“土墙尽踏为平地”，到康熙时破毁殆尽。清嘉庆年间在明“边墙”旧址上重修了近170多里的城墙。

地处武陵山腹地保靖县东南的葫芦镇黄金村，平均海拔280~530m，四面环山，一条冷寨河穿越整个产茶区，长年流水不断，绵延的小山丘，满布茶树，点缀在山岭之间。吕洞山与酉水河之间，龙颈坳、格者麦、德让拱、库鲁、夯纳乌、团田、冷寨河等七大古茶园及两个古苗寨，连成一条黄金古茶道。该茶道所沿边墙为自贵州铜仁至湖南保靖沿边建筑土墙，明宣德年间所修，墙宽4尺[④]，高9尺，墙外深壕，壕外栽竹签棘刺。迤山亘水380余里，费官银4万两。未筑边墙的地区，建筑门卡、碉卡、汛堡等，并在苗疆村寨派驻外委或守备。

《保靖县志》有对保靖黄金茶集中的原产地黄金寨、排吉寨等，派驻外委一名的记录（图1-9）。这些边墙，碉楼、门卡等连成一体，成为保靖黄金古茶道上的苗疆防线，也是明清王朝统治苗疆“以夷制夷”“改土归流”的军政产物。湘西保靖黄金古茶园距明清苗疆边墙仅1.5km，步行时间仅需15min。保靖黄金茶古道沿线经过的排吉、夯吉等苗寨，就是因以前当地大量种植茶叶而得名的，苗语“排吉”的汉语解释为“有一排排茶树的地方”，“夯吉”是“有茶的山沟沟”之意。

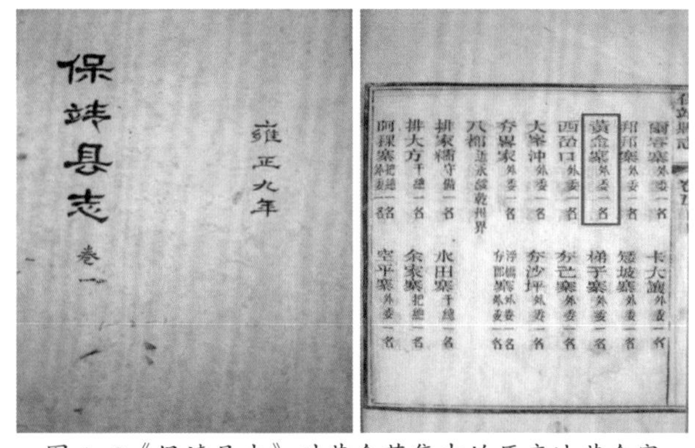
保靖县志
卷一
雍正九年

黃金寨外委一名
西岔口外委一名
梯子寨外委一名
夯沙坪外委一名
水田寨千總一名
排大方千總一名
余家寨把總一名

图1-9《保靖县志》对黄金茶集中的原产地黄金寨派驻外委记录（保靖县茶叶办提供）

政治阻碍了文化的交融，却在无意之中保护了这里的生态，直到明万历年间，永顺、保靖还“居常则渔猎腥膻，刀耕火种为食”（《广志铎》卷四）。自然山水气候和石灰岩、白云岩、板页岩等发育而成的马肝泥土和扁沙泥土，共同塑造了这里茶的品质，使得早春黄金茶氨基酸的高含量高达7.47%，为同一时期一般绿茶的2倍。

湘西苗疆边墙在特殊的历史环境中，还承担了苗族文化特别是黄金茶文化的传播作

④ 1尺≈33.3cm，下同。

用，有利于保护过往商队的安全。湘西苗疆边墙部分遗存有曾被评为1处世界遗产预备名录——“凤凰区域性防御体系”、1个全国重点文物保护单位——凤凰古城堡、2个湖南省重点文物保护单位——湘西明清边墙、保靖古军事屯堡群；应运而生了北走隘口—黄金—茶坪—大岩—葫芦—水银—狮子桥—永绥厅，上黔蜀等地；南走排吉—夯吉—望天坡—夯沙—乾城（乾州）、镇竿（凤凰），至沅陵等地的古茶道。在吉首隘口村至今保留着苗疆边墙、茶马古道、隘门关、烽火台等多处遗存。隘门关是古南长城专为湘西黄金茶边贸开设的关口。据《乾州厅志》记载：“茶出隘门边卡，社茶专贡皇上，谷雨茶专呈太守，秋茶贩与湖南商人。”隘口茶马古道北通永顺、东通沅陵，南通凤凰、西通巴蜀，明清时期每年农历三四月经此处运茶马帮频繁来往于川渝；如今的古道焕然一新，外有古朴的藤蔓状栏杆，上有茂密森林，太阳筛下星星点点的光亮，司马河在脚下潺潺流动。幽深而宁静如今，美丽的茶园，靓丽的村庄，古色古香的茶马古道，沧桑斑驳的南方长城边墙，焕然一新的游览栈道，春暖花开时节，放眼隘口，一派惊艳的乡村新貌！

第四节　品质一脉相承

湘西境内山峦起伏，谷幽林深，溪河网布，阳光充足，雨量充沛，冬无严寒，夏少酷暑。高山出好水，好水出好茶。当地所产绿茶品质优异，以古丈毛尖为甚。古丈毛尖作为全国名茶之一，以其条索紧细圆直、色泽翠绿、白毫显露、汤色黄绿透亮、滋味醇爽、回味悠长、香高持久、耐冲泡等显著特点而久负盛名，屡屡获得各界称赞。

古丈毛尖的品质传承有着古老的历史。据清光绪《古丈坪厅志》载：“青云山城北里许，耸拔入云，四时青光不断，上建青云寺。”青云寺亦名二龙庵，始建于清初，为古丈毛尖贡茶主要产区，所产的“青云银峰”，紧细圆直，汤色碧绿，滋味醇爽，微苦而甘，性微寒。该书对“青云银峰”茶产品属性的描述完全与其后的古丈毛尖相一致，这应当是古丈毛尖的源头，文中所称的青云银峰，显然是古丈毛尖正式流入民间市场之际的茶叶品名。可见，“青云银峰”乃是古丈毛尖的前身。

“青云银峰”后改称为“古丈毛尖”有三大原因。其一，清雍正之际，朝廷实施了改土归流，古丈坪长官司改建为古丈坪厅，归新建的永顺府统辖。该厅境内产茶之处甚多，非只青云山一处。因而以古丈为商品名，更容易为外界所接受。其二，古丈所产的茶叶，表面布满了白色的毫毛，此前称为银峰，也是因此而来。称为古丈毛尖，意在凸显该地所产茶叶的外观特性。其三，古丈毛尖一名中的“尖”字，意在强调这种名茶是用初春萌发的茶芽制作而成。高标准的茶品，通常都以“一枪一旗”茶芽为原料，制成的成品成针状。因而称之为“尖”，意在强调其外形。

民谚曰："古丈县城在窝坨，四面青山茶叶多"。湘西人民，经过无数代人实践，探索出一套较为完整的古丈毛尖茶制作技艺，使其色、香、味俱佳，对古丈毛尖的制茶工艺，掌握得极为娴熟，并与当地自然与生态系统达到了高度适应。古丈采茶用的是圆篓，炒茶用的偏偏锅，揉茶用的方方簸。这既是古丈毛尖茶生产实践的最佳选择，又可窥探到湘西先民"天圆地方"的自然崇拜，更蕴涵天、地、人和谐共处的美好夙愿。

古丈毛尖之所以能够具备绿色、有机等特点，且能够成为国家名茶之一，除了与该地区得天独厚的自然环境有关外，还与其传统制作手法与工艺相关。古丈毛尖由摊青—杀青—初揉—炒二青—复揉—炒三青—做条—提毫收锅八道工序精细加工制作而成。在制作过程中，道道工序都要求精细操作，不可疏忽，特别是要掌握杀青和做条两道关键技术，都需要特别防范茶叶边缘烤焦，防止茶条在加工过程中脆裂。

总而言之，在漫长的历史岁月中，从唐朝时被称为贡茶中的茅茶、茶芽，到清朝时期主产的贡茶"青云银峰"，都可以视为古丈毛尖的前身，其品质和传统工艺一脉相承。从这一点，也正说明了湘西茶史的悠久与古老（表1-4）。

表 1-4　1921 年以来古丈毛尖品牌发展

年份	事项
1929	古丈"绿香园"毛尖茶参加南京国民政府举办的西湖博览会，获得金奖，同年参加法国国际博览会，荣获国际名茶奖，从此开创了古丈毛尖品牌的先河
1950	古丈茶叶远销苏联
1956	古阳镇思源桥茶叶社茶农精制毛尖茶敬寄中央领导，获高度赞赏
1957	古丈毛尖获莱比锡国际博览会优质奖
1959	韶山指定古丈绿茶招待外宾
1964	我国著名的农学家、茶叶专家和社会活动家，现代茶叶事业复兴和发展的奠基人吴觉农撰写文章论证古丈茶溪是茶的原始产地之一
1978	湘西州首届名茶评比会在大庸（今张家界）召开，古丈毛尖获一等奖
1980	古丈毛尖以 78 美元 / 斤的价格行销香港市场，在国际市场上古丈绿茶批量出口吨价达 7800 美元
1982	全国名茶评选会上，古丈毛尖跻身全国十大名茶之列
1983	被外经贸部评为全国优质出口产品
1986	古丈毛尖载入《中国名优特产大辞典》
1988	获中国北京首届食品博览会金奖
1990	被列入北京第 11 届亚运会指定产品
1996	古丈毛尖获北京亚运会畅销产品证书

续表

年份	事项
1999	荣获中国国际农业博览会名牌产品称号，并被评为“湖南名牌产品”
2001—2002	连获中日韩国际名茶金奖
2002	古丈县民族茶艺表演队代表湖南参加“刘三姐杯”全国第一届茶道茶艺大奖赛，获优胜节目奖
2005	被评为湖南十大名茶
2007	古丈毛尖成功申报为国家地理标志保护产品（图 1–10）；是年，在日本静冈举行的第一届世界绿茶评比会上，古丈毛尖荣获金奖
2008	在中国绿茶（古丈）高峰论坛上，古丈毛尖从全国数十种绿茶品种中脱颖而出，获名茶金奖；同年，“古丈毛尖”被评为湖南省著名商标
2009	在长沙举行的湘西 · 古丈毛尖新茶上市暨商务签约新闻发布会上，古丈毛尖受到诸多商家的热捧
2010	古丈毛尖获第八届国际名茶评比金奖（图 1–11）；同年，在湖南十大茶品牌评选活动中，“古丈毛尖”入选四大地方公共品牌
2011	在上海国际茶业博览会组织开展的 2011“中国名茶”评选中获特别金奖；同年，第九届“中茶杯”全国名茶评比特等奖、国家工商行政管理总局认定为“中国驰名商标”
2012	在“北京春茶节”上古丈毛尖被评为质量相符、质价相符产品
2013	古丈毛尖荣获第十届“中茶杯”全国名茶评比一等奖
2014	古丈毛尖荣获“神农茶都杯”湘茶大王赛头等奖、美国世博会金奖；同年，古丈县获“中国名茶”之乡
2015	古丈毛尖荣获“百年世博中国名茶”金奖
2016	在 2016 首届“潇湘杯”湖南省名茶评比中获“金奖”，上榜“2016 湖南十大农业品牌”
2017	经中国国际茶文化研究会批准，古丈县获“中国茶文化之乡”称号，古丈毛尖获“中华文化名茶”称号
2018	“古丈毛尖”被评为湖南十大名茶（图 1–11）
2019	古丈毛尖荣获“世界绿茶评比最高金奖”、2019“茶祖神农杯”名优茶评比金奖、2019 年第 26 届上海国际茶文化旅游节“中国名茶”评比特优金奖
2020	古丈毛尖入选中欧地理标志第二批保护名单

图 1-10 地理标志保护产品荣誉
（古丈县茶叶办提供）

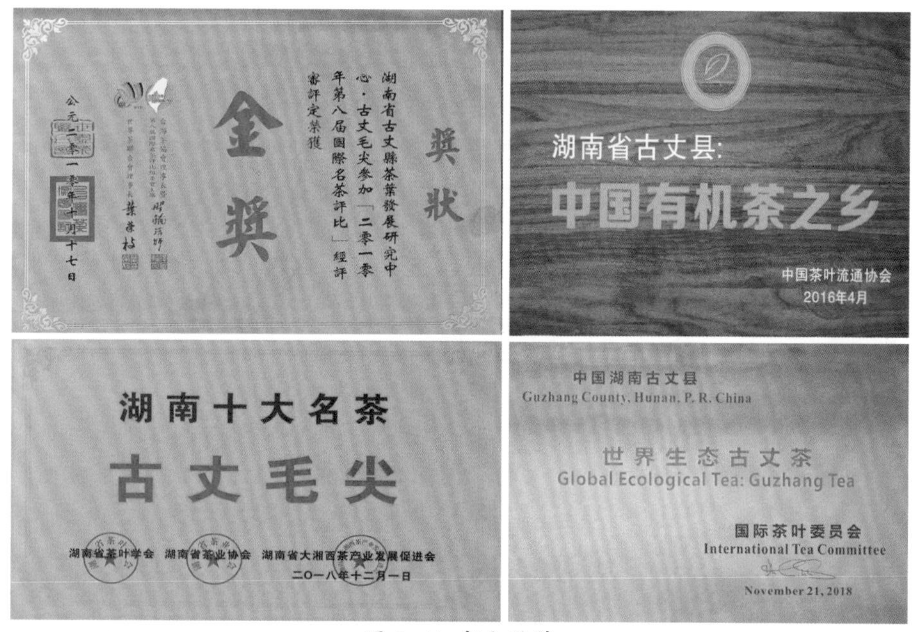

图 1-11 部分奖牌

第二章 茶区篇

湘西州地理坐标为北纬27°44.5′~29°38′，东经109°10′~110°22.5′，自然条件优越，地处全国四大茶区西南茶区、华南茶区、江北茶区和江南茶区的过渡区，有“中国绿心”之称，是我国重要的绿茶产区。湘西州现辖吉首市和泸溪、凤凰、古丈、花垣、保靖、永顺、龙山县1市7县和1个高新技术产业开发区。按照自然条件和发展历史，结合茶产密度、茶类加工、茶品质量等特点，所辖地域均是重要的产茶区。

第一节　湘西自然地理

湘西州地处武陵山腹地，地理气候条件独特，是著名的土壤富硒带、微生物发酵带和植物群落亚麻酸带“三带”交集区。境内森林覆盖率高，空气质量好，属典型的亚热带季风湿润性气候，四季分明，降水充沛，云雾缭绕，漫射光多，有利于茶树芳香物质、氨基酸和多糖类成分的形成。土壤多由砂岩、石灰岩发育形成，也有板岩、千枚岩、石英砂岩及砂页岩发育的土壤，其中板溪群紫红色粉砂质板岩、砂岩是茶园土壤母质的主要母岩。这里出产的茶叶品质优越，口感独特、芳香四溢，微量元素含量丰富。

一、地理位置

湘西州位于湖南省西北部，地处湘、鄂、渝、黔边区。湘西州地域广阔，东西宽约170km，南北长约240km，总面积达15462km^2。东北部的龙山、永顺两县与湖南省张家界市桑植县、永定区交界，东南部的古丈、泸溪、凤凰三县与湖南省怀化市沅陵、辰溪、麻阳苗族自治县三县相邻，西南部的花垣县与贵州省铜仁市松桃苗族自治县相连，西北部的保靖、龙山两县与重庆市秀山土家族苗族自治县和湖北省恩施土家族苗族自治州来凤县、宣恩县接邻。

二、地质地貌

湘西州地貌地处云贵高原北东侧与鄂西山地南西端的结合部，属我国由西向东逐渐降低第二阶梯之东缘。武陵山脉由南西向北东斜贯全境，地势西北高、东南低，可分为西北中山山原地貌区、中部低山山原地貌区、中部及东南部低山丘岗平原地貌区。最高点为龙山县大灵山，海拔1736m；原最低点为泸溪县上堡乡大龙溪出口河床，海拔97.1m，五强溪电站建成蓄水后，最低淹没线为108m；平均海拔800~1200m。有海拔1500~1600m、1200~1300m、1000~1100m、800~900m、500~600m五个夷平面。整体形态是一个以山原山地为主，兼有丘陵和小平原，并向西北突出的弧形山区地貌。

湘西州地貌按地貌形态，可分为山地（包括中山、中低山、低山三类）、山原、丘陵、岗地和平原。按地貌成因及动力作用性质，可分为构造地貌、岩溶地貌、侵蚀地貌、剥蚀地貌、流水地貌、重力地貌和冰川地貌7个类型。中山，主要分布在湘西州境西北部和东部；中低山及低山，主要分布在中部和南部；山原，主要分布在凤凰县腊尔山—落潮井、花垣县吉卫、龙山县八面山等地；丘陵，主要分布在泸溪县浦市—合水一带；岗地，分布于溪谷平原和不同台面的溶蚀平原附近；平原，分为溪谷平原和溶蚀平原，面积较大的有泸溪县浦市平原，龙山县城郊平原，花垣县团结至三角岩、龙潭至排吾，凤凰县黄合至阿拉一带的平原。

三、山川河流

由南西至北东走向的武陵山贯穿湘西州境龙山、保靖、古丈、永顺等县，其支脉绵延全境，构成奇峰竞秀，气势磅礴的武陵山系。湘西州境内武陵山主要支脉分为三支：北支为保靖白云山、龙山八面山，连接桑植八大公山、石门壶平山一线，逶迤于湘、川、鄂边境；中支为永顺大米界，紧连张家界市朝天观、张家界；南支为凤凰腊尔山、永顺羊峰山并张家界天门山一线为主脉。三支余脉，均没于洞庭湖平原。较高山峰有：大灵山，在龙山县北部，略呈东北—西南走向，长38km，主峰海拔1736m，为州境最高峰；洛塔界，在龙山县中部，由两列东北—西南走向的平行山组成，长35km，宽5km，最高峰海拔1409m；八面山，在龙山县西南部，南北走向，长40km，最宽处5km，最高峰海拔1414m；羊峰山，在永顺县东部，东北—西南走向，面积$33km^2$，最高峰海拔1438.9m，为该县最高点；永龙界，在永顺、龙山两县边境，南北走向，长28km，最高峰海拔1048.7m；白云山，在保靖县西北部，东西走向，长7km，宽4.5km，最高峰海拔1320.5m，为该县最高点；吕洞山，在保靖县南部和吉首市西北边境，东北—西南走向，面积$35km^2$，最高峰海拔1227m；高望界，在古丈县东北，东北—西南走向，长7km，宽5km，最高峰海拔1146.2m，为该县最高点；莲花山，在花垣县西南部，东北—西南走向，面积$24km^2$，最高峰海拔1197m，为该县最高点；莲台山，在吉首市西部，最高峰海拔964.6m，为该市最高点；八公山，在凤凰县、泸溪县边境，面积$15km^2$，最高峰海拔1059m；腊尔山，在凤凰、花垣县边境，东北—西南走向，为高山台地貌。

河流有大小溪流1000余条。干流长度大于5km、流域面积在$10km^2$以上的溪河444条，密度$40km^2$/条。水系主要属沅水水系。主要河流为沅江及其支流酉水、武水。

四、气候土壤

湘西州有明显的大陆性气候特征，春暖多雨，秋高气爽，四季分明。年平均相对湿度78%~80%。成土母岩主要为石灰岩、板页岩和紫色砂岩，土壤呈酸性，宜茶山地平均海拔200~800m，具有适宜茶树生长的优越生态条件。

湘西州年平均气温为16.4℃，≥10℃的年积温在5000℃以上；日平均气温稳定通过10℃的平均初日在3月上旬。多年平均降水量在1450mm左右，年内降水主要在4—6月较为集中，7—9月份的降水量占全年的29%。多年日照时数为1257.2h，其中4—9月份的日照时数是全年的68.9%，4—6月份光照条件较好，呈现出逐月增加的趋势，年内光照时数主要集中在7—9月份，高达550h，占全年日照时数的43%。适宜的温度、湿度和光照条件比较适宜茶叶种植，对于优质茶叶的形成极为有利。

第二节　茶种植产值

1983年，湘西州茶叶种植面积6.39万亩，其中可采面积4.17万亩，产量285t。1984年，茶叶产量增至323t。1985年，全州产茶370t。1988年，全州茶园5.46万亩，产茶352t，其中绿毛茶占49.9%，红毛茶和红碎茶占50.1%。1995年，全州茶园面积6.95万亩，可采面积3.44万亩，产茶530t（其中古丈县3.02万亩、206t；永顺县1.53万亩、121t；保靖县0.860万亩、69t；龙山县0.499万亩、56t；花垣县0.360万亩、泸溪县0.499万亩；吉首市0.110万亩；凤凰县0.09万亩）。之后全州茶叶产业进入缓慢增长期。2005年，全州茶叶面积6.8万亩，产量628t，以古丈毛尖为主的名优绿茶份额不断壮大，产值同比增加1556.2万元（其中古丈县茶叶面积3.06万亩，产茶376t；保靖县茶叶面积2.23万亩，产茶78t）随着全国进入茶叶产业发展黄金期，古丈、保靖两县抢抓机遇，大力发展茶叶产业，全州茶叶产业得到较快发展（图2-1）。2010年，全州茶园面积首次超过10万亩，其中良种面积3.22万亩，较上年增加0.8万亩，保靖县黄金茶新扩面积0.5万亩。2012年，湘西州委、州政府将茶叶产业作为特色优势产业和脱贫攻坚支柱产业打造，出台《关于加快发展茶叶产

图2-1 春茶采摘（吉首市茶叶办提供）

业的意见》，成立湘西州茶叶产业发展领导小组，提出到“十二五”（2011—2015年）规划末，实现面积50万亩以上，产量5万t以上，综合产值30亿元以上目标。2013年，全州茶叶面积17.33万亩，同比增加3.32万亩，良种面积11.6万亩，干茶产量2100t，增加15.8%，产值5亿元，增加8000万元（其中古丈县12.3万亩，产值2.12亿元，同比增长29.3%；保靖县3.6万亩，增长13%；吉首市0.12万亩；泸溪县0.03万亩；凤凰县0.03万亩；花垣县0.26万亩；永顺县0.65万亩；龙山县0.21万亩）。2017年，全州茶叶面积28.57万亩，可采摘面积16.89万亩，产量3999t，绿茶产量3391t（其中古丈县13.65万亩，3168t；保靖县7.5万亩，产量502t；吉首市4.28万亩，产量125t）。2018年，湘西州委、州政府制定《2018—2022茶叶产业发展规划》，提出到2022年全州实现面积100万亩、产值100亿元“双百”目标。2020年5月，全州茶园面积61.1万亩，其中黄金茶种植面积35.89万亩，莓茶（雪茶）3.4万亩。2020年底，湘西州茶叶面积突破70万亩，在全省占比25%，茶园面积居全省第一，产量1.3万t，其中绿茶2538t，红茶1356t，白茶20t，黑毛茶8606t，霉茶（雪茶）200t。涉茶人口超过14万人，茶农人均增收4000元以上，古丈县人均茶叶面积全省第一。涉及全州8个县市、89个乡（镇）、513个村，重点县市古丈县18万亩，保靖县13.5万亩，吉首市12.5万亩，茶叶面积万亩以上的乡镇15个，千亩以上的村129个，茶叶专业合作社500余家，有机茶园8.37万亩。全州茶叶综合产值50.12亿元，茶叶生产向规模化、集约化方向发展，成为湘西州稳定脱贫的重点产业和支柱产业。

表2-1　湘西州2005—2020年茶叶种植产值

年份	面积/万亩	产量/t	综合产值/亿元
2005	6.8	628	1.3
2006	7.01	668	1.36
2007	7.23	721	1.56
2008	8.35	807	1.63
2009	9.16	1109	2.21
2010	10.02	1231	2.68
2011	10.22	1486	3.27
2012	13.95	1720	4.77
2013	17.33	1804	5
2014	24.2	2066	7
2015	26.4	2665	8
2016	26.7	3377	8.36
2017	28.57	3999	12.75

续表

年份	面积 / 万亩	产量 /t	综合产值 / 亿元
2018	32.15	5886	18
2019	49.8	11600	24.19
2020	71.03	13000	50.12

第三节　吉首茶区

古首市位于湘西州南部，东联泸溪县，西接花垣县，南邻凤凰县，北与保靖和古丈二县毗邻；市区地理坐标为东经109°30′~110°04′、北纬28°08′~28°29′；吉首市东西跨度55.9km，南北跨度37.3km，系湘西州首府，湘、鄂、渝、黔四省（直辖市）边区重要的物资集散地和商业贸易中心。土壤多由板页岩、砂岩、紫色岩和石灰岩发育形成，多为砂土，pH值4.2~6.5，适宜茶树生长。市境地貌以中低山、低山地貌为主，中低山和低山面积占全市总面积80%，主要特征为西北高、东南低，呈中山、中低山和低山三级阶梯下降，高差824.6m。

一、远古茶乡

远古时期，吉首就是“三苗”生息之地，苗民居于高山，日出而作、日落而息，守望着莽莽群山。世代居住在此的苗民每次上山劳作，都会从山里带回一把野生茶叶。晚上，山上天冷，苗家人围着“火坑”烤火。待柴火烧尽，炭火正旺时，就把苗家“鼎罐”挂在“火坑”的正上方，待“鼎罐”冒出青烟，把茶叶往里一放，摇一会儿，香气四溢，再加水煮沸，舀出来倒入碗中，金黄明亮，栗香高远，喝入口中，消渴生津，清热解毒，这是苗家户户必备的日常饮品，可为劳作一天的家人除湿驱寒、强身健体。由于茶品汤色金黄油亮，形似流动的黄金，当地苗民祖辈一直称其为“苟洪吉”，意即“黄金茶”。

早在唐朝时，茶由溪州上船，入朝进贡，史称“溪州贡茶”，风靡一时。此后，在湘西的苗汉贸易中，黄金茶更是充当了一种日常生活中互通有无、物物交换的“货币”。发展至明朝中后期，茶叶贸易日益繁荣，人人口啜香茗，家家杯盛“黄金”，当地苗民的生活水平得到了极大的改善。为满足市场需求，锅、簸箕、竹席、木制揉捻机等工具开始先后应用于茶叶加工中。为避水路战祸，当时还开辟了一条通往四川、云南的茶马古道，并借助镖局、马队等商旅进行对外商贸等等。

现隘口村残留的交易遗址、隘门关、青石残墙、茶马古道，仍可依稀看见当年“山间铃响马帮来”的盛景。其中隘门关，建于明嘉靖年间，为古代军事要塞（图2-2）。有“一夫当关，万夫莫开”之誉，毁于1958年，而后重建；上有代表土家、苗、汉三个民族的小瓦屋顶，悬挂着代表三个民族各自崇拜的图腾两牛一龙。如今，隘口苗疆边墙、隘门关、茶马古道等历史遗迹得到充分的保护和发掘。行走在几千年前古人开创茶马古道之上，体悟当地前辈生生不息的拼搏奋斗精神，依旧能够感受到远古飘来的茶草香气。

图 2-2 吉首隘口隘门关（吉首市茶叶办提供）

二、茶叶基地

吉首市司马河流域黄金茶谷茶树环绕，云雾缭绕，明清时期形成的马颈坳镇隘口村黄金茶交易遗址、茶马古道至今犹存。20世纪50年代茶叶基地种植面积稳定，有60hm^2，但古茶树保留不多。

2009年之前，吉首市茶园面积约1200亩，主要集中在马颈坳镇隘口村。2011年，全市茶园面积约134hm^2，主要分布于马颈坳镇隘口村。2012年，全市开始大力发展茶产业。是年，吉首市联合湖南省茶叶研究所，共同制定《2012—2020年吉首市茶叶产业发展规划》，确立“品质立茶、品牌兴茶、政策扶茶、文旅活茶”的发展思路，着力“打造十条生态茶谷，培育十家龙头企业，达到十亿综合产值，致富十万湘西茶农”。2013年，举办湘西黄金茶产业发展规划专家评审会；是年，《湖南省人民政府关于推进茶叶产业提质升效的意见》将吉首市纳入全省新一轮茶叶产业县市之一，全力推进武陵山区生态茶博园项目建设。农业部将吉首绿茶列入《特色农产品区域布局规划（2013—2020年）》特色饮料区域布局，湘西黄金茶获得“武陵山片区绿茶金奖”、第五届湖南茶业博览会“茶祖神农杯”名优茶金奖。2014年，《湖南省茶叶产业发展规划》将吉首列入“U型优质绿茶带”区域布局，“吉首万亩黄金茶谷”纳入湘茶文化创意工程进行打造，湘西黄金茶获得武陵山片区（湘西）首届生态有机富硒农产品博览会金奖。2015年，对新开茶园基地，每年以100元/亩的标准采购、发放茶树专用有机肥，在全市范围内引导有机茶园的打造；先后在马颈坳镇、矮寨镇、丹青镇的7个重点村建设了8个科技示范项目。2018年，茶园面积达到5628hm^2，其中可采茶园4355hm^2，种植区域遍布全市10个乡镇（街道）81个村，其中集中连片67hm^{2}以上重点村14个。包括移栽黄金茶种植面积3800hm^2，主要分布在马颈坳镇、矮寨镇、太平镇、河溪镇、己略乡。2019年，吉首市绿色病虫害防治技术推广面积10000亩。湘西黄金茶原产地、核心产区马颈坳镇隘口村茶园面积达1.5万亩，人均种茶近5亩。2019年，干茶产量1380t，实现综合产值6.9亿元。

2020年，新开茶园面积16253.4亩，超额完成湘西州下发的1万亩开发定植任务（其中，丹青镇6170.65亩、马颈坳镇4642.26亩、太平镇2431.57亩、矮寨镇1000.58亩、峒河街道945.3亩、己略乡794.35亩、乾州街道172.5亩、石家冲街道64.7亩、河溪镇31.5亩）。3132亩茶园获得绿色食品认证。开展“茶园病虫害绿色防控”项目，建设绿色病虫害防治技术推广面积5000亩。是年，全市共有茶园面积11.99万亩，其中可采茶园面积7.5万亩，分布在矮寨镇和石家冲街道幸福谷、马颈坳镇苗疆谷和知孝谷、乾州街道苗王谷、双塘街道凤翎谷、河溪镇三溪谷、太平镇一尊谷和重阳谷、己略乡龙舞谷、丹青镇清明谷共十条茶谷，涉及全市6个乡镇、4个街道，89个行政村。年产干茶产量1500t，实现综合产值8.7亿元。

三、黄金茶谷传说

湘西上古为蛮夷之地，在司马迁《史记·西南夷列传》中将湘西列为“西南夷”地域，但实际上是“西南夷”的前哨。《水经注》卷三十七称：“雄溪、樠溪、辰溪、酉溪、潕溪、”为武陵五溪，湘西亦被称为“五溪萦绕之地”。黄金茶作为湘西传统产品，在宋朝即有“溪州即以茶芽入贡”之说，被列为贡品进献皇室。在溪州中心的吉首，有着十条黄金茶谷，它们名字的由来各有妙趣。

（一）幸福谷

在吉首市往西30km，就是矮寨坡，原名鬼寨坡。据《乾州厅志》记载：“盘旋梯登，路绕羊肠，一将当关，万夫莫过。坡谷中苗人由岩板桥绝壁攀石取路而下，虽稍直，险倍甚。”当地百姓出行极为不便，极大地制约了当地社会和经济发展。改革开放以来，经过吉首市委、市政府大力扶贫，谷中民族和睦，生活大为改善。2012年3月底，创4项世界第一的湖南矮寨特大悬索桥正式通车。这条大桥横跨天堑，连接着百姓们发家致富奔小康的期望。当地百姓都说党和政府为当地家庭带来了幸福，故将小河片一带山谷取名为幸福谷。

（二）苗王谷

由于清王朝对湘西百姓的统治与压迫日趋严重，乾嘉苗民大起义轰轰烈烈地开展起来。乾隆六十年二月初四，清乾隆皇帝说“今因日久懈弛，往来无禁，地方官吏暨该处土著及客民等，见其柔易欺，恣行鱼肉，以致苗民不堪其虐，劫杀滋事”，可见起义影响之剧烈。当地义军推举吴八月为“苗王”，领导苗民反抗清王朝的压迫统治。后起义被镇压，吴八月身死鸭堡寨，但“苗王”精神不死，苗民们以民歌的形式纪念他“平垅吴八月，上山能擒虎，下海能降龙，哪怕清军千千万！”并将他领军活动的原社塘坡一带山谷命名为“苗王谷”。

（三）苗疆谷

据《明史·卷三百一十一》记载，明洪武三十年（1398年），朝廷在吉首地区设立镇溪军民千户所，后嘉靖年间设乾州哨。嘉靖十八年，巡抚湖广贵州都御史陆杰，自报警宣尉司（迁陵）取道往镇溪（今吉首市）巡视兵防，途经苗家黄金村，以“一两黄金一两茶”之佳话，将黄金茶列为皇室贡品，遂约定在黄金村外苗疆界立市交易，并在山口狭窄险要处设立关隘。后关隘处命名为隘口村，谷名苗疆谷（图2–3）。

图2–3 苗疆谷茶叶基地（代尚锐摄）

（四）凤翎谷

很久以前，原双塘乡的山谷中有两口山塘，一口甜水塘，一口苦水塘。当地云雾山上住了一只凶恶的大鹰，也经常从山上飞下取甘塘水喝，还欺负苗民柔弱，只准他们到苦水塘取水，并派出九龙寨的九条蛟龙作为看守，谁要是敢偷偷取甜水喝，便把他吃掉。苗民们只有苦水喝，心里更是泛苦，流出的泪水把沱江水都变苦了。住在沱江边的凤凰觉得奇怪，于是便来到云雾山，看到苗民的苦，于是要降服恶鹰，她先是把恶鹰派出的九条蛟龙抓到天上扔下，化作九龙寨里的九座小山头，其后又和恶鹰飞上九霄一场大战。恶鹰终于被凤凰压在周家寨后的一座山头，化成鹰嘴岩。凤凰命苗民们把她在大战中散落的羽毛一一收集起来，埋在两口山塘边。从此，苦水塘也变成了甜水塘，塘坝边更是长出了一丛丛的茶树。这里种出的茶能泡出色泽金黄、气味香甜的茶水，故将此谷命名为“凤翎谷”。

（五）三溪谷

在河溪镇药郎弯里，峒河、渔溪、楠木溪三水汇聚，峰谷上下是山雾云海弥漫其间，绝美胜景似玉龙环绕，当地流传着一则这样的故事：很久以前，土家族的阿龙是十里八乡最能干的采药郎，一天他入谷采药，不慎在尝试草药时服下毒草，就在他腹痛难忍难以站立的时候，看见一只病恹恹的麂子趴在三溪汇聚的溪湾旁，慢慢地饮着清澈凛冽的溪水，不多久鹿子渐渐站立起来，好似重新恢复了精神，三两下就消失在山谷中。阿龙挣扎着挪到溪湾边，仔细观察着溪水，察觉到水中飘着很多尖细的绿叶，他试着喝下这泡着绿叶的溪水，发现原本疼痛如绞的肚子渐渐变得舒服起来。阿龙随即溯流而上，沿着三条溪流细细搜查，发现深山谷中生长着一种奇特的茶树，这叶子正是从茶树上掉落进溪水里。阿龙用采来的叶芽炒制成干茶，泡出的汤水颜色清亮，有醒神益思之功，能解肠绞腹痛之扰。当地百姓为纪念阿龙采茶治病，就把这溪湾命名为药郎弯，山谷也得名三溪谷（图2-4）。

图 2-4 河溪三溪谷茶叶基地
（河溪镇人民政府提供）

（六）一尊谷

民国时期著名画家张一尊是乾城县（现吉首市）司马村人，他自幼爱马、画马、学马叫、学马打滚，大家都叫他“马迷”。他经常默立马旁如痴如醉观看，并喜用木棍在太平镇山间谷中以沙作画，从此画出的马神形兼备、寓神于形、栩栩如生，代表作有《三骏图》《八骏图》《万马奔腾》等，被誉为中国画马“四杰”之一，与徐悲鸿并称“北徐南张”。为表彰他在艺术上的杰出贡献，遂命名他在太平镇练画的山谷为“一尊谷”。

（七）龙舞谷

己略乡，是一个美丽、让人神往的地方，龙舞河穿谷而过，峡谷两岸猿啼鹭鸣，景色优美。“己略”为苗语，意思是有动物的地方。该乡位于吉首西北，南连峒河，西傍德夯，北靠吕洞山，东接司马河。全乡辖龙舞、结联、夯坨、联林、简台、己略及联林7个行政村。明净清澈的龙舞河，在早春的时候河水很浅，大部分的河床裸露着，碧波轻淌，温柔、缠绵地环抱着一座苗家山村。“宁可食无肉，不可居无竹”，在离村口不远处的一幢木质结构的房子旁边，一大片竹林，清荣峻茂，不畏严寒，傲然挺立。村子后面的山上，树木还是那么葱茏，遮天蔽日。好多株连成一片的高大乔木，在这数九寒冬里，虽然落了叶，树枝光秃秃的，却仍然挺拔，如宋元画家高手画出来的一样，苍劲有力，似乎在向人们昭示着龙舞人不屈的民族精神，这里就是龙舞谷（图2-5）。

图2-5 龙舞谷茶叶基地（己略乡人民政府提供）

（八）知孝谷

中华美德重孝悌，在吉首原白岩乡（现马颈坳镇）流传着这样一个故事。很久以前白岩洞边住着两父子。父亲叫白老岩，儿子叫白孝孝。父子二人在白岩坡上种着几丘茶树地。平日里白孝孝又烧炭卖，父子二人勉强过得。天有不测风云，白老岩满六十岁那年夏天，逢天大旱，一干就是一百零八天，眼看茶叶子黄了，又一蔸一蔸死了，卖不脱钱。野菜也干了，蕨和葛也挖不到，又饿又渴，白老岩一病不起。白孝孝翻了几座山，爬了几座岭好不容易找到一条河谷，他高高兴兴地准备打水，谁知一不小心翻进河中淹死了。孝孝死后，河谷中飞舞出很多蝉，它们衔着水珠子，把白老岩家的水缸住满了，又把茶树地浇灌了，它们飞舞着叫道：知孝—知孝—知孝死！

（九）清明谷

对歌，是湘西苗族人的传统。在沈从文的《边城》中，歌声处处萦荡：在碧溪岨月光照亮的高崖上、在溪中的渡船上、在河边的吊脚楼上……所有的心情都唱进了歌里。在世世代代传唱苗歌的小镇丹青，碧水长流，篁竹青翠，每年都会举行“清明歌会”，上万苗族同胞一起，采收明前茶，在丹青河谷中放歌抒怀，令人享受一场绝美的视听盛宴。

（十）重阳谷

中华民族重孝道，每逢九月九重阳节这样一个重要的节日，吉首原排吼乡（现太平镇）的苗族同胞们通过“喜傩会”的形式表达对老人的孝心。他们在河谷中扎起高台，放声歌唱，举办热闹的庆祝，就像过年一样。十里八乡的老人们在儿孙的搀扶下聚集于此，听歌赏舞、齐享天伦。

第四节　古丈茶区

古丈县位于湖南省西部，武陵山脉中段，生态环境优良，是著名的“中国茶乡”。这里土壤有机质丰富，pH值适宜，雨水充沛、云雾缭绕，这独有的山地森林小气候，成就了“古丈毛尖”茶香高味浓、纯天然、绿色有机的优异品质。古丈县有7个乡镇103个村均种植有茶叶。古丈县是国家扶贫开发工作重点县，也是“有机茶之乡”“中国名茶之乡”“中国茶文化之乡”“全国重点产茶县”“国家茶叶产业技术体系建设示范县”。全县生态茶园达1万 hm^2，其中有机茶面积0.3万 hm^2。全县70%的农业收入来源于茶叶，80%的农业人口从事茶产业工作，90%的村寨种植茶叶。

一、茶区概况

古丈县气候的地域分布不匀，小地形气候复杂，垂直变化大，山地逆温效应明显，

图 2-6 古丈县古阳镇排茹村茶叶基地云海日出（湘西州茶叶协会提供）

具有山地森林小气候的特点。土壤腐殖质及土层厚度微域分布明显，土壤质地多为壤土或沙壤土。其中含氮量大于1%的面积占83%。全磷含量为0.5%~0.2%，全钾含量平均为2.2%，硒含量极为丰富，明显高于其他地区。特定自然生态条件下，相对丰富的土壤养分，尤其是茶园土壤母质多为紫色板页岩分化而来，含磷量高，极宜茶树生长（图2-6）。

1989年，古丈县茶叶种植面积0.93万亩，产茶130t。毛尖茶以清明前采摘芽茶或一芽一叶初展芽头，经摊青杀青、揉条、炒坯、摊凉、整形、干燥、筛选等八道工序，精制而成；以条索紧细、白毫显露之外形，香高持久、滋味醇爽之内质蜚声中外。2016年，全县全年茶叶加工生产总量达5000多吨，实现产值5.6亿元，每亩茶园实现产值4000元以上，最高可达1万元，茶农人均增收2000元。2016年，古丈县通过“中国有机茶之乡”的认证，顺利当选为中国八大有机茶乡之一，成为湖南省首个获此殊荣的产茶县。2017年，古丈县通过有机茶认证的茶园面积1200hm^2，进入转换期茶园2133hm^2，有机茶成为全县茶产业发展重点。2018年，全县绿色生态茶园达16.5万亩，其中绿色有机茶面积4.3万亩，8家企业通过有机茶认证，41家企业正处于有机茶认证转换期，基地绿色有机化率达27%，位居全国前列。2019年，全县规模茶叶加工企业达40余家，建成标准化绿茶生产线8条、年生加工能力3000t，标准化红茶生产线5条、年生产加工能力800t，标准化黑茶生产线4条、年生产加工能力4000t。是年，全县茶叶总产量9050t，实现产值10.2亿元，分别同比增长9.2%、9.6%。2020年，全县茶园总面积达19万亩，人均突破1亩，人均茶园面积位居全省第一。至此，形成了全县近70%的农业人口直接或间接从事茶产业、80%的农业收入来自茶叶、90%的村寨种植茶叶的良好格局。

2020年，古丈县已完成“古丈毛尖”SC质量认证、绿色食品认证、欧盟有机茶认证，“古丈毛尖”作为“国家地理标志保护产品”实现产品分级、质量安全有据可依。成功引进湖南省茶叶公司、隆平高科、中粮集团、天下武陵、福建正山堂、北京金豪瑞等企业入驻古丈。在北京、上海、湖南、山东等地建立“古丈毛尖”形象店160家，设立销售网点360个。在古丈县城红星小区，建成大湘西乃武陵山地区唯一一个集茶叶交易、茶艺表演、茶文化研究、茶馆休闲于一体的茶叶专业市场；在S229省道沿线，开设有牛角山茶厂、神土地、小背篓公司、县有机茶叶公司等多个旅游接待销售网点；与湖南湘茶集团电子商务公司建立战略合作伙伴关系，古丈毛尖官方网站和天猫、京东商城等知名网站开设的“专营店”均实现线上销售。

二、茶史起源

战争使茶叶传至古丈。据考证，中国茶叶最早产于巴蜀地区。在春秋时期，地处今重庆一带的巴国已有人工茶园，他们还制作贡茶献给周王室。战国时期，南方大国楚国向西拓展，与巴国发生了战争。巴军顺酉水而下，途径古丈县境经历一场鏖战，巴军失利，最后退守古丈县河西白鹤湾。双方在酉水河一带对峙，巴国守军便把茶叶带到这里。1984年，考古工作者在古丈河西白鹤湾发掘了上百座战国楚墓，出土的茶壶、茶杯、茶灶锅（冥器）、茶井（冥器）等茶器具陪葬品说明，战国时期，古丈县境内已经有了制茶、饮茶的生活习惯了。而今，在白鹤湾战国楚墓群遗址附近，有两个村子分别叫“茶园”“白毛”，村子里还有砍了又发、发了又砍的老茶树，据说有千年以上的树龄。有专家指出，在茶叶栽培和制作由西南向东部地区扩展过程中，地处荆楚武陵之腹地古丈县，恰好正处中国茶叶发展史上一个初始辐射过渡带上。

古丈自茶叶传入后，先民悉心经营。到唐朝，古丈以及周边地区茶叶种植就较为普遍，所产茶叶成为贡品，许多人以茶为生。五代十国时期，藩镇割据，茶税繁重，五溪茶民，生活苦不堪言。后晋天福四年（939年）九月，溪州刺史彭士愁，不堪连年献贡茶之劳累，也不忍茶税之繁重，遂带领五溪之民“侵暴辰澧”，一场因茶叶而引发的战争就此蔓延开去。一年后，彭士愁由于不敌楚国马希范，双方在现在古丈县境内的会溪坪会盟，南楚王马希范效法其列祖马援“象浦立柱”的做法，以铜5000斤铸柱，并铭刻誓状于其上，其铭曰“凡王廷差纲收买溪货，并都幕采伐土产，不许辄有庇占”“尔能恭顺，我无征徭，本州赋租，自为供赡”，这就是历史上著名的“溪州铜柱”。通过这次战争，双方订立盟约，原来繁重的赋租税课被完全免去，溪州成了当时的“特区”。以上均说明，古丈有着久远的茶史。

三、茶质划分

古丈毛尖外形条索紧细圆直，锋苗挺秀，白毫显露，色泽翠绿光润；内质，清香芬芳，滋味醇厚鲜爽、回味绵甜悠长、香高持久，耐冲耐泡，久负盛名，被誉为“绿茶中的珍品”。独特的生长环境和独特的加工工艺，造就了古丈毛尖的独特品质。湘西古丈苗族乡民认定，在古丈毛尖这一名茶的内部，同样也有等级分明的品质划分（表2-2、表2-3）。为此，苗族乡民做了4个等级的划分。最上等为“社茶”，其次是为“毛尖”，再次级是“次毛尖”，最后一级称为“曲毫”。

表 2-2　古丈毛尖感官指标表

等级	鲜叶要求	外形				内质			
		条索	色泽	整碎	净度	香气	滋味	汤色	叶底
特级	一芽	紧细圆直、白毫显露	隐翠	匀整	洁净	嫩香高锐持久	鲜爽醇甘	浅绿	嫩匀
一级	一芽一叶	紧结、显毫	翠绿	匀整	洁净	嫩香高长	醇爽	浅绿	较嫩匀
二级	一芽二叶	较紧结、显毫	绿润	较匀整	匀净	栗香较高长	醇较爽	黄绿	黄绿较匀

表 2-3　古丈毛尖理化指标表

项目	指标		
	特级	一级	二级
水分 /%	≤ 6.5		
水浸出物 /%	≥ 37.0		
总灰分 /%	≤ 6.5		
碎末茶含量 /%	≤ 6.0		
粗纤维含量 /%	≤ 12.0	≤ 12.5	≤ 13.0

“社茶”被称为古丈毛尖的极品。所谓“社茶”，是指老茶树，最好是百年以上的老茶树，在秋后开始萌动的茶芽，入冬后，由于受当地自然环境所限，茶芽的生长极慢，要等到越冬后来年的春社日前后，才发育成型，可供采摘。采下的茶芽是“一枪一旗”，即一片叶子张开，另一片叶子裹成针状。用这样的茶芽加工出来的古丈毛尖，就是大家所称的“社茶”，也可称为特级茶。称为“社茶”的依据是在春社日前后采摘的粗茶，这时采下的茶芽，由于生长极为缓慢，储备的营养物质极为丰富，再加上是产自古茶树，因而制成的茶叶，才能达到优质品级。古丈毛尖在当地也称“清明茶”，主要是在清明节前后采下的茶芽，这样的茶芽是在入春后才萌发的茶芽。采摘时，茶芽呈现为“一枪一旗”或“一枪二旗”。用这种茶芽加工制作的古丈毛尖仅次于“社茶”，同样质量极为优质，也可称为一级茶。“次毛尖”“曲毫”分别是立夏前后采下的茶芽、夏至后采摘的茶芽制作而成，质量则稍欠佳，称为二级茶。单从古丈毛尖这一品级分类体系就不难看出，当地苗族乡民对茶叶生物属性认知获得的知识极为丰富、完善和精准。当然，这也是识

别古丈毛尖等级差异的民间知识和智慧的结晶。

四、古丈“白叶一号”

2018年7月，浙江省安吉县黄杜村向湘西古丈县翁草、夯娄、新窝3个贫困村捐赠了150万株共有750亩规模的“白叶一号”茶苗，覆盖了当地未脱贫建档立卡贫困人口116户430人，带贫致富效益好，湖南卫视《向往的生活》节目播出后，翁草村成为全国体验乡村旅游的“网红”地。古丈县在实施中严格按照“一亩白茶带动一个未脱贫的贫困人口，每户不超5亩”的要求，采取土地流转、茶苗折股、生产务工等方式积极参与，让更多的贫困群众通过种植白茶，实现脱贫致富，真正实现“一片叶子成就一个产业、带富一方百姓”。经过半年奋战，2018年12月底，按照“标准化、机械化、有机化”的高要求全部种植完毕。

2020年3月25日上午，在古丈县默戎镇苗族聚居的翁草村，由浙江省安吉县溪龙乡黄杜村扶贫捐赠的“白叶一号”安吉白茶，在栽培两年后，第一次进行采摘。早上7时多，翁草村后笔架山上茶园里云雾缭绕，20多名身穿苗族服饰的阿哥阿姐分散其间，忙着采摘一丫丫刚抽出的嫩白的茶芽。下午4时左右，一篓篓新鲜茶叶被送到牛角山制茶厂。机械地隆隆声从茶厂车间里传出，白茶的清香也飘了出来。来自浙江安吉溪龙乡黄杜村的白茶制作技术员盛志勇一边操作机器，一边给茶厂员工讲解安吉白茶制作要领。经过多道工序，一批安吉白茶制作成功。浙江省茶叶集团专家胡玉杰现场泡制品尝后，称赞白茶外形美、口感好、白化度高。

第五节　保靖茶区

保靖县位于东经109°12′~109°50′，北纬28°24′~28°55′。全县地处武陵山脉中段，均属酉水流域。除西北与重庆市秀山县接壤外，其余四境皆与湘西州辖地域相连，东接永顺，西临花垣，北接龙山，南临吉首，东南与古丈毗邻。保靖县是板页岩和花岗岩的山林土地，深厚肥沃，富含矿物质和微量元素，有机质丰富，自然条件优越，成为湖南名优绿茶的传统生产区域，孕育出“保靖黄金茶”品种资源。

一、文化传说

（一）湖广贵州都御史陆杰与黄金茶的传说

关于保靖黄金茶的来历，其中最广为流传的就有这样一则关于巡抚湖广贵州都御史陆杰与黄金茶的故事，而这则故事也被后人刻成碑文，放置在黄金村村委会办公楼门前。碑文是这样记载的：据《明世宗嘉靖实录》记载，明朝嘉靖十八年（1539年），农历四月，湖广贵州都御史陆杰，从保靖宣慰司（今保靖县迁陵镇）取道往镇溪千户所（今吉首市）巡视兵防，途径保靖辖区的鲁旗（今保靖县葫芦镇）深山沟壑密林中（图2-7），一行百余人中，有多人染瘴气，艰难行至两岔河苗寨，染瘴气已不能行走。苗族向姓家老阿婆，摘采自家门前的百年老茶树沏好汤，赠予染瘴的文武官员服用。饮茶汤后半个时辰，瘴气立愈。陆杰十分高兴，当场赐谢向家老阿婆黄金一条，还将此茶上报为贡品，岁贡皇朝帝君。

图 2-7 保靖县葫芦镇大岩村生态茶园（湘西州茶叶协会提供）

（二）一两黄金一两茶的传说

据《保靖县志》记载：清朝嘉庆皇帝曾微服私访保靖“六都”（今黄金村所在地，在清朝形成归属），路过一个叫两岔河的地方，看到小河两岸茶园格外葱绿，生机勃勃，一时兴致高涨，叫人取当地茶品尝，果然滋味与别处不同，尤其香醇鲜爽。于是龙颜大悦，赏赐茶农黄金一两，并钦点为贡品，改名为“黄金茶”，当地亦改名“黄金寨”。从此“一两黄金一两茶”成了令当地人骄傲的典故。

（三）七位茶仙姑与黄金茶的传说

很久很久以前，有七位茶仙姑从吕洞山飘来，每人带着一包茶籽。在经过排吉、傍海、黄金寨上空时，发现这一带山清水秀，村烟袅袅，狗吠鸡鸣，男耕女织，一片和睦升平景象。姐妹们不约而同地爱上了这块地方，便把包里的茶籽撒在山前屋后，后来就长成了七片茶园。在当地村民家里，至今供奉有“茶仙姑”的神位，因为茶仙姑送来了吉祥，茶可消除灾害，带来财富。

（四）茶叶仙子与黄金茶来源的传说

据说，有一天正是蟠桃盛会，所有的神仙都要赴宴。茶叶仙子居住在浙江的龙井，烟草仙子居住在湖北的玉溪，久别的姐妹在赴宴的途中相遇，边玩边行。当她们经过保靖县黄金村时，被这里优美的风景深深地吸引，于是在黄金村游玩，茶叶仙子不经意间把身上的两颗种子落入了大山中，找了很久都未寻回，虽然知道自己犯下大错，但盛会不能缺席，她们只有先赴蟠桃盛会。过了很久，当她再来寻找时，种子已经入土长成了两颗茶树，仙子不忍毁坏茶树就偷偷离开了。茶树在这片土地快速生长繁殖，很快就被天神发现，天神处死了仙子，然后用移山法掩埋了茶树后离去。可是茶树又破土而出。而且涨势更旺，衍生出了很多茶叶品种。仙子死后，她的灵魂落在了湘西，保护着这里的茶树。她优美的身姿可从茶叶入水后徐徐伸展的白烟中寻觅。

（五）苗家汉子与茶仙姑的传说

很久以前，黄金村是一个十分贫穷的地方。其中，一个苗家汉子非常勤劳肯干，他勤劳肯干的精神感动了路过此地的茶仙姑，于是，茶仙姑与勤劳的苗家汉子结婚，婚后又在黄金村一带撒下了大量的茶种，带着村民种植茶树。所以，该村以后就兴起了种茶之风，过上了富足的生活。

（六）三清山黄金换茶的传说

相传东晋时期，《神仙论》作者葛洪在三清山修道炼丹中加入此茶，也经常喝这种茶。也有人说，乾隆皇帝曾经下江南，经过信州玉山时严重中暑，御医束手无策。听到三清山黄金茶的效果后，官员赶到三清山，赶紧去找这种茶。山农认为这种黄金茶非常珍贵，拒绝出售。御医不得已，于是拿出黄金，把茶买下来。乾隆皇帝喝了茶之后立马痊愈，又听说它是用黄金换来的，便感叹："真是茶如其名!"从此，黄金茶变得更加有名。

二、品质优势

保靖黄金茶选育出的茶树新品种，是最适合当地种植的茶树，得到规模性的扩大，并形成了享誉全国的名茶认证，成为保靖县名特优产品。保靖黄金茶是经长期自然选择而形成的有性群体品种，是湘西地区自然生古老的珍稀茶树品种资源，与当地引进的其他茶树品种比较，具有明显的资源特点和优势。

（一）黄金茶树发芽密度大、整齐，持嫩性强，产量高

无论什么品种的黄金茶都产量较高，多数可一芽二叶，且茶叶外观十分整齐、美观，在茶文化里，茶叶的外形也是品评的重要标准之一，而黄金茶的外形及其整齐度都是其中的佼佼者。

（二）黄金茶树抗性强

黄金茶树具有较强的抗寒性、抗高温、抗病虫害特性，其中，抗寒性：1995年2月上旬，在日平均气温-2.4℃持续4天的情况下，黄金茶没有出现冻害；2004年12月下旬至2005年2月上旬，黄金茶产区出现长期低温，先后下了7次大雪，日平均气温-4℃持续了7天，但黄金茶成年茶树及幼苗仍未出现冻害现象。抗高温表现为：根据1996年气象观测资料，在当地夏季日最高温度达39.2℃，且持续一周的情况下，黄金茶未发现高温灼伤。抗病虫表现为：经过历年来的观察，黄金茶对病虫害具有很强的抵抗力。多年来，金茶茶园未使用化学农药，也未发生重大病虫害，更没有因此而导致经济损失。例如，1996年7月，黄金村的茶树大规模的生茶毛虫，但黄金茶叶却只有较少的茶树叶被吃掉。黄金茶因是当地自然培育的品种，具有抗寒、抗高温、抗病虫害的优良特性；无性繁殖力强，扦插成活率高；移栽成活率高，扦插发根快、根系多；加工红茶既有滇红的醇厚，又有祁红的蜜香；加工绿茶具有“绿、爽、香、醇”的特色；加工白茶，色杏黄，嫩香甜，味醇爽；加工黑茶、黄茶、花香茶质量上乘。

（三）黄金茶茶树所产茶叶品质优良，比较适合制成名优绿茶

保靖黄金茶发芽早，产量高；高氨基酸、高水浸出物和低酚氨比是黄金茶品质优良的主要物质基础。所出的绿茶，色泽像翡翠一样，所泡出来的茶水是黄绿色的，并且清澈透明，香气浓郁，口感清新，具有“三高一适中”和“四绝”的说法，“三高”指的是三种含量较高的内含物：氨基酸、水浸出物和叶绿素，“一适中”是指一种成分刚刚好的内含物：茶多酚，成品茶中所含的氨基酸成分是普通名茶的两倍以上；“四绝”则是香、绿、爽、醇的品质特点。黄金茶最优质的是其春茶，制成毛尖外形色泽如绿翠带毫，汤色绿亮，香气嫩香清鲜持久，味醇爽鲜美，茶叶越泡越亮，十分宜人。黄金茶内含物十分丰富，据检测，成龄茶树一芽一叶春茶水浸出物含量高达41.04%，氨基酸和茶氨酸含量分别达到了7.47%和2.75%，是其他绿茶的2倍以上，茶多酚含量18.40%，咖啡碱[⑤]4.29%，酯型儿茶素含量较低。

第六节　凤凰茶区

凤凰县地处湖南省西部边缘，湘西州的西南角。位于北纬27°44′~28°19′，东经109°18′~109°48′。东与泸溪县接界，北与吉首市、花垣县毗邻，南靠怀化地区的麻阳苗族自治县，西接贵州省铜仁市的松桃苗族自治县。南北长66km，东西宽50km，总面积为

⑤ 咖啡碱：一般指咖啡因，是一种植物生物碱，下同。

1759.1km^2（约263.87万亩）。约为全省面积的0.84%，占湘西州面积的8.12%，是一个“八山一水一分田”的较小的山区县。凤凰物资丰富，主产黄金茶、雪茶、祁门红茶、毛尖等。凤凰花灯戏表演甚为出名，明清时期已在凤凰境内各地盛行流传至今，主要是春茶开采祭祖时为了庆贺茶叶丰收，而组织的一种歌舞表演，表达了凤凰传统茶农对美好生活的向往。凤凰黄金茶古法手工工艺传承历史悠久，制作流程为采摘鲜—摊晾萎凋—晒茶—摇青—杀青—揉捻—炒茶—闷黄—复揉—复闷—复炒—退火—烘焙—定形—筛选—包装。

凤凰茶区茶历史悠久（图2-8），有着非常丰富与动人的民间传说故事。

《凤凰厅志》记载：相传乾隆五十九年（1795年）冬，吴八月、吴半生、吴廷举等为主的苗民，反对清朝的民族压迫和为了夺取失去的土地，起兵反抗。清政府征调7省18万清兵征剿，武陵山区交通不便，缺医少药，受伤的苗民和清兵，在当地草医指导下，用雪茶消炎杀菌，洗刷伤口，雪茶挽救了许多人的生命。

《凤凰县志》记载：凤凰县种植茶叶始于清光绪年间，唐瑞庭任镇竿镇镇台时，指令5000屯兵在城乡各汛地植茶10万株，这是凤凰较大规模种茶的开始。1927年，县农事试验场又在练营（大教场）种茶万株，并从安化采购500斤茶种育苗。场内设有茶业部，直接管理营汛公地的茶叶生产。

神药传说：相传在四千多年前，在上古高辛时代，苗族的祖先盘瓠和辛女，栖身于山中盘瓠洞中，主要以狩猎为生。有一年山中瘟疫流行，眼见无数患儿因缺药救治夭折……正一筹莫展之时，一天夜里辛女梦见南海观世音菩萨告诉她盘瓠洞顶上有一株野葡萄，是几年前为王母娘娘寿宴运送葡萄时不慎掉下一粒而长成的，它是治疗瘟疫的良药……辛女惊喜而醒，找到了那株野葡萄，把枝条茎叶晒干后送到各个山寨患者手中，

图2-8 凤凰县水木香茶业有限公司基地茶园（湘西州茶叶协会提供）

时隔几日，患儿们都摆脱了病魔，神奇地驱散了笼罩在山寨里的阴霾，人们脸上挂满了微笑和感激，从此雪茶成为人民心中的神药。

筸军救命草：凤凰古称镇筸，几百年来不断苗汉冲突和战争，镇筸拥有了一支军队，被称为筸军。凤凰也成为军垦和征战的指挥所，英勇善战的筸军男儿，不畏牺牲，不怕流血，世代靠战功生活，不管是威震太平军的田兴恕"虎威营"，还是郑国鸿的抗英筸军，随行军医都藏有"雪茶"，伤口依靠"雪茶"汁清洗，肠胃需要"雪茶"汤调节，口腔需要"雪"茶保养，"雪"茶成为筸军的救命草。

第七节　花垣茶区

花垣县位于东经109°15′~109°38′，北纬28°10′~28°38′，地处湘、黔、渝三省（直辖市）交界处，素有"一脚踏三省"之称，东接保靖、吉首，南连凤凰，西邻贵州松桃、重庆秀山，北近保靖。花垣县地处南北长49.5km，东西宽38.5km，总面积1109km^2。地势东、南、西三面高，北部低，中部缓呈三级台阶状，形成高山台地、丘陵地带和沿河平川三个台阶型地貌带，呈明显的三级台阶状，海拔200~1100m。独特的生态环境，形成了湘西优质茶产区。该县主要产茶村集中在石栏镇三塘村、猫儿坡村、龙门村，麻栗场镇尖岩村、新桥村、新科村。茶产业形成了龙头企业增效、集体经济壮大、能人大户参与、农民获得增收、产业发展振兴的多赢局面，成为该县"矿业转农业、黑色变绿色、老板带老乡"转型发展中的新兴主打产业。

据《花垣县志》载，花垣种植茶叶可追溯到明朝。20世纪70年代，夯彩云雾茶，品质优良，畅销省内外。21世纪，花垣县茶叶生产初具规模。2018年，花垣县委、县政府下发《关于加快推进花垣茶叶产业发展的意见》文件，专门成立了花垣县茶叶产业发展工作领导小组，出台了《花垣县茶叶产业发展工作实施方案》，按照"高标准建园、茶旅一体、三产融合、茶园与自然景色、苗族文化完美结合"的种茶模式，确定全县建成茶叶产业基地12万亩的发展目标。2019年，花垣县茶叶种植面积6万亩，其中有机茶园面积10000亩，主要品种"保靖黄金1号""槠叶齐"，年产350t红茶、绿茶；形成万亩茶园1个，千亩茶园22个，百亩茶园107个，培育茶叶种植主体125家，带动茶农1.5万多户，实现销售收入3.6亿元、税收2520万元、利润8250万元。2020年，全县茶叶定植面积7.5万亩，其中村集体经济茶园5.28万亩，万亩茶园1个，千亩茶园28个，百亩茶园109个，可采摘面积8000亩。

花垣县现有名茶为"五龙红茶""五龙云雾茶""十八洞黄金茶"。

五龙红茶有高氨基酸、高茶多酚、高水浸出物的特质，具备天然的"谷韵"之香，沁人心脾。其形，茶干柔条翠润，条形卷曲，白毫初露，甚为可爱；落入水中则浮沉舒展，悠游自如；叶底嫩绿柔软，触之柔韧。察其色，澄澈莹润如玉，纯粹清雅。嗅其香，甜润嫩香，如空谷幽兰，骨子又不失华丽的君子温润之气。品其味，韵长而饱满，浓而不苦，爽醇回甘。

五龙云雾茶有“四高四绝”的特质。“四高”，即茶叶内氨基酸、茶多酚、水浸出物、叶绿素含量高；“四绝”，就是茶叶的香气浓郁、汤色翠绿、入口清爽、回味甘醇。具有“香、绿、爽、醇”的品质特点，所制产品滋味醇爽、浓而不苦，耐冲泡，有较好的养胃、降脂、健脑、减肥、醒酒之功效。

十八洞黄金茶，经检测理化指标为水浸出物≥40%，氨基酸≥2.5%，茶多酚≥20%。具有五大品质特点：一是发芽早；二是发芽密度大、整齐，持嫩性强，产量高；三是抗性强；四是品质优；五是效益高。感官特征：外形条细匀紧、翠绿稍弯、有毫，内质汤色明亮、香气高锐持久、栗香，滋味鲜爽，叶底黄绿明亮（图2-9）。

图 2-9 十八洞黄金茶
（湘西州茶叶协会提供）

第八节 永顺茶区

永顺莓茶，是用武陵山区野生藤本植物显齿蛇葡萄的藤条加工制作而成的饮品。据《中华本草》记载，莓茶经过第四纪冰川后，仅幸存于湘西原始森林，是一种药理作用非常丰富的药食两用植物。莓茶被国家卫生健康委员会列入2019最新版药食同源目录，土家族已有四百年的饮用历史。据《永顺县志》记载，永顺土家先民唐朝就开始在野外采摘莓茶，莓茶作为土家族日常饮品，已有上千年历史，素有“贡茶”“红军茶”等美称。

一、茶区优势

生长环境优良。永顺莓茶种植区海拔300~1000m，天然山泉水长年不断，终年湿度80%左右，年平均降水量1360mm以上，莓茶集中生长萌发的4—10月降水量达全年80%以上，土壤以黄红沙土为主，pH值4.5~7.5，利于莓茶内氨基酸、多酚及黄酮类化合物积累。尤其是主产区土壤中汞、铜、铬、砷、镉等重金属含量全部在标准线以下，多批次、多样本检测永顺莓茶中农残含量为“未检出”或在标准线以下。

图 2-10 永顺莓茶嫩芽（湘西州茶叶协会提供）

文化历史悠久。清雍正《永顺县志第三册》记载：若野茶则有观音寄生白花，其中观音寄生白花指的就是野生莓茶。《永顺县志》记载：莓茶起源于唐朝中叶，因独特文化背景，被当地人称为“土司贡茶”“土家神茶”。唐朝以来，永顺（溪洲）百姓便开始在野外采摘莓茶芽叶，将其晒干保存，再用开水冲泡用以治病，或采集莓茶根茎，洗净后用鼎罐熬煮，用以治疗腹泻、痔疮、咽喉炎、口腔炎、支气管炎等疾病，莓茶被百姓称为“神水”。同时，永顺承载了“神秘湘西”文化、千年土家文化和800年土司文化，现存很多莓茶与文化结合的记载和传说，永顺莓茶也被誉为“土家神茶”。1935年，在贺龙、萧克等领导的工农红军作战中，莓茶对愈合伤员的伤痛发挥了积极作用，所以又被称为“红军茶”。2015年7月，土家莓茶制作技艺被湘西州列入第七批州级非物质文化遗产名录。莓茶产品品质上乘，经中国农业科学院等多家权威机构测定，永顺莓茶富含人体必需的17种氨基酸和14种微量元素，粗蛋白质12.8%~13.8%，其主要功能成分总黄酮含量最低为3.5%，其幼嫩茎叶中类黄酮物质——“二氢杨梅素”含量可高达40%，被誉为植物“黄酮之王”，被医学界誉为“血管清道夫”，具有良好的预防心脑血管疾病、降“三高”效果，对增强人体免疫力、抗氧化、解酒护肝等方面具有特殊功效（图2-10）。莓茶原叶显齿蛇葡萄叶已被国家卫生健康委员会列入2019最新版药食同源目录。

二、历史典故

“土司贡茶”：明朝时期，永顺莓茶成为土司王进贡朝廷的贡茶，声名远播。据《明史·湖广土司传》记载：“洪武九年（1376年），永顺宣慰彭添保遣其弟羲保等贡马及方物，赐衣币有差，自是，每三年一贠”。据考证，“方物”即包括永顺莓茶。说明当时莓茶已成为湘西当地的名优特产，是土司王拿来进贡朝廷的贡品，可见莓茶当时的地位之高，是名副其实的高档消费品。《明史》记载嘉靖三十四年（1555年），永顺宣慰使彭翼南（湘西土司王）应征率永顺、保靖等少数民族将士奔赴东南沿海抗击倭寇，因水土不服，士兵多有腹泻。后彭翼南采用随军将士建议，服用家乡莓茶煮水饮用止泻，致获王江径大捷，被誉为“东南战功第一”，让莓茶一时名震天下。据史料记载，湘西当地土家山民连年采摘莓茶加工成茶，既当良药，也做茶饮，延年益寿，进贡朝廷，故又称“土司贡茶”“土司王茶”，当地很多土家山民都神奇地活过七八十岁，在当时成为一种奇观。

“土家神茶”：清朝时期，“土家神茶”声名远播。相传清光绪帝久病不愈，鼻孔肿痛，鼻腔充血流涕，痛苦不堪，太医多方治疗无效。时值1878年，光绪帝老师陈子贺在回乡探亲途经永定县（今张家界天子山，与永顺县毗邻），见当地土家人皮肤光润，人人体魄强健，百岁老人众多，听闻是喝了当地的一种“土司神草”莓茶缘故，于是将莓茶带回皇宫，让太医给光绪帝饮用。结果光绪帝仅服两月有余，其病症竟然痊愈。光绪帝大喜，认为此乃天物，这是上天赐给当地土家族人的神物，于是封莓茶为“土家神茶”，还要求土家族百姓必须年年进贡，“土家神茶”一时名扬天下。

“红军茶”：在现代，永顺莓茶有了“红军茶”的光荣称号。土地革命时期，永顺塔卧是中国红军红二方面军的大本营所在地。1934年11月，贺龙、萧克等领导的红军在永顺的万坪取得“十万坪大捷”，大败湘西军阀陈渠珍部，把反动势力赶出了永顺。当时红军部队生活条件极其艰苦，医疗条件非常简陋，长时间缺医少药。永顺当地百姓感念红军部队，便拿“神仙茶”为缺少西药的红军战士治病疗伤，效果不输当时被称为救命药的青霉素药物。后来，有人就把永顺莓茶叫作“红军茶”。

第九节　龙山茶区

龙山县位于湘西北边陲，地处武陵山脉腹地，连荆楚而挽巴蜀，历史上称之为“湘鄂川之孔道”。全县南北长106km，东西宽32.5km，总面积3131km^2。地势北高南低，东陡西缓，境内群山耸立，峰峦起伏，酉水、澧水及其支流纵横其间。地理位置优越，自然生态环境好，有数百年种茶历史（图2-11）。

图2-11 龙山县茅坪乡茶园，坪村成片茶园与雄伟的猴子坡主峰融为一体（湘西州茶叶协会提供）

一、开发历程

明清至民国时期，里耶麦茶甚为出名。1972年，龙山县林科所从长沙高桥茶叶实验站引进湘波绿、槠叶齐、高桥早等茶叶品种。1973年春，开始集中连片栽培。1983年，全县茶叶面积发展到3000亩，其中百亩以上的茶园有桶车公社茶园大队、堰坝大队、香井大队和红花大队等茶场。全县有机制绿茶加工厂8家，以桶车茶园大队和香井大队设备较好。1983年全县产出绿茶400担⑥，商品量300担。

2017年，龙山县先后制定《龙山县人民政府关于加快发展茶叶产业的意见》《龙山县茶叶产业开发实施方案（2018—2020）》《龙山县茶叶产业建设实施方案》《龙山县茶叶产业发展扶持奖励办法》。2018年，编制《茶叶产业发展五年规划（2018—2022）》，坚持"政府引导、市场主导、企业主体、部门联动、社会参与"的原则，以农民增收为核心，以实现"三个十"工程（即茶叶种植面积超过10万亩、产值超过10亿元、州级以上茶叶生产龙头企业超过10家）为目标，茶叶产业建设稳步推进，逐渐成为农业特色主导产业；与中国农业科学院、全国农业技术推广服务中心、湖南农业大学、湖南省农业科学院等科研院所加强合作，开展技术研发。

2020年，全县发展茶叶种植1.64万亩，主要分布在洗洛、兴隆街、茨岩塘、茅坪、红岩溪、农车、靛房、洗车河、苗儿滩、内溪、咱果、召市等乡镇（街道），品种以湘西黄金茶为主，引进栽植部分浙江白茶（白叶一号等）等品种；建成农车——靛房万亩茶叶产业园1个，红岩溪肖家坪、靛房比寨、苗儿滩树比、洗车河三个堡、洗车河天井、茅坪茶园坪、里耶猫儿溪等10个千亩茶叶精品园，百亩示范园70个。全县建成茅坪长兴、茶园坪、红岩溪天一茶业、靛房湘阳农业、苗儿滩树比、里耶洞庭郡等6家茶叶标准化加工厂，可年加工名优绿茶750t，红茶2500t，当年产出名优绿茶200t，红茶700t，惠及12个乡镇（街道）45个村（社区）的3150户贫困户12621人贫困人口。

二、产业帮扶

2020年9月12日，龙山县茅坪乡长兴村茶叶加工厂举办采茶、制茶启动仪式，该县首个茶叶加工厂正式投入生产。

该茶叶加工厂由长兴村扶贫后盾单位国家粮食和物资储备局湖南局投资60万元建成，有绿茶、红茶生产线各1条。该局自2018年3月进驻该村以来，大力发展茶叶产业，成立了长馨生态茶叶合作社，122户建档立卡贫困户全部加入合作社，采取"合作社+基地

---

⑥　1担=100斤=50kg，下同。

+农户”的模式运营，实行统一流转土地、统一种植、统一培管、统一经营、按股分红。2018—2020年共种植黄金茶460亩，支付3年土地流转金18.6万元，累计为村民发放工资72万元。第5年进入丰产期后预计每年每户社员可分红7000余元，依靠茶叶产业即可实现贫困户稳定脱贫。

第十节　泸溪茶区

泸溪县位于湘西州东南部，是湘西州“南大门”，地理坐标为北纬27°54′~28°28′，东经109°40′~110°14′。东邻沅陵县，南界辰溪县、麻阳县，西接吉首市、凤凰县，北连古丈县，东西宽79.5km，南北长104km，总面积1565km^2。这里四季分明，气候温暖湿润，群山环抱，雨量充沛，植被覆盖率高，土层深厚肥沃并富含硒元素，山地落差不大，海拔多在400m左右，温度、降水、光照、土壤等环境条件非常适宜茶叶生长发育，是出产优质茶叶的好地方。

自古以来，泸溪人们就具有生产茶叶的传统，主要集中在洗溪镇八什坪、兴隆场镇、白羊溪乡、武溪镇李家田等地，原主产绿茶。现泸溪县老茶园依保留有5000多亩绿茶，该绿茶品质极好，为茶中之王，曾命名为“金丝茶祖”，可惜的是，因疏于管理和品牌创建，被埋没于大山深林之中。2015年以来，该县大力发展茶叶，以茶产业巩固脱贫攻坚成效，促进农民增收。多次组织召开茶叶生产会议，就全县茶叶产业发展进行专题研究部署，先后出台多个文件，鼓励支持全县茶叶产业的发展，成立泸溪县茶叶产业发展工作领导小组。2020年，全县有茶叶1.8万亩，初步形成以兴隆场镇、小章乡、白羊溪乡为核心的白茶生产示范片，以武溪镇、洗溪镇、潭溪镇为核心的黄金茶生产示范片，以浦市、达岚镇、合水镇为核心的桑叶茶生产示范片。全县种茶公司、合作社、大户共105户，其中50亩以下29户，50亩至100亩以下31户，100亩至1000亩以下42户，1000亩以上3户。全县有茶叶加工厂2家。整个茶叶生产将惠及农户8万多人，每年全县3万多农民可以通村用工、经营等茶叶生产销售使农民实现人均年增收4000多元。现全县茶叶生产如火如荼，来势喜人。

一、泸溪白茶产业帮扶

密灯村是泸溪县兴隆场镇7个贫困村之一，2018年，在外从事多年白茶生产销售的密灯村民唐荣芬决定回乡创业。经过实地考察和多年的经验判断，唐荣芬决定种植安吉白茶。随即，在村里的帮助下，创立泸溪县密灯众诚茶叶农民专业合作社，采取“公司

+基地+农户”的模式，通过土地入股、土地租赁、劳务用工等方式与附近168名贫困户及126名非贫困户建立利益联结，带领家乡父老乡亲脱贫致富。

泸溪县密灯众诚茶叶农民专业合作社成立后，投入470余万元，流转土地800亩，种植白茶苗300余万株，存活率达到95%。看到希望的唐芬荣，立即再次开发200亩基地，直接带动60名贫困人口就近就业，并与浙江浩缘伟农业有限公司为总公司签订了销售协议。安吉白茶属绿茶类，按绿茶加工原理并根据安吉白茶自身的品质特性，其外形形似凤羽，色泽翠绿间黄，光亮油润，香气清鲜持久，滋味鲜醇，汤色清澈明亮，叶底芽叶细嫩成朵，叶白脉翠，安吉白茶富含人体所需18种氨基酸，其氨基酸含量在5%~10.6%，高于普通绿茶3~4倍，多酚类少于其他的绿茶，饮用鲜爽，没有苦涩味。亩产青叶能够达到10斤左右，2025年可达到盛产期，届时每亩年纯收益能达到7000余元，预计可实现年总产值2000余万元。

2020年3月16日，历经一个寒冬，湖南省泸溪县兴隆场镇密灯村千亩白茶基地一片生机盎然。二三十名采茶工人娴熟有序地采摘新鲜的嫩尖，拉开了兴隆场镇第一批春早茶采摘的序幕。受疫情影响，采茶工人都戴着口罩，腰系茶篓，按照前期培训的要求认真地采茶，将采摘的第一批白茶交由专门的工人进行发酵杀青，由基地负责人唐荣芬示范炒茶，经过15min的翻炒，厂房内散发出了淡淡的茶香，再辅以100℃左右的高温烘烤，第一批春茶就这样完成了。现密灯村已投入1200万元，种植安吉白茶1500余亩。

二、泸溪白茶种植技术

1. 茶叶种植地选址

安吉白茶对于温度变化十分敏感，因此，要合理地选择种植地。一般要求选址要选在年积温4000~5500℃的区域，且保证在茶芽萌发期的温度要在20℃之下；土壤以沙壤土、沙质土为主，要求土壤的pH值在6.5~7.0左右，软土层要在80cm以上，种植坡度应在30°以下，并视积温决定田块的朝向以及海拔。田地的规划最好要远离工厂和住家，并保证交通便利，以方便茶叶的运输。

2. 茶叶品种选择

垦辟茶园，发展优质、高产、早生的无性系良种茶园是茶叶生产获得良好的经济效益的重要基础条件，是实现茶业增效、茶农增收的重要措施。

3. 茶叶种植规格

茶叶的种植方式可以分为立体式种植和平面式种植。平面种植的情况下以高产量和多季采收为目的采摘主要分布于树冠表面且能够运用机械采摘；而立体采摘园则以牺牲产量的方式生产春名优茶，其树冠的竖直向有一定的采摘深度。一是深翻改土，施足基肥。新茶园开垦后，约于2个月前在梯面上用牛力犁进行一次深耕，深度45cm左右，并耙平；移栽前一个月再用锄头进行一次复耕，深度达25cm；划分种植行，开种植沟，沟深45cm，宽30cm，在沟底铺一层腐殖质细土，厚度10cm，再在上面盖土10cm。二是定植。将要定植的茶苗根部蘸以黄泥浆，采用单行栽植法在沟中每隔30~40cm栽苗2~3株。把根按生长方向摊放在种植沟中，然后填入土壤，再适当用脚踏实，上盖松土，留10~15cm不盖土，这样在定植初期能在未盖满土的沟中保蓄一些水分，提高沟中土壤湿度，有利于茶苗成活，以后地面表土受自然轻微冲刷逐渐流入沟中，到沟差不多填平时，茶苗已度过炎暑时期，且土壤中的根系已较扎实，就不易遭受干旱的威胁。三是遮阴保水，茶苗栽植后于4月中旬在行间距茶行一侧35cm处开沟间作夏季绿肥大叶猪屎豆。大叶猪屎豆种植初期生长较慢，后期生长快，至8月中下旬植株能高达120~150cm，主根入土深度达45~50cm，于9月中旬盛花期割青盖于茶园行间。大叶猪屎豆耐酸、耐瘠、耐旱、产量高，且茎叶柔软、容易腐烂，植株高度适中，在茶行土壤表面的覆盖度大，在干旱季节能有效增加茶园土壤和空气的湿度，并能对茶树幼苗起到遮阴的作用，减弱强烈阳光的照射。

4. 移栽和定植

在进行茶苗的移栽和定植时，要根据种植规格展开种植过程，在确定好株距、穴距后，确认定植穴的位置，保持土壤湿润并将茶树深栽，栽种完成后用手轻轻提苗使茶树能自然伸展又不会使根须外露，随后浇定根水。最好在茶树两侧覆盖稻草或者编织布以保证土壤湿润。

黄金茶博物馆

茶品牌篇

第三章

湘西是古老的茶乡，生活在这片美丽而又神秘的热土上的先民们，根据不同时期的消费需求，与时俱进地创新茶产品，使得名茶辈出。湘西茶叶发展道路从生产管量、茶树品种、加工技术、贮藏运输、泡饮方法等，皆在传承的基础上不断创新，在茶叶发展历史上谱写了辉煌的历程。

第一节 绿 茶

绿茶制作起于唐朝，采用的是蒸青制法，即将鲜叶蒸制，趁热捣碎成饼，然后烘干；宋朝发展到蒸青散茶，即蒸后不揉不捣，直接风干，保持茶叶原有滋味，后来又出现蒸青饼茶。明朝，中国发明炒青和烘青制法后，蒸青法便日趋淘汰。清朝，湘西绿茶甚为有名。中华人民共和国成立初期，主要种植黄金茶、毛尖，绿茶生产态势为计划经济格局，国家定产定销，绿茶生产按部就班，茶叶生产销售为国营茶厂，供销社收购，外贸统购加工销售等模式。1978年改革开放后，茶叶生产加工逐渐引入竞争机制，民营企业登上历史舞台。2000年以来，有机茶园、绿色食品逐渐热销，产业生产由追求高产量向高质优价转换。

一、绿茶初加工工艺

湘西绿茶的加工工艺是：摊青—杀青—揉捻—干燥。其中，杀青是关键环境。杀青要内行，也要支撑得住。就是要手能耐得住温度的炙烤，要是温度低了，茶不香，温度高了，茶会烧焦。锅的温度、茶叶的湿度、松紧程度，判断全在一双手去感觉，并及时调整锅的温度，温度低了要闷，温度高了要抖锅，目的是要保持锅里的茶叶能够均匀受热，均衡脱水，一点也马虎不得。

（一）杀 青

杀青对绿茶品质起着决定性作用。通过高温，破坏鲜叶中酶的特性，制止多酚类物质氧化，以防止叶子变红；同时蒸发叶内部分水分，使叶子变软，为揉捻造型创造条件。杀青目的是去除茶叶的青草味，所谓青草味其实是指鲜嫩茶叶发出的气味，如果茶叶在杀青过程中没有做到均衡脱水，一部分茶叶细胞没有进入休眠状态，就会使得制成的茶叶带有青草味。如果茶叶制成后，泡出的茶汤带有青草味，就会掩盖茶叶的本色香味，这就标志杀青工艺操作失败，制成的茶叶只能降本处理。

在传统的加工工艺中，加工技师们完全凭手感，凭手在锅里面接触茶叶的温度，去决定抖还是闷。如果温度过高，会造成茶叶失水太快，茶叶脱水不均衡，在后续的工序中，就不能捻制成坚实的针状，甚至在捻制时，茶叶本身就破裂了，出现这样的情况，都标志着杀青工序的加工失败。但如果茶芽脱水太慢，炒锅的温度太低，茶芽的颜色也会发暗，香气沉闷，也算是杀青工艺的失败。

（二）揉　捻

绿茶加工的揉捻手续有初揉和复揉。其中初揉是指将杀青后摊凉的茶芽，平铺到平底而光滑的簸箕内，伸开手掌轻轻压在茶芽上。搓揉时，顺时针方向旋转，或者逆时针方向旋转都可以。但是不能随意改变搓揉的方向，以免造成茶芽破裂损伤。技术要领是，手的力度要轻，速度要均匀，目的是为了初步整饰茶芽的外形，缩小茶芽的体积，便于下一步工序的干燥脱水。复揉与初揉一样，目的都是要让回软、回润的茶芽通过复揉使之形成紧实的针状茶条。不过，复揉用力较初揉更重。

（三）干　燥

干燥主要有三个目的，一是继续使内含物发生变化，提高品质；二是在揉捻的基础上整理、改进外形；三是排除水分，防止霉变，便于贮藏。干燥方法有烘干、炒干和晒干三种。绿茶的干燥程序，一般先经过烘干，然后再进行炒干。因揉捻后的茶叶，含水量仍很高，如果直接炒干，会在炒干机的锅内很快结成团块，茶汁易黏结锅壁。故此，茶叶先进行烘干，使含水量降低至符合锅炒的要求，然后再进行炒干。

二、代表性产品

湘西自然条件优越，有“中国绿心”之称，是我国重要的绿茶产区。湘西绿茶非常丰富，典型代表有古丈毛尖、保靖黄金茶、湘西黄金茶等。2013年，湖南省人民政府下发了《关于全面推进茶叶产业提质升级的意见》文件，把吉首市纳入新一轮茶叶产业重点布局县（市）之一，全力支持吉首市推进武陵山区生态茶博园项目建设，打造万亩黄金茶谷，举办湘西茶文化节；2014年，湖南省人民政府办公厅下发了《湖南省茶叶产业发展规划》文件，将吉首市列入“U型优质绿茶带”区域布局，将“吉首万亩黄金茶谷”纳入湘茶文化创意工程进行打造。

（一）保靖黄金茶

“保靖黄金茶”原产于保靖县葫芦镇黄金村，是该县自生、古老、珍稀的地方茶树种质资源，被称为“可以拿来喝的文物”。保靖黄金茶品质优异，明朝嘉靖年间即为朝廷贡茶，素有“一两黄金一两茶”美誉，国内著名茶叶专家称为“茶树品种的资源宝库”和“山区农民致富的绿色金矿”。

（二）湘西黄金茶

吉首是黄金茶的原产区之一（图3–1），清乾隆五年（1740年）所著《乾州志》第二卷中记载“乾（今吉首）虽穷谷僻壤……山坡可以种竹，栽杉、松、桐、茶”。1934年《中国实业志》（湖南载）：古丈、永绥、保靖、凤凰、乾州等县茶园289.8hm^2”，马颈坳镇隘口村、河溪镇楠木村、乾州太墟庙等地仍保留有少量古茶树。湘西黄金茶产于吉首市，品种为黄金茶1号和黄金茶2号。其品种优异，发芽早、产量高、适制性强、抗性强、无性繁殖力强，已列入湖南省推广的优质茶树品种。通过与湖南省茶叶研究所、湖南省茶叶学会合作，共发布和推广湘西黄金茶团体系列标准8个，涵盖生态茶园、有机茶园建设、红茶、绿茶、白茶生产技术规范及产品标准，实现从茶园到茶杯的生产标准全覆盖。健全良种繁育、茶树栽培、绿色防控等科技服务体系，先后在马颈坳镇、矮寨镇、丹青镇的7个重点村建设了8个科技示范项目。湘西黄金茶绿茶制作工艺上，摊青、杀青、摊凉、揉捻、五斗烘干机做形、烤干、提箱（图3–2）。

图3–1 湘西黄金茶吉首隘口基地
（吉首市茶叶办提供）

火功，是湘西制茶的“第一功”。湘西黄金茶绿茶制作工艺上在传统的制茶过程中，火势要多大全靠用心，“鼎罐”要热到什么程度直接关系到茶叶的杀青力度。火势大了，茶叶焦边难看，煳味都出来了，火势小了，杀青不透，一股青草味。由此产生了“炒茶的是徒弟，烧火的是师傅”的传说。传说很久以前，观音大士带着金童玉女拜会王母娘娘。一日来到湘西境内，被迷人的景色吸引。于是降下云头，立于最高峻处四面观望。晨风吹来清新山气，神清志振，观音错以为是金童玉女打开了甘露瓶。于是找一避风处打坐，要看个究竟。入夜，月光皎洁，山色空蒙，蛙声点点，灯光闪亮。观音命金童玉女取来茶树种植于山上，施以甘露。每年春天，由金童挎篮，玉女采茶；玉女烧火，金童制茶。制出的茶叶色鲜味美，观音夸金童手艺好。玉女不服，一跺脚差点打碎玉净瓶。观音自知失言，有失公允，赶忙纠正道：“炒茶的是徒弟，烧火的是师傅”。观音的这句话，便成为湘西人民茶叶制作技术的奥妙。

图3–2 加工程序（代尚锐摄）

（三）古丈毛尖

“古丈毛尖”属于炒青绿茶，滋味醇厚，耐冲泡，具有独特的口感和香气，被称为“绿茶中的珍品”，被誉为“生态之茶、幽美之茶、神韵之茶、健康之茶、安全之茶、魅力之茶”。该地域的毛尖主产区主要集中在牛角山—东方镇—龙天坪至古阳镇一带，这里的环境、土壤（含磷、硒等微量元素及微生物种类丰富）以及气候非常适合绿色植被的生长。

古丈县城在窝坨，四面青山茶叶多。古丈毛尖属绿茶类，选用适制的茶树品种的幼嫩芽叶，加工工艺传统而复杂，由摊青—杀青—初揉—炒二青—复揉—炒三青—做条—提毫收锅八道工序精细加工制作而成，每一道工序都十分讲究，这就使古丈毛“古丈毛尖”具备了地域性特点。

1. 摊　青

摊青是第一道工序。摊青技术的目标是将茶叶的水分自然收干，使得茶芽在正常的生存状态下细胞均匀脱水，开始呈现半休眠状态，才进入下一步的加工。鲜茶在采摘回来后，为了保持鲜叶原料的新鲜度，采摘后不能堆积和挤压，鲜叶要选择阴凉通风的地方适当摊放。采摘的原料要严格按级验收，不同品种的茶叶要分开，做到晴天叶与雨水叶分开，老茶叶与嫩茶叶分开。同时要按质分别摊放，摊放厚度、时间应根据茶叶的含水量及天气状况而定。一般晴天茶叶含水量较低，可适当摊厚一点，约2~3寸[⑦]，摊放时间4~6h；阴雨天茶叶含水量较多，就必须薄摊，且时间就略长些，一般 10~12h，鲜叶减重 12%~13%，即100斤鲜叶经摊放后称重为 86~88斤。鲜叶应根据先后顺序摊放，不可摊放时间过长。鲜叶摊青后既有利于提高茶叶品质，又便于后续工序加工，如雨水叶摊青后，杀青时就不易粘锅烧茶，揉捻时又不会造成茶汁溢出而影响成茶外形色泽与香味。

从科学原理上讲，摊青工序的实质是要确保鲜叶在生长状况下缓慢进入休眠，使茶叶细胞间的水分溢出茶叶之外，但含在茶叶细胞内的水分，仅是均匀的有限脱水，从而引发细胞进入休眠状态。整个摊青过程，之所以要确保不受挤压和搓揉，其目的都是要确保茶叶的细胞不至于破裂，使细胞液外渗，从而影响茶叶的香味和口感。

2. 杀　青

杀青是茶叶加工第二道工序，其目的是要去除茶叶的青草味。杀青的含义是指，在直径78cm、深24.5cm、斜度15° 的斜锅内进行高温炒制，使茶叶的细胞从半休眠状态，进入彻底休眠。这是因为加温后的细胞快速脱水所使然，但却不意味着让茶芽内的细胞因高温而破裂，那样做会导致茶叶所含香味物质的外溢，从而影响到所制茶叶的口感。因而，杀青操作升温要快，但却不能过高，否则会导致茶芽叶片边缘枯萎，甚至破裂。

---

⑦　1寸≈3.3cm，下同。

杀青煎炒前要先磨光洗净炒锅，燃料以松树柴最好，将手至于锅底15cm处，感到灼热时即可投叶杀青，每锅投鲜叶1.5斤左右。鲜叶下锅后，要勤翻勤抖，先焖炒后抖炒，抖焖结合。杀青时火力要均匀，先高后低，切不可忽高忽低。杀青时间约为3~4min，至叶色变暗，叶质柔软，发出清香，即可出锅摊凉。

古丈毛尖茶的杀青，在温度的控制上，要做到高温杀青，先高后低；在操作方法上，要抖炒与闷炒相结合，多抖少闷；在杀青程度上，要掌握嫩叶老杀，老叶嫩杀。杀青时间要快，但茶芽脱水以透为好。杀青后，需要摊青回冷，进一步实现茶芽细胞的蛋白质凝固，细胞萎缩休眠。香味就能够包裹在茶芽里面，冲泡时才有香气。在传统的制茶中，苗族乡民们一般采用铁锅炒茶。但由于铁锅与茶叶中的单宁酸结合后，会形成黑色的单宁酸铁，会极大地降低茶叶的质量，所以改用陶锅焙茶杀青，茶叶的质量更佳。用陶锅焙茶，升温缓慢，降温也缓慢，而且不会造成次级污染。但陶器容易破碎，清洁难度大，焙茶后需要快速降温时，完全得靠人工控制。当地苗族乡民都是凭借经验和手感去控制焙茶的温度，技术操作难度较大，不是有经验的茶师，很难用巧陶锅。当前由于市场对茶叶品质的要求不是很严格，大多用铁锅杀青，这显然不是制作高标准古丈毛尖的理想做法。

3. 初　揉

初揉是制茶工艺的第三步，目的是为了初步整饰茶芽的外形，缩小茶芽的体积，便于下一步工序的干燥脱水。经过杀青处理的鲜叶，由于经过初步脱水，茶芽的叶片变得十分柔软，只需要用手轻轻地压在茶芽上，向同一个方向平行移动，茶芽中变柔软的叶片，就会很自然地围绕茶芯卷起来，使整个茶芽呈现为坚实的针状。因而初揉的实质是用手工整理茶芽的外形，使之呈现为针状。这样做有利于下一步的干燥脱水，这是因为茶芽的外形呈现为针状，在下一步焙炒时，所有的茶芽几乎是在锅中滚动，这就有利于确保脱水的均匀，缓慢，而不会伤及茶芽的细胞，更不会引发叶片和茶芯的断裂。与此同时，经过初揉后，整个茶芽紧实的卷在一起，就会使得在下一步的炒制中，茶叶的本色香味容易得到保存，而不会散失。因而这一步的加工，对下一步茶叶的质量，影响很大，如果不是高超的技师，就很难处理好这一关键的工序。

观察起来，似乎很简单，只需将杀青后摊凉的茶芽，平铺到平底的光滑簸箕内，伸开手掌轻轻压在茶芽上，不管是向顺时针方向旋转，或者逆时针方向旋转都可以。但却不允许在整个初揉过程中改变方向。一旦改变方向，茶叶就不会呈现为针形。还有的工艺大师别有高招，不是旋转揉茶，而是向前揉茶，反复多次后，也能达到初揉的技术要求。苗族乡民将前一种揉茶办法，称为“转圈揉”；将后一种揉制办法，称为“直揉”。

但不管采用哪一种揉制办法，都会有少数茶芽由于受热不均。而导致芽尖弯曲，叶片包裹卷曲的茶尖，形成茶团。对这样的茶芽，就要做特殊处理了，当地乡民为此取了一个专门的名称叫作“解团”。解团的含义是要用手指将结团的茶芽拉直，然后再将弯曲的叶片也拉直，再用手指将茶芽一根一根的捻成针状。这显然是一项劳神费时的苦差事，但却是初揉工序中至关重要的一步，否则就会导致这些结团的茶芽成为真正的等外品。经过这样的初揉后，最终制成的古丈毛尖，再加开水冲泡时，所有的茶芽都会悬浮在水中，尖朝上，芽根朝下，整整齐齐地排列起来，十分美观。如果其间混入了结团的茶芽，所有这批古丈毛尖都得降等，不能卖出好的价格来。

据湘西当地茶农介绍，初揉的技术要领是手掌对茶芽的压力要轻，要均衡，以确保茶芽均衡受力，揉制的速度要均匀，要慢，茶芽的叶片才能够将茶芯包裹的坚实，而且叶片不会开裂，茶尖不会断裂。从事这样的重复操作，不仅需要耐心，而且还需要毅力，要沉得住心，精心操作才能达到预期的加工目标。最精细的茶叶需要用手指尖一根根揉搓，才能达到古丈毛尖紧细圆直的标准。从现代科学技术的眼光看，初揉工序的实质不仅是要保持茶芽外观的均匀整齐，更重要的是，使茶芽的细胞完全进入休眠状态，再加上茶叶整体紧实，以确保茶叶的整体香味不会散失，同时还必须保证茶芽不会出现轻微的破损。因而古丈毛尖的初揉工序完全可以称得上是高度精细的加工过程了。极品的古丈毛尖对这一工序要求更高，相传早年的贡茶，就更不允许批量初揉，而是要求一根一根地在拇指和食指间搓揉成形。

4. 炒二青

炒二青是制茶工艺的第四个步骤。炒二青是利用高温继续促进茶芽进一步脱水，并确保茶芽中的细胞完全进入休眠状态，失去活性，以便最大限度地清除茶芽所含的青草味，并尽可能保留茶芽所含的香叶物质。炒二青的操作与杀青一样，目的是确保茶芽均匀受热，均衡脱水。炒二青的用茶量，承袭杀青而来。持续时间4~5min，茶芽需要炒至四成干即可出锅。出锅后，茶芽要迅速摊凉放热，使茶芽回润，回软，以利下一步的操作。

5. 复　揉

复揉是制茶工艺的第五个步骤，其操作与初揉一样，目的都是要让回软，回润的茶芽通过复揉，使之形成紧实的针状茶条。不过，复揉用力应较初揉为重。其依据在于茶叶已经基本脱水，或者脱水过半，一般不会被揉碎，揉断，只有用力搓揉，才能卷紧成针状条形。此外，在这一工序中，茶芽也可能结团结块，因而同样需要做精细的解团，揉制操作，以确保所有茶芽都形成外观均匀的针状条形。茶芽的鲜亮绿色得到最大限度的保存。

6. 炒三青

炒三青是制茶工艺的第六个步骤。操作目的是把茶芽进行升温脱水，干燥度达到90%以上。以防止茶芽在储存过程中发生霉变。炒三青时茶条已经基本定型，因而在升温抖炒的过程中，茶条几乎是在锅中滚动，这就容易达到均匀受热，均衡脱水的操作目的。据古丈苗族乡民介绍，炒三青时，温度不需要很高，而且抖动的次数和频率要加快，等到手掌碰到茶条不粘手时即可出锅。待茶芽的温度降至稍感烫手时，即可在锅内做下一个步骤的加工。制茶工艺之所以多次反复炒制，又需要多次揉捻成型，据乡民的介绍得知，其原因全在于茶芽的含水量很大，要做到一次性均衡脱水，很不容易。因而必须分步骤多次脱水，多次整形，脱水才能彻底，整形才能到位。而且还能确保在整个加工过程中，茶叶不会受到外伤，不会破损，茶叶的香味和口感才能得到最大限度地保存，并有利于长期储藏。如果仅一次炒干，那么就达不到以上各项加工效果。甚至会出现茶芽表面被炒焦，大量出现红根等弊端，出现这样的弊端都会导致茶叶品级的下降。

7. 做　条

做条是炒茶工艺的第七个步骤，做条的实质其实是对半成品的茶条做进一步的外形修饰加工。原因在于每一次炒制，随着茶芽的不断脱水，茶条的外形都会发生细微的变化，不能保持均匀紧实的针状，因而需要通过做条工艺，使茶条获得美观的外形。之所以要在锅中带有温度去做条，原因则在于这时茶叶已经脱水到九成以上，因而比较脆，如果不带温度做条，茶条在加工过程中就可能脆裂，导致整个制茶工艺的失败。

8. 提毫收锅

提毫收锅是制茶工艺的最后一个步骤。最后一道工序称为提毫，则是因为到这时，茶叶已经基本脱水干透，茶芽表面的茸毛不会继续粘连在叶片上，而会自然树立起来。使茶条表面能够清晰地看到古丈毛尖表面的白毛，所以特意称之为提毫，使白毫充分的显现出来。炒茶锅要重新磨光洗净，控制好锅温，投叶量可以折算为一锅3斤叶。具体做法是：茶叶下锅后，先轻轻翻炒，边炒边理条，炒至全部茶条受热回软时，再双手将理顺的茶条置于掌中，轻轻揉搓。揉搓时要防止茶条断尖脱毫，动作要轻，白毫提出后适当增温，以利提高香气。炒至全干即可出锅摊凉，然后包装。

第二节　红　茶

最早的中国红茶是出现在福建武夷山一带的小种红茶。1875年前后，红茶制法由福建传至安徽祁门一带，继而江西、湖北、湖南等省都大力发展红茶。20世纪50年代以来，湘西普遍推广红茶生产。中国红茶分为三类，即小种红茶、工夫红茶和红碎茶，其中工夫红茶是中国特有的红茶。这里“工夫”两字有双重含义，一是指加工的时候较别种红茶下的工夫更多，二是冲泡的时候要用充裕的时间慢慢品味。

一、初加工工艺

初制工艺是红茶品质的关键影响因素之一，红茶的传统初制工艺包括鲜叶—萎凋—揉捻—发酵—烘干等。

（一）萎 凋

萎凋是在一定的温度、湿度条件下将鲜叶均匀摊放。萎凋的目的在于适当蒸发叶片内水分，降低鲜叶细胞张力，使鲜叶质地柔软、韧性增强，以便于揉捻成条；伴随着水分散失，叶内细胞汁浓缩，酶活性增强，能为形成红茶品质创造条件；同时，也可以促进叶片内芳香物质转化，并散发掉鲜叶的青草气，而逐渐形成萎凋叶特有的清香。在萎凋的过程中，细胞液中水解酶（淀粉酶、糖化酶、原果胶酶和蛋白酶等）活力的增加，以水解作用为主体的生化变化可使可溶性物质含量增加，如多糖类物质发生水解，使得葡萄糖总量增加；同时，蛋白质在肽酶的作用下水解，生成的游离氨基有助于茶汤香气和滋味的形成；茶叶中果胶物质是一类具有糖类性质的高分子化合物（属杂多糖），包括不溶性的原果胶、溶于水的果胶素和果胶酸，果胶物质是一类胶体性物质，具有黏稠性，能增进揉捻的成条效果和茶汤浓度。

萎凋的主要方式有日光萎凋、室内自然萎凋、热风萎凋和萎凋槽萎凋。这几种方式还可以根据实际情况灵活结合使用，称为复式萎凋法。萎凋效果取决于萎凋方式、鲜叶嫩度、萎凋温度和时间等因素。萎凋适度是制好红茶的关键，可以通过萎凋叶的含水量和感官判断为依据。一般来说，萎凋采用“老叶嫩萎凋、嫩叶老萎凋”的原则，即春茶萎凋程度易重，而夏秋茶宜轻。萎凋叶的含水量以60%（±2%）为宜。当萎凋叶含水量适中时，制成的红茶中茶黄素含量较高。

（二）揉 捻

茶叶加工中，揉捻是造型工序之一，也是奠定茶叶耐泡度的关键环节。揉捻即用揉和捻的方法使茶叶面积缩小并卷成条形，通称条茶。使其形成优美的外形。而且，揉捻借由外力使茶叶表面与内部细胞组织破坏，使茶汁中含有的多酚类化合物、多酚氧化酶等和氧气充分接触，产生急促的酶促氧化作用，为形成红茶特有的内质奠定基础；同时，揉捻过程能使茶叶细胞内组织液体溢聚附着于叶条表面，形成油润外形，利于冲泡时溶解于水，增加茶汤的浓度。在揉捻过程中，茶叶的弹性和揉捻时间基本呈线性正相关，而柔然性和塑性都是先增加后减小。萎凋叶的柔软性、弹性和塑性直接影响到揉捻的质量，红茶比绿茶的揉捻时间短些。适度揉捻的指标通常以揉捻叶的细胞破碎率和成条率来判断，通常要求这两个指标都能达到85%以上。此时，揉捻叶条索紧卷，茶汁充分外溢，用手紧握，茶汁溢而不成滴。红茶揉捻方法通常有3种，即传统制法，挤压、撕裂和卷曲法，锤切法。

（三）发　酵

揉捻结束后，叶子里的多酚类物质和酶系统的隔区被破坏，以多酚类酶促氧化为中心的一系列生化反应开始，即进入了发酵阶段。在发酵过程中，多酚类的酶促氧化是最明显而又最重要的生化反应，多酚氧化酶对黄烷醇邻苯二酚基的氧化有专一性。氧化反应最初生成醌类，再转化形成茶黄素、茶红素和茶褐素等高聚态物质。此三类物质分别为橙黄色、红色和暗褐色，均能溶于热水，是不同发酵时期形成不同汤色的主要物质基础。

（四）干　燥

干燥是抑制酶活性的关键工序，可固定茶叶的“色、香、味、形”。在干燥过程中，茶叶散失部分水分，经过高温作用下的非酶性褐变反应，形成红茶固有的乌润色泽和焦糖香。高温使很多低沸点的香气物质大量挥发，留在干茶中的是一些高沸点的芳香成分，其中以醇类和羧酸类为主，其次是醛类，其形成了红茶特有的香气。红茶干燥的方式有烘、炒、滚、晒等多种。在生产中，工夫红茶多采用烘笼烘干和烘干机烘干的方式。烘笼烘干多为茶叶生产专业户采用；大型茶厂多采用烘干机烘干。有些特殊的高香红茶的干燥也采用手工焙笼工艺。常规烘干通常分初干（毛火、初焙）和足干（足火、复焙）两次进行，中间摊晾。烘干温度对红茶品质的形成和发展起重要作用。毛火要求“高温、薄摊、快干”，足火要求“低温、厚摊、慢烘”，慢烘可产生较多的脱镁叶绿素，能改善红茶乌润度。

二、代表性茶品

21世纪以来，应国内外红茶消费渐盛的发展趋势，湘西红茶呈现强劲发展的势头。湘西人继承传统优势，大胆进行技术创新，涌现了一批优质红茶。

（一）古丈红茶

古丈红茶，湖南湘西州古丈县特产，中国国家地理标志产品。古丈红茶，以古丈中小叶茶树一芽一叶或一芽二叶为原料，经手工采摘，按照传统工艺加工而成，具有浓郁的花果香、蜜糖香、甜香等独有风味和香型。

古丈红茶的早期雏形是“药茶丸”，主要用来治疗水土不服引发的腹泻等。明朝海防空虚，倭寇袭扰，湘西地区的三大土司兵勇常年抽调征战，为防止在江浙一带水土不服，土著士兵人人随身携带的药品即“药茶丸”。“药茶丸”制法简单，主要是把山上顺手采择的茶叶鲜叶，装在衣服口袋里，让茶叶自然萎蔫，后用手掌反复搓揉制成颗粒，稍加烘烤即成。《明史》记载，明嘉靖三十四年，湘西士兵在浙江嘉兴县王江泾合围倭寇，斩杀倭寇1900余名，史称“盖东南战功第一”。至今土家族的“赶年节”中仍保留有“茶礼”祭祖的仪式，用来祈祷祖先圣灵护佑四方民众安康。清朝后期，镇压太平天国出身的湘军将领古丈籍人杨占鳌，对古丈茶叶的发展产生过积极影响。他在自己的茶叶庄号“绿香园”中，借鉴“药茶丸”的工艺，开始大量制作红茶，一度畅销西北。

2017年12月8日，原国家质检总局批准对“古丈红茶”实施地理标志产品保护。

工艺流程：萎凋—揉捻—发酵—初干（过红锅）—复干—提香。

① **萎凋：** 鲜叶厚度5~10cm，室温萎凋10~16h，叶片含水量60%~65%。

② **揉捻：** 茶条紧卷，茶汁外溢细胞破损率达80%~85%，成条率90%以上。

③ **发酵：** 自然发酵或发酵机发酵，发酵温度22~30℃。

④ **初干（过红锅）：** 用直径80cm铁锅或瓶式炒干机，锅温200~220℃，时间5~10min，含水量控制在20~25%。

⑤ **复干：** 温度85~110℃，摊叶厚度3~4cm，时间15~20min；含水量<10%。

⑥ **提香：** 温度60~80℃，时间40~120min，含水量≤6%。

（二）保靖黄金红茶

保靖黄金红茶选择茶多酚含量较高的保靖黄金茶1号品种夏秋茶作为原料；在加工工艺上，融合了乌龙茶晒青、晾青、摇青工艺，轻萎凋，轻揉捻，两段发酵；初烘高温短时走水，复烘低温多次走水，适温短时提香。特色原料、特色工艺，在特殊的环境里相互碰撞，产生了奇妙的效果。研制出的保靖黄金茶毛尖工夫红茶，花香、蜜香、薯香、果香浓郁，滋味鲜爽甜醇、回甘生津，汤色清澈金红明亮，叶底红亮，具备了“三高三低”的特点。与其他红茶相比，保靖工夫红茶其平均水浸出物和茶多酚含量较低、咖啡碱含量低，氨基酸含量高出其他红茶两倍以上，使该红茶滋味醇和、浓郁、鲜爽且没有苦涩味。同时，红茶中茶褐素含量较低，茶黄素、茶红素含量较高，比例约为1∶11.69，接近优质红茶的理想值1∶(10~12)，使该茶汤色红艳明亮，口感鲜爽宜人，产品投放市场后备受茶友们的欢迎。

保靖黄金红茶外形柔润，条索型，然后非常紧结，显峰毫，而且身披金毫。黄金红茶的内质，香气特别的浓郁、持久，有花香、蜜香，而且汤色非常的红艳明亮，茶黄素和茶红素都非常的显。保靖黄金茶夏茶红茶制作工艺流程：摊青、揉捻、发酵5~8h，风干、提箱。夏茶青茶制作工艺：尾雕摊青、摇青、摊青、发青炒熟、揉捻、保揉做形卷曲形、烘干。保靖黄金茶夏茶颗粒红茶制作工艺：尾雕摊青、揉捻、发酵8h、包揉5遍、炒锅10min、打包炒锅10min、熟包机、整形机20遍形成颗粒状。

第三节 莓 茶

以湘西州永顺县境内毛坝乡、润雅乡、万坪镇、首车镇、砂坝镇、车坪乡、万民乡、塔卧镇、盐井乡、两岔乡、石堤镇11个乡镇，栽培及生长地适制莓茶的显齿蛇葡萄鲜叶为原料，经摊青、杀青、揉捻、松包、闷黄、摊晾、起霜、提香、干燥等工艺加工而成的具有永顺莓茶品质的条形莓茶（图3-3）。

图3-3 永顺莓茶推介会（湘西州茶叶协会提供）

一、加工工艺

永顺莓茶，经摊青—杀青—揉捻—松包—闷黄—摊晾—起霜—提香—成品—密封装袋等加工工艺，形成了永顺莓茶独特的外形和风味品质特征。永顺莓茶以外形银霜闪亮、内质香清优雅、汤色黄绿明亮、叶底嫩黄柔软、味醇回甘，独特的风味，口感明显优于其他地方类似产品。

（一）摊 青

鲜叶送回加工厂后，将鲜叶薄摊于摊青槽或竹垫、篾盘中，嫩叶、雨水叶和露水叶薄摊，老叶厚摊，摊叶时要抖散摊平使鲜叶呈蓬松状态。要求根据鲜叶的嫩度、含水量多少分级置于摊放萎凋槽内摊放、鼓风，厚度20~30cm，春茶摊放时间4~6h，秋茶摊放3~4h，雨、露水叶相对延长；采用摊青槽吹风，鼓风采用间歇式鼓风方式，鼓风30~60min，停30min。中间翻2~3次，摊青至含水量60%~65%。

两种摊青分为室内萎凋、萎凋槽萎凋方法：

① **室内萎凋：**摊叶厚度为20~30cm，室温宜在22~28℃，中途轻翻2~3次。低温阴雨、空气潮湿时开启空调或抽湿器。

② **萎凋槽萎凋：**摊叶厚度为20~30cm；间歇式鼓风，春茶可鼓热风，温度宜在28~32℃，在下叶前30min停止鼓风，夏秋茶鲜叶只鼓自然风。

摊青程度根据鲜叶老嫩、采摘季节等不同等因素确定，以叶面失去光泽，叶色暗绿，叶质柔软，青草气减退，有清香，含水率60%~65%为适度。

（二）杀　青

① **滚筒杀青：**待滚筒杀青机温度升至160~170℃左右开始投叶，持续杀青9~10min，叶不出锅，随后控制杀青锅筒壁温度不超过60℃，继续杀青，合计22~25min，杀青适度标准为茶条表面出现大量白霜，叶色变黄，青草气消失，出现宜人的茶香，茶条捏在手中散团，含水量降至50%左右。

② **微波杀青：**待微波温度显示达到70℃以上，开始持续进叶，杀青摊叶厚度6~7cm，历时7~8min，杀青湿度标准为叶色变黄，青草气消失，出现宜人的茶香，含水量降至60%左右。

（三）揉　捻

杀青叶出锅后，趁热装入专用布袋，包好封口转入揉捻机，中等压力揉捻5~10圈，至茶汁稍有溢出即可。

（四）松　包

采用解块机将缠绕在一起的茶条解散。

（五）闷　黄

滚筒杀青的茶叶经解块后，茶叶快速转入专用布袋闷黄4~6h，每袋装量≤4~5kg，布包绕成圆球装，码堆堆高≤40cm，至莓茶表面金黄色即为闷黄适度标准。

微波杀青的茶叶，在松包后进入130~140℃的滚筒，滚炒10min至茶条表面出现大量白霜，与滚筒杀青的茶叶一样，一并进入闷黄工序。

（六）摊　晾

闷黄适度的莓茶置于不锈钢孔网筛盘或竹篾盘上，置于通风透气处自然阴至六七成干，若遇阴雨天，可用电风扇加强空气流动促进水分挥发。

（七）起　霜

阴至六七成干的莓茶，移置早晨或下午的散射阳光下晾晒，促进银霜显露，直至八九成干。

（八）提　香

银霜显露的莓茶，将提香机提前预热至80℃，摊叶厚度3~5cm，温度控制在80~90℃，烘25~30min，足干程度以折梗即断、手捏茶条成粉末、含水量在6%以下为适度，下机摊凉至室温，归堆。

（九）密封装袋

足干莓茶摊凉后即可装袋密封，避光防潮，包装材料要求干净、无异味，常温储藏即可。

二、永顺莓茶

永顺莓茶是湘西永顺县特产，因古时属溪州地，俗称“藤茶”，是用“显齿蛇葡萄”（该地区珍贵的野生藤本植物）的藤条加工而成。该茶属于植物代饮，条索紧结纤细卷曲，尚小较匀齐。色泽银白隐绿，滋味浓、醇爽、回味甘凉。鲜爽持久，汤色黄绿明亮。叶底细嫩、黄绿、匀齐。该茶含有丰富的可溶性糖，黄酮和各种微量元素。它是一种集营养、医疗和保健相结合的新型绿色饮料。茶中的总黄酮含量为6%，实属罕见。黄酮类具有相当高的生物活性，是中药的主要成分。黄酮类对人体没有任何毒副作用，它们在抑菌杀毒的功效上等同量的黄连素。同时可以解酒，保护肝脏。长期饮用可以调节肾功能，预防心血管、脑血管疾病，风湿和类风湿，治疗口腔溃疡和咽炎。

21世纪初，永顺县对永顺莓茶人工驯化栽培和加工工艺进行了深入研究，制定了加工工艺标准：鲜叶摊放—杀青—揉捻—松包、闷青—摊晾起霜—提香—包装—成品，莓茶鲜叶单产和成茶品质不断提高。2005年，国家质量监督检验检疫总局，批准“溪洲莓茶”为地理标志保护产品。2016年，永顺县莓茶走入第十四届中国国际农产品交易会；2017年，永顺莓茶获得第三届亚太茶茗大奖评选银奖；2018年，永顺县领导在农业农村部贫困地区农产品产销对接大型公益活动上代言推广永顺县莓茶；2019年，永顺县莓茶获第二十届中国绿色食品博览金奖；2020年，永顺县领导走进湘农荟与快手直播间，开创了全新的互联网直播助农模式。永顺县莓茶发展实践，先后被《人民日报》《湖南日报》《团结报》及CCTV-7、湖南广电、湘西电视台等媒体平台报道，产生了较好的品牌效应。通过这些宣传推介、对接活动，提升了永顺县莓茶的知名度和品牌价值，永顺县莓茶销路遍布全国，以北京、天津、山东、内蒙古等北方城市居多。2020年，永顺莓茶获地标产品后出台颁布了《永顺莓茶加工标准化技术规程》。标准从鲜叶原料分级、摊青、杀青、包揉、松包、闷黄、摊晾、起霜、提香、做形、干燥等加工环节进行了定性和定量控制。同时，对加工场所的选址、建设，设备设施的选择、维护，产品的分级、包装、贮存、运输制定了技术指标；还对加工的全程追踪溯源制定了流程记录安排。

第四节　茉莉花茶

茉莉花茶属于花茶类和再加工茶的一种，茶坯以绿茶为主，也有红茶。其茶与茉莉花香交互融合，有“窨得茉莉无上味，列作人间第一香”的美誉。茉莉花茶是源于特定时期的人们根据本时期的习俗和社会需求使用茶而诞生的。

一、加工工艺

茉莉花茶由茶坯和茉莉鲜花窨制而成，整套茉莉花茶的制作流程可以简单概括为“窨制花茶七条椅，平抖蹚拜烘窨提”。茉莉花茶的成品品质与选择茶坯、鲜花处理、窨制工艺等每一个加工工序都息息相关。原料的好坏与工艺技术直接影响着茉莉花茶的品质。经过一系列工艺流程窨制而成的茉莉花茶，具有安神、解抑郁、健脾理气、抗衰老、防辐射、提高机体免疫力的功效，是一种健康饮品。

（一）茶坯的选择与处理

茶坯的好坏影响着花茶的口感及品质，在茶坯选择时应挑选高山头春品种好、品质佳的单芽、一芽一叶或一芽二叶的烘青绿茶作为茶坯原料。茶坯需要在窨花前进行一定的处理，为的是让茶坯的温度以及含水量都能达到适宜的水平，从而增强窨制的效果。传统窨制方法，头窨前可以采用复火，烘干机的进风口温度设为100~110℃左右进行烘干，在烘干冷却过后，需要确保茶坯的水分含量保持在4%~4.5%，茶不能有焦煳味。在茶坯无异杂味，头窨前可以不再做烘坯处理，让茶坯保持较高水分（约在8%左右）付窨更有助于茶坯吸香，有助于鲜花利用率。

（二）鲜花处理

茉莉鲜花在刚摘下的时候，其花蕾仍在继续呼吸，并没有完全丧失生理机能，鲜花具有晚上开放的习性。因此，鲜花傍晚进厂后应做好鲜花养护，让花蕾可以在最佳条件下开放吐香。环境温度要在31℃左右，相对湿度处于78%左右，堆温在36℃左右，在鲜花开放形状呈虎爪形的时候就可以拼和窨制。要想使鲜花均匀开放，可以采用人工进行翻动散热或者采用复堆升温，这就会使得花蕾的吐香十分均匀。当其开放率在58%~62%，开放度在55°左右时，就可以进行筛花，去除小青蕾、花萼等杂质。经过筛分之后的净花如若开放率达到80%且开放度在90°左右就可以付窨。

（三）窨制工艺

窨制工艺包括传统窨制、隔离窨制、增湿连窨等工艺方法。传统的窨制工艺通常是依据茉莉花茶的不同级别而采用三窨一提、四窨一提等方式进行窨制。以经常使用的四窨一提的方法为例，茶坯复火，待其冷却之后，方可开始第一窨，根据适当的配花量来拌和茶花，并在每一堆的上面插上两个温度计，然后开始静置窨制。每个窨堆的大小应该在300kg左右，高度在30cm左右。如若窨堆太小，就很难提高窨制时的温度，若窨堆过高，那么就会使得堆内透气性不足，温度上升过快，导致茉莉鲜花无法吐香。窨制的时间一般在10~12h左右，时间太短，就容易造成茶没有充分地吸收花香的情况；时间太长，香气容易变浊，使得花茶的鲜灵度不好。在窨制过程当中，需要注意窨堆的温度，一般来说在窨制4h之后，当中心温度到43~45℃时就可以开始通花散热，直到茶堆温度降至接近正常室温，就可以收堆静置续窨。再经过4个多小时左右的窨制之后就可以起花，把湿坯进行干燥冷却后保持其水分在4.5%~5%，接着就可以开始第二窨，后面的窨制和第一窨的工艺相差不大。增湿连窨就是在第一窨和第二窨时不将茶坯烘干冷却而直接进入第三窨的窨制环节。连窨工艺则是去除了茶坯进行再干燥且再冷却的工序，这样窨制方法可以很好地保留茉莉花茶的外形与香气。传统工艺和连窨工艺在窨制流程中的差异，使得同个窨次下的茉莉花茶品质也有些许不同。传统工艺制作出来的茉莉花茶在叶底和汤色品质上较为优秀，而连窨工艺制作出的茉莉花茶在滋味和香气品质更为优良。但以总体品质来说，连窨工艺所制作出的茉莉花茶比传统工艺制作出来的品质更好。由于传统的窨制工艺所生产出的茉莉花茶贮藏香气持久、感官分数较高，而连窨工艺的生产周期较短、成本相对低一点。因此，为了提高茉莉花茶的品质，使经济效益得到增加，两种生产工艺可以相结合进行效果更好。

（四）窨坯干燥

在进行窨后复火干燥的过程中，很容易造成花香损失的情况。因此，需要十分重视烘干温度，在窨后湿坯进行复火干燥时，温度不能太高，应该将进风口的温度控制在90~100℃左右，不然就会导致花香损失较大，从而造成浪费。在每个窨次过后，茶坯的含水量都应该逐次递增，如一窨复火后，茶坯的含水量应该在5%左右，而二窨复火后，茶坯的含水量在5.5%左右，以此类推。每一窨次过后茶坯含水量逐次递增是十分重要，不然很难累积之前窨次中的花香。而如若烘茶的温度过高，茶坯被烘得过干，茶坯的含水量在最后都未达到窨前的4.0%，那么之前所有的窨制都将功亏一篑，再窨不但会降低茉莉花茶品质，还会产生浪费。

二、代表性产品——古丈茉莉花茶

“好一朵美丽的茉莉花，好一朵美丽的茉莉花，芬芳美丽满枝丫，又香又白人人夸”一曲吴侬软语，红遍大江南北，唱响海内外。作为其中的主角“茉莉花”已经成为湘西古丈县的一张名片，闻名世界。古丈茉莉花茶是用含苞欲放的茉莉鲜花加入绿茶中窨制而成，其香气鲜灵持久、滋味醇厚鲜爽、汤色黄绿明亮、叶底嫩匀柔软，是一种健康饮品。泡上一杯高鲜灵度的茉莉花茶，揭开杯盖会有浓烈的茉莉鲜花香味，犹如有一盆盛开的茉莉花放在室内的感觉。

古丈茉莉花茶，窨花茶中之名品。窨制就是花的香气完全被茶坯吸收，茉莉花茶的窨制有“三窨一提，五窨一提，七窨一提”之说。制作茉莉花茶的过程主要是：以一批

图 3-4 苗家采茶阿妹（湘西州茶叶协会提供）

绿茶（毛茶）作为原料，但茉莉鲜花却需要3~7批，花的香气才能够全部被毛茶吸收。因此，“吸收—筛除废花—再吸收—再筛除—再吸收—再筛除”，往复数次。窨制的过程，就是茶农与茉莉花交流沟通的过程，也是劳动人民与大自然相生相伴的过程，人们在其中孕育了热爱美、热爱劳动的因子，产生了“天人合一”的审美观念。通过种茶、采茶、窨茶等茶事活动，形成了茶与茶农的“物我观照”，茉莉花茶高洁、清秀的品格与茶农的品格进行比照，悄无声息中提升了茶农的道德修养，使每一位参与茶事的人体会到茉莉花茶叶饱含的宁静之韵和高洁之美，以此获得身心的洗礼，心灵的震撼，从而提高茶叶在种植、采摘、窨制过程中的文化品质（图3–4）。

古丈优美的自然风光和保持完好的自然生态环境是茉莉花茶文化得以产生的物质基础，同时也是古丈县苗家人认识自然、适应自然、顺应自然和保护自然的结果。古丈县苗家人捧杯茉莉在手，轻摇深吸，“引花香”，感“香薄兰芷”；再摇细啜，“增茶味”，感“味如醍醐”。品茗茉莉花茶，从小小的茶荷里感悟大自然气象万千的美，如置身于花丛之中，享受田园生活的乐趣，寄托了对美好生活的向往。正是这种和谐之美，使得人在人与自然、人与人以及人与自身内心世界的关系中，始终保持着平衡的状态，这种状态源自对大自然的热爱，对茉莉花的热爱以及对美好生活的热爱，处处弥漫着和谐的生态美，造就了古丈茉莉花茶文化的独特魅力。

第五节　雪　茶

凤凰雪茶，凰雪茶又称为藤茶，本地人称为“野葡萄”。学名显齿蛇葡萄，为葡萄科植物显齿蛇葡萄的干燥嫩枝叶，是一种非常古老的中草药资源、类茶植物资源和药食两用植物资源，生长在海拔300~1300m的武陵山地区（图3–5）。山民选择显齿蛇葡萄的龙须、嫩叶、嫩茎，经过凋萎、杀青、揉捻、发酵、晾晒、烘干等工艺生产而成，采用类似茶叶冲泡方式供人们饮用。因为此茶炒制后，茶色泛白霜，制作好的成品表面有一层纯天然植物蛋白霜（黄酮），被当地人称为雪茶。雪茶中的主要活性成分为黄酮类化合物，

其中又以二氢杨梅素为主体活性成分，口感独特，回味甘长。具有清热解毒、利湿消肿作用，被广泛地应用于祛风除湿、散瘀破结、咽喉肿痛、目赤肿痛、痈肿疮疖、跌打烫伤、消炎感冒等疾病，也被医学界称“天然青霉素”。在乾隆五十九年（1795年）吴八月起兵和著名的箪军中，“雪茶”成为行军救命草。2020年，凤凰县雪茶面积2万亩。

图 3-5 凤凰苗乡手工茶传承基地（湘西州茶叶协会提供）

一、加工工艺

（一）龙须加工

工艺流程：新鲜龙须—筛选—清洗—沥干—调萎—杀青—揉捻—发酵—晾干（不能晒太阳）—烘干（或晒干）—质检—包装—成品入库。

（二）嫩叶加工

工艺流程：新鲜嫩芽—弃梗精选—清洗—晾干—杀青—揉捻—发酵—晾干（不能晒太阳）—烘干（或晒干）—质检—包装—成品入库。

（三）单叶加工

工艺流程：新鲜单叶—弃梗精选—清洗—晾干—杀青—揉捻—做形干燥—分级—质检—包装—成品入库。

（四）雪茶深加工

工艺流程：筛分—切细—风选—拣剔—干燥—车色—匀堆—包装—成品入库。

二、凤凰雪茶

雪茶属于葡萄科蛇葡萄属中的显齿蛇葡萄，系一种野生藤本植物，为粤蛇葡萄的一个变种。

（一）植物特性

雪茶正常生长主要依赖于土壤与气候环境。只要是酸性或偏酸性土壤，冬季气温不至于将雪茶植株冻死，就可以生活。主要分布于林中、沟底、石上、路旁及山坡等地的灌木丛下，伴生的灌木和草本植物有漆树、山莓、杉树、油桐、枫香等。

雪茶的生态适应性非常强。一般当气温5天内持续10℃时，越冬即开始萌发；最适生长气温为20~25℃；秋季气温下降至8℃以下时，叶片变黄，开始脱落；在雨量充足，灌溉条件好，土壤肥沃的情况下，全年生长无明显的相对休眠现象；一年之中5—7月雪茶的生长特别旺盛；在自然条件下，如果土层浅、水分或营养缺乏，生长表现一般，常出现相对休眠状态。

（二）生长条件

① **海拔：**雪茶多生长于海拔200~1300m间的山地灌木丛和树林中，集中或散生在阳坡或阴坡的混杂林中和山地沟边。但在200m以下的地方也能生长，常见于山地沟边。

② **气候：**雪茶生存于年平均气温18.9℃，最热月份（7月）平均温度27.5℃，最冷月份（1月份）平均气温8.5℃；年平均日照时数为1842h，最短月份日照时数为56.4h（3月份），最长月份日照时数为181.6h（7月）；年平均降水量为1701.8mm，最低月平均降水量为26.3mm（11月），最高月平均降水量为282.7mm（6月）；年平均湿度为223.6mb，最低月平均湿度为9.4mb（1月），最高月平均湿度为28.7mb（6月）。

③ **土壤：**雪茶掉籽能发芽、落地能生根，其生命力极强，适应在酸性土壤中生长，pH值约为4.5~5.5时生长最好。

三、雪茶产品

雪茶加工的产品有茶饮类、药用类、保健、类饮食类、日用品。

（一）茶饮类

龙须极品雪茶、珠形雪茶、压缩雪茶、黑砖雪茶、降压脂雪茶、富硒雪茶、护肝雪茶、蜂花雪茶、罗汉果雪茶、茉莉雪茶、杜仲雪茶、菊茶雪茶。

（二）药用类

黄酮类药物、二氢杨梅素、雪茶素分散片、黄酮胶囊、雪茶多酚片、雪茶金疮药、雪茶电子烟液、雪茶茯苓膏。

（三）保健类

复方保健雪、雪茶口腔清新剂。

（四）饮食类

黄酮饮料、雪茶饮料、雪茶多糖饮料、雪茶复合饮料、雪茶富硒咀嚼片、雪茶玉米糖、雪茶饼干、雪茶花卷、雪茶魔芋干、雪茶苦荞饺子、雪茶粉丝、雪茶面条。

（五）日用品

雪茶洗发露、雪茶洗面奶、雪茶面膜、雪茶香皂、雪茶空气清新剂、雪茶药物牙膏和保鲜剂。

第六节　茶品牌发展与加工开发

近年来，湘西所属茶区不断扩大茶基地规模，加强市场主体，培育出一批实力强、品牌响、产业链完善的龙头企业；做优特色品牌，打造出一批国家级农产品区域公用品牌、全国知名品牌企业。

一、吉首茶区茶品牌发展与加工开发

2012年，全市仅有1家茶叶加工企业。2018年干茶产量1020t，综合产值突破5亿元。2019年，全市发展茶叶专业合作社134家，有5家取得食品生产许可证、8家取得食品生产小作坊许可证，1200亩茶园基地获得有机认证，其中一家茶企引进了年干茶生产能力200t的全自动化标准生产线；建设高标准智能生产线6条、标准化加工厂43家，在全国各地建设湘西黄金茶旗舰店49家，干茶产量1380t，实现综合产值6.9亿元，2.3万建档立卡贫困人口因茶脱贫，人均增收5000元。

2020年，扶持能人大户54名，有茶企、合作社163家，500亩以上规模基地53个；有1家国家级示范合作社、1家省级龙头企业、5家州级龙头企业；共有茶叶加工厂43家，其中获得食品生产许可证的7家，获得食品生产加工小作坊许可证的12家；建成年加工能力2000t以上高标准绿、红茶智能生产线6条，成功开发湘西坊、苗疆、神凤、神仙谷等企业子品牌（表3-1）。茶类结构不断优化，形成以名优绿茶为主，红茶为辅，兼制白茶、黑茶、黄茶的产业发展模式；不断创新和研发新产品，相继研发黄金杜仲养生红茶、黄金茉莉花茶、黄金茶枕及黄金茶面膜等产品。

表3-1　吉首市部分茶叶企业（合作社）名录

序号	合作社名称	主导商标
1	吉首市新田农业科技开发有限公司	湘西坊
2	湖南盛世湘西农业科技有限公司	盛世湘西

续表

序号	合作社名称	主导商标
3	湖南金凤凰农业开发有限公司	金凤凰
4	湘西州汇丰农业开发有限公司	烽火苗疆
5	吉首市隘口茶叶专业合作社	苗疆、苗疆隘口、苗疆红
6	吉首市丰裕隆茶业专业合作社	河溪楠木茶、屋檐山、神仙谷
7	吉首市红鑫种养专业合作社	湘惜
8	吉首市己略渡水坪茶叶专业合作社	夯溪
9	吉首市太平青干金龙黄金茶种植专业合作社	杨美山
10	吉首市马颈坳千福堂茶叶专业合作社	苗王贡、武陵醉贵妃茶
11	吉首市壹两金茶叶专业合作社	一两金、八本堂、柒茶
12	吉首市山枣溪茶叶专业合作社	山枣溪
13	吉首市云涛茶行	云涛
14	吉首市丹望黄金茶专业合作社	丹望
15	吉首市惠民茶叶专业合作社	臣思君、把金

2013年，吉首市向国家工商行政管理总局商标局递交材料，申请注册“湘西黄金茶”国家地理标志证明商标。2014年起，每年举办大型“湘西黄金茶品茶节”，邀请全国知名学者、文化大家、各地客商及各级媒体参加，大力推介湘西黄金茶。同时，积极参加广州、北京、上海、深圳、长沙等地大型茶博会、农博会，举办“湘西黄金茶专场推介会”，链接全国各地茶客、茶商，打造消费市场。2015年，吉首市在矮寨大桥风景区举办首届湘西黄金茶国际品茶节，举办“精准扶贫，产业先行”，名人名家推介吉首，共话“湘西黄金茶”座谈会。是年，湘西黄金茶获得第十二届中国国际茶业博览会名优茶评选金奖、中国（广州）国际茶叶博览会唯一指定红茶。2016年，吉首市被评为“全国重点产茶县”，湘西黄金茶获得第二届“亚太茶茗大奖”金奖、第十三届中国国际茶产业博览会唯一指定红茶、湖南省首届“潇湘杯”名优茶金奖。苗疆万亩黄金茶谷被评选为首批十条“2016年度全国茶乡之旅特色路线”。2017年，吉首市被评选为“湖南省十强生态产茶县（市）”。湘西黄金茶荣获第三届“亚太茶茗大奖”金奖、第十二届“中茶杯”全国名优茶评比一等奖、湖南省第二届“潇湘杯”名优茶评比金奖。是年，成立“隘口茶旅融合项目专班”，完成《湘西隘口茶旅特色小镇发展规划》。2018年，吉首市被评选为“2018年中国茶叶百强县”。湘西黄金茶荣获第二届澳大利亚国际茶叶博览会金奖、第十二届中国西安国际茶叶博览会金奖、第十届湖南省茶业博览会“茶祖神农杯”金奖、

湖南省第三届“潇湘杯”名优茶评比金奖。是年，吉首市举办第四届湘西黄金茶品茶节，忽培元、刘仲华、董浩、王跃文、苏高宇、包小村等众多名人、专家齐聚隘口点赞、推介，举行湘西黄金茶主题曲《喝杯黄金茶心已经回家》首发仪式。是年，湘西黄金茶被国家工商行政管理总局商标局认定为“地理标志证明商标”。2019年，吉首市评选为“2019年中国茶叶百强县”。湘西黄金茶荣获第四届“亚太茶茗大奖”金奖、第十六届上海国际茶叶交易博览会金奖、第十一届湖南省茶业博览会“茶祖神农杯”金奖。是年，湘西黄金茶茶博园建设项目正式启动，陆续投资1.4亿元，建成集加工、销售、展示、文化展览、休闲、娱乐、旅游为一体的茶叶综合博览园，通过榔木村—隘口村沿线的景观打造、基础设施建设，推进茶旅融合示范片区建设，打造一张茶旅王牌名片。2020年，吉首市举办2020中华茶祖节·第五届湘西黄金茶品茶节开幕式暨湘西黄金茶推介会，黄金茶作为湘西特有的古老珍稀特异性品种，加上云山雾罩、溪流成瀑的独特生态环境，其“三高四绝”“香、翠、鲜、浓”的品质特征大放异彩。刘仲华院士赞誉湘西黄金茶“三高四绝甲天下”（图3-6），吉首市获湘西州人民政府转授“中国黄金茶之乡”荣誉称号。是年，吉首市共注册茶叶商标28个，启动“湘西黄金茶”地理标志使用授权备案工作，对湖南盛世湘西农业科技有限公司、湘西新金凤凰农业开发有限公司、吉首市新田农业科技开发有限公司等16家拥有生产资质的企业、合作社进行授权备案，规范“湘西黄金茶”品牌的使用。

图3-6 刘仲华院士高度评价湘西黄金茶（湘西州茶叶办提供）

二、古丈茶区茶品牌发展

古丈毛尖茶历史悠久，唐朝溪州即以茶芽入贡，清乾隆皇帝曾钦点古丈贡茶。1929年，古丈“绿香园”毛尖茶参加西湖博览会获得金奖，参加法国国际博览会，荣获国际名茶奖，开创了古丈毛尖品牌的先河，此后多次荣获国内外名茶评比大奖。1982年，古丈毛尖跻身全国十大名茶之列；1986年，古丈毛尖载入《中国名优特产大辞典》。1998年，古丈县委、县政府开始实施茶叶产业化建设，古丈毛尖产量得以增加。2001年，古丈县投资300万元建成茶叶科研基地——武陵茶叶大观园。同年，“古丈毛尖”在国家商标局注册商标。2003年，古丈县茶叶局制定古丈毛尖地方标准及“古丈毛尖”生产经营质量标准化体系，实现古丈茶叶“四个统一”（统一品牌、统一质量标准、统一商标、统一包装）。2007年，古丈毛尖成功申报为国家地理标志保护产品。

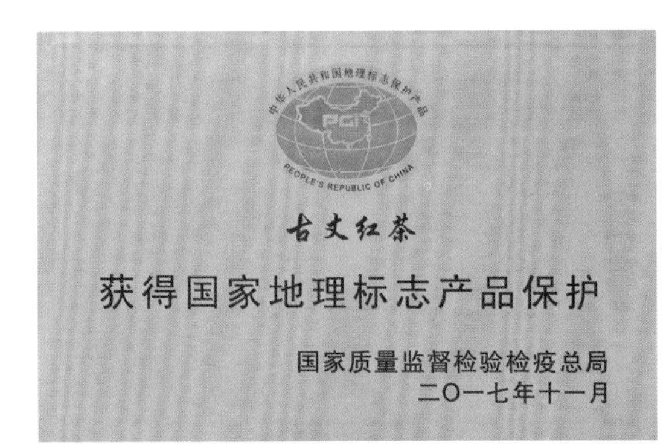

图3–7 古丈红茶获得国家地理标志产品保护
（湘西州茶叶办提供）

古丈红茶的早期雏形是传统的“药茶丸”，主要用来预防瘴气或治疗水土不服引发的疾病。清朝后期，古丈籍湘军将领、甘肃提督杨占鳌卸任回乡，创立“绿香园”茶庄，借鉴“药茶丸”的工艺，大量制作红茶，并正式使用“古丈红茶”名号拓展市场。2017年，被国家质检总局认定为国家地理标志保护产品（图3–7）。古丈红茶先后获第一届亚太茶茗大奖银奖、第十二届中国国际茶业博览会名优茶评选金奖、“潇湘杯”特等奖，“茶祖神农杯”金奖等，远销德国、俄罗斯、新加坡、摩洛哥等国家。2019年，古丈红茶年产量2262t，年产值3.61亿元。2020年，古丈红茶年产量3000t，年产值近4亿元。

近30年古丈茶事活动如下：

1991年，古丈县政协编纂了《古丈名茶》一书。

1996年，宋祖英自筹资金，她和她先生罗浩请人写了一首《古丈茶歌》，请来中央电视台和湖南电视台的一班人马，来到古丈县，拍摄音乐电视《古丈茶歌》MTV，家乡的茶叶一下子就长了小小的翅膀，飞到了全国各地。一首《古丈茶歌》出了名，也把古丈毛尖茶唱出了名，越来越多的人与古丈结下了茶缘。

1999年，为承办湘、鄂、黔、渝武陵山区茶叶集团年会，古丈组建了业余民族茶艺队，排练《古丈三道茶》等5个茶艺节目，与湖南省农学院茶艺队在吉首联合举行茶艺表演，受到专家学者的好评。

2000年，5月22—24日，古丈县举办首届“茶王杯”斗茶会，古阳镇茶叶村杨祖明获首届“茶王”称号。

2002年，5月23—24日，古丈县举办第二届“茶王杯”斗茶会，高峰乡梅子坡茶农彭继武获“茶王”称号。

2005年，5月3—4日，古丈县举办第三届“茶王杯”斗茶会，退休干部张远忠获“茶王”称号。

2007年，4月27—29日，古丈县举办第四届“茶王杯”斗茶会，古阳镇树栖科村向春辉获“茶王”称号。

2010年，4月27—28日，“2010中华茶祖节·古丈毛尖万人品评会”暨第五届斗茶会举办，古阳镇树栖科村向春辉获“金茶王”称号。

2011年，4月25—26日，“2011中国（古丈）首届茶文化节·古丈毛尖万人品评会”暨第六届“茶王杯”斗茶会举办，双溪乡宋家村向先情获“金茶王”称号。

2012年，4月22日上午，2012中国（古丈）第二届茶文化节——“红石林杯”茶歌大赛在红石林景区举办，古丈县第七届茶王评选结果揭晓，双溪乡蔡家村向仍坤获“金茶王”称号。

2013年，4月26—27日，古丈县组织举办第八届“茶王杯”斗茶会，并于5月29日上午在长沙市天心公园2013古丈毛尖品鉴会现场揭晓金银茶王名单，袁隆平及相关领导亲自为金银茶王现场颁奖，双溪乡向顺亮荣获“金茶王”称号。

2015年，4月，举办第九届“茶王杯”斗茶会，并于4月25日上午在长沙市高桥茶叶市场“2015古丈毛尖博览会”现场揭晓金银茶王名单，古阳镇向春辉荣获“金茶王”称号。

2017年，4月2日，“中国·古丈首届届茶旅文化节”古丈毛尖春茶开园仪式在4月2日在高望界妙古金有机茶园首次举办春茶开园节；4月15—17日，举办第十届“茶王杯”斗茶会；4月18日，在县城石板街青少年活动中心门前广场，古阳镇向春辉再次荣膺“金茶王”称号；4月22日，在长沙高桥茶叶茶具城举办“舌尖山水，古丈毛尖”春茶推介会及“首届中国古丈有机茶高峰论坛”；6月，古丈县在长沙举办“茶旅营销研讨暨旅游资源推介会”，古丈县县长邓晓东化身“推销员”，向与会的30余家旅行社推介古丈旅游资源，共话一条颇具古丈特色的茶旅相结合的全域旅游发展之路；8月9—10日，湖南农业大学专家在古丈县举办“2017年古丈县高级茶叶职业人才培训班”来自全县的50余名茶叶骨干参加培训；9月11日，湖南农业大学与古丈县合办的“古丈县一年制茶学专业人才培训班”在湖南农业大学正式开班，全县30名茶叶骨干报到入学；9月29日，“巾帼心向党，喜迎十九大”古丈县第二届茶艺大赛在石板街举办；12月14日，古丈县2017年第二期中级评茶员培训班在古丈县茶叶局会议室开班，湖南农业大学黄建安、朱海燕、李适3名专家来到古丈指导培训，培训内容为评茶员理论学习、实践操作和考评取证，来自全县的60余名茶叶骨干参加培训。

2018年3月27日，“中国·古丈第二届茶旅文化节”开园仪式在梳头溪茶园举行，中国工程院院士陈宗懋、湖南农业大学教授刘仲华参加该次活动，古丈县人民政府与国家茶叶产业技术体系茶树保护研究室共同签署了有机茶园绿色防控战略合作框架协议书，古丈县人民政府颁发聘书，聘请陈宗懋院士为“古丈县茶产业发展首席顾问”，会上中国工程院院士陈宗懋选择古丈作为其绿色防控体系的有机茶示范区；4月1日起，“古丈毛尖”入展CCTV国家品牌计划，广告片在央视多个频道播出，时间为1个月；4月9日，长沙市黄兴南路步行街中心广场，20位来自古丈县的苗家女采取“快闪”形式，表演舞蹈《古丈茶歌》，表达改革开放40年来该县通过发展茶产业帮助茶农脱贫致富的喜悦心情，并将古丈有机春茶派送给现场市民；4月14日，在古丈县城茶文化一条街湖南古丈茶业有限责任公司门市部，湖南省播音主持研究会走基层举行“创意茶旅、品古丈毛尖、诵茶诗茶文”公益朗诵活动；4月15日，“中国·古丈第二届茶旅文化节”第二篇章之2018古丈“创意茶旅”年度风云盛典在县城会展中心举行；4月21日，“中国·古丈第二届茶旅文化节”第三篇章之“2018古丈毛尖春茶长沙推介会”暨第四篇章“中国古丈有机茶高峰论坛”，分别于上午、下午在长沙高桥茶叶茶具城举行；5月12日，“美丽古丈茶乡使者”古丈茶旅文化传播大使选拔开始，6月16日完成总决赛；5月30日，首届“浮梁茶杯”绿茶手工制作技能大赛获奖名单公布，共颁发卷曲形绿茶特等奖7个、直条/针形绿茶特等奖5个，古丈县代表队向德荣、向春辉均获得直条/针形绿茶特等奖，分别排位第一名、第三名；6月7日，古丈县一年制茶叶培训班在湖南农业大学茶学系举行结业典礼；9月5日，与湖南农业大学茶学系合作，在局会议室开办古丈县茶叶高级技术人才岗位培训班暨营销技巧培训班；9月17日上午，2018—2019年湖南农业大学园艺园林学院古丈一年制茶叶培训研修班开班，古丈县30名学员报到入学；11月21日，国际茶叶委员会主席伊恩·吉布斯等一行7人应邀来古丈县考察指导，在古丈县委六楼大会议室举行了国际茶人古丈行暨“古丈茶”品鉴会，会上，伊恩·吉布斯为古丈颁发了“世界生态古丈茶”荣誉牌。

2019年，3月29日，“中国·古丈第三届茶旅文化节”古丈毛尖春茶开园仪式在古丈县默戎镇牛角山茶园举行，仪式上，“陈宗懋院士团队新技术推广站”“刘仲华团队科研工作站”落户古丈，湖南快乐先锋传媒有限公司授予“世界生态古丈茶拍摄基地”称号；4月27日，中国·古丈第三届茶旅文化节第二篇章之首届古丈毛尖长沙欢购节在湖南高桥大市场茶叶茶具城盛大启幕，近30余家来自古丈的茶企合作社现场展销古丈新茶，将大山深处的春天美味和舌尖茶韵带到了星城长沙，掀起了一波长沙市民消费古丈毛尖的热潮；5月24日，“古丈毛尖泉城茶香”中国·古丈第三届茶旅文化节第三篇章之古丈茶旅资源济南推介会活动在济南高新区国际会展中心举行。

2020年，4月29日，2020中国·古丈茶旅文化节开启第二篇章，第十一届“茶王杯”斗茶大赛暨首届“古丈毛尖”茶艺大赛在古丈县默戎镇牛角山举行；2020年湘西州茶产业高质量发展论坛上，公布了2020年度湘西州十大制茶师名单，古丈县张远忠、向春辉、向先学、向德荣4名制茶师光荣入选。

三、保靖茶区茶品牌发展与加工开发

1989年，保靖县全县茶园面积5280亩，实行个人承包，产茶145t。1990年，黄金茶注册“换金茶”商标，成为全县茶叶开发主要品牌。1994年，张湘生农艺师受保靖县农业局委派到堂朗乡（今葫芦镇）黄金村，对保靖黄金茶进行短穗扦插繁殖实验研究，当年扦插0.25hm^2。黄金茶扦插技术的推广和应用，为黄金村黄金茶的规模化生产和产业化发展提供技术支撑。1994—1995年，张湘生选出24个单株并在黄金村进行了扦插。黄金茶逐步在黄金村落地生根并迅速推广。是年，黄金茶获“湘鄂川黔四省边区茶叶评比”一等奖。1995年，黄金茶获“湘茶杯”名茶评比银质奖。2001年，湖南省茶叶研究所农艺师彭继光到黄金村，确定黄金茶质优主要是品种优良和生态环境好。2003年，苗族村民石远树、向发友第一个在黄金村成立“换金茶叶公司”，并建立一座小型机制茶厂。这开启了黄金村制茶产业规模的时代，改良了传统的制茶工艺，大大提高了制茶效率，在发展中产业规模的同时，也使制茶规模得到进一步发展（图3-8）。

图3-8 保靖县黄金村古茶园获中国黄金茶美丽古茶园荣誉（湘西州茶叶办提供）

2004年，保靖黄金茶已经被列为保靖十大农产品之一。2005年，保靖黄金茶首次纳入湖南省农业科学院科研项目。2006年，黄金茶作为地方群体茶树良种给予登记发布（XPD009-2006），即取名为“保靖黄金茶”，经多年观测检验，挑选出两类极富潜能的特早型株系——黄金1号（HJ0301）、黄金2号（HJ0302），对这两类株系进行区域适应性推广试验。

2007年，保靖县人民政府与湖南省茶叶研究所签署《黄金茶研究与产业化开发县所合作协议》。在第五届中国茶业经济年会上，保靖县获全国百强重点产茶县，黄金茶被中国绿色食品发展中心认定为A级“绿色食品”；通过招商引资，启动“产业结构调整示范园”，基地采用“政府+科技特派员+科研院所+公司+基地+农户”模式进行开发黄金茶。2008年，保靖黄金茶获全国绿茶高峰论坛名优茶金奖。是年，成立湖南保靖黄金茶茶业有限公司，在黄金村投资300多万元兴建现代化加工厂和技术创新中心，该中心人员以湖省、县茶叶专家共同组成，共组建了7个科研分队、3个工作团队，开展标准体系、质量体系、服务体系到产品及市场开发，从种子到茶杯的全位一体化研究；联合湖南茶叶科学研究所及多家黄金茶开发龙头企业，根据保靖黄金茶独有的品质特征及鲜明的地域性，制定涉及育种、培苗、插扦、成品、深加工及其他六大准则，二十个体制，即“保靖黄金茶标准”。

2009年，保靖黄金茶种植960hm^2，产量103t，产值1850万元。是年，保靖黄金茶1号通过现场评议，保靖县委县政府出台《关于进一步加快黄金茶产业发展的意见》，明确了产业奖补措施，推动保靖黄金茶产业化发展，是年，保靖黄金茶被中国绿色食品发展中心认证绿色食品，保靖县获“中国茶叶百强县”称号。是年，农业部为“黄金茶”颁发“中华人民共和国农产品地理标志登记证书”。

2010年，保靖黄金茶种植1330hm^2，开发出黄金红茶、黄金白茶等系列新产品，可采茶园10005亩，总产量113t，产值3200万元。保靖县有茶叶专业合作社7个，黄金茶销售企业9家、专卖网点210个，从业人员2.8万人。2010年、2013年分别选育出特早生高氨基酸优质绿茶新品种保靖黄金茶1号（XPD005–2010）、黄金茶2号（XPD019–2013）。2011年，保靖黄金茶种植2000hm^2，产量130t，产值5226万元；联合湖南湘丰茶业有限公司、省茶叶研究所，共同组建了湖南保靖黄金茶有限公司，依托省茶叶研究所、湘丰公司的技术优势、信息优势、品牌优势和遍布全国的市场网络优势大力发展黄金茶。是年，保靖黄金茶被国家工商行政管理总局商标局认定为“地理标志证明商标”。

2012年，保靖黄金茶种植2330hm^2，产量148.5t，产值6000万元。2013年，保靖黄金茶种植2700hm^2，产量100.1t，产值8500万元；“黄金茶2号”通过品种审定。2014年，湖南省第一条红绿茶兼制清洁化全自动生产线在湖南保靖黄金茶有限公司投入生产，并举办“满城尽饮黄金茶”文化节活动。是年，保靖县黄金茶种植面积达5.8万亩，其中可采面积2.5万亩，涉及12个乡镇67个行政村，1.1万多户百姓4.5万户茶农，实现总产量180t，产值超过1亿元。是年，保靖县获得的湖南科技重大专项资助经费425万元，开展黄金茶贮藏保鲜、最适茶树新品种选育、有机高效栽培、高效自动化加工技术与装备等研究与示范推广，开发高档有机黄金茶和特色新产品。

2016年，保靖县建成标准化生态茶园6880hm^2，收益茶园3600hm^2，茶叶总产量4800t，产值8亿元；有茶叶合作社64家，有30家合作社还组成保靖县天成茶叶合作联社，打造湖南茶叶专业合作社知名品牌；有保靖黄金茶公司等集生产、加工和销售为一体的茶叶企业7家，有中小型茶叶加工厂15个，个体茶叶加工户130户，并拥有省内外黄金茶专卖网点210个。

2017年，保靖县茶叶面积7.5万亩，产量502t，奥运举重冠军向艳梅为保靖黄金茶形象代言。2018年，保靖黄金茶在中国（上海）国际茶业博览会获绿茶金奖。是年，扩展茶农1.5万户6.5万人，其中建档立卡贫困户5050户2.5万人，占全县贫困人口30%。通过发展茶叶生产，茶农年人均增收4500余元，其中4800余户2.3万建档立卡贫困人口稳定实现脱贫。另外每年有近1万余名建档立卡贫困人口参加炼山整地、定植苗木、修枝、除草、追肥、采摘、加工、营销等，实现就地就业务工，人均年可增收3000元以上。

2019年，保靖县被评为“中国名茶之乡”，保靖黄金茶被评为“全国绿色农业十佳茶叶地标品牌”。是年，保靖县黄金茶种植面积达11万亩，可采摘面积8万亩；有万亩标准园2个、千亩示范园7个，百亩精品园200个，干茶产量800t，总产值8亿元以上；全县有建档立卡户4800户1.8万人因种植保靖黄金茶稳定脱贫，实现人均增收3800元以上。

2020年，保靖黄金寨古茶园与茶文化系统入选第五批中国重要农业文化遗产名单。全县11个乡镇66个行政村7万余人从事保靖黄金茶生产，形成以吕洞山区为核心，主要包括保靖县葫芦镇、阳朝、涂乍、清水、夯沙、水田河、普戎、大妥等重点乡镇的生产基地，茶园面积14.3万亩，产干茶900t，产值9亿元，从业人员2.8万人，茶叶专业合作社84家，茶叶加工企业36家，建成5000t黑茶精加工园。在全国各地区设立专卖店、专柜等销售网点1200个，成为保靖县脱贫和县财政增收支柱产业。

四、凤凰茶区茶品牌发展与加工开发

2018年，凤凰县成立茶叶产业开发办公室，出台《凤凰县农业产业发展扶持管理办法（试行）》《凤凰县建档立卡贫困户产业发展支持政策》等政策，把茶叶作为一项重要的扶贫产业来抓，逐步建立起完善的茶叶产业发展体系；凤凰县委、县政府计划在本县发展10万亩茶园，将茶叶产业打造成全县的当家产业，并积极将茶叶产业园打造成集生态旅游、休闲观光为一体的生态休闲观光产业示范园，更好地服务精准脱贫、服务乡村振兴。是年，凤凰县政府携新产品亮相“中国中石化易捷招商暨商品展销会”等展销会，大力推广“凤凰雪”品牌。

2019年，在成功注册“凤凰雪”公共商标基础上，公司各显神通，突出企业特点注册商标，促进茶产业发展。如湘西高老憨生态农业科技开发公司注册了“高老憨”商标。是年，凤凰县举行“凤凰雪茶”首届市场营销峰会暨新品上市推介会，现场签订购销合同总额达1.1亿元。是年，凤凰县雪茶种植面积达7170亩，产茶17.5t，产值564万元，涉及8个乡镇17个村，成立有18个专业合作社，引进一家精深加工企业，共有2028户8621人参与产业发展，其中建档立卡户686户2841人，实现人均增收3700余元。

2020年，凤凰县发展种植茶叶7万亩。涉及有阿拉营、千工坪、山江、腊尔山、麻冲、廖家桥、沱江镇、林峰、水打田等17个乡镇122个村，有茶叶合作社近100个，主要品种为黄金茶1号、黄金茶2号、雪茶等。其中黄金茶种植面积近6万亩，雪茶1万亩。

拥有本土小型加工厂32家，水木香茶厂、湘西玉龙公司、湖南凤凰生态茶叶专业合作社联合社、湖南省天下凤凰茶叶有限公司等干茶标准化加工厂。雪茶种植规模较大的有木江坪镇雷公洞村近2000亩，千工坪镇柳甄村1500亩，廖家桥镇鸭堡洞村1200亩等。

凤凰县茶叶营销合作企业有凤凰之翼电商公司、湖南海爽兄弟传媒公司、湖南鸭脚板电子商务公司、山东济南美梦缘文化传播有限公司等，开辟的渠道有湖南茶频道、全国200家实体店、高老憨公司销售渠道、山东济南美梦缘文化传播有限公司网店等。

五、花垣茶区茶品牌发展与加工开发

花垣茶区茶加工遵循流量匹配设计理念。全线的设备配套严格依据茶叶加工在整个生产过程中的工艺要求、水分、重量、作业时间来配套相应的设备型号、数量、工艺参数，做到匹配合理、衔接有序、兼顾产能。

整线控制方式方面：充分考虑到做茶的实际情况和全国各大茶区茶企的交流经验，采用模块控制的方式，对各生产工序模块进行单独控制，确保各文化程度的操作工人均能在短时间培训过后就能上岗作业，且真正符合能做好茶、能做出好茶的要求。

花垣名茶生产线产品经浙江省机电产品质量检测所检测，各项技术指标达到了标准要求，反映良好，经济和社会效益显著，主要体现在以下几点：一是生产安全。食品安全是我国目前茶叶生产中的突出问题，该生产线加工过程模块化流水作业，减少了茶叶落地带来外界有害细菌等，避免了茶叶加工中的二次污染，实现了茶叶加工无公害和清洁化生产，符合食品加工的卫生要求。二是标准、高效。生产线在茶叶加工过程中，通过连续化生产，提高茶叶的品质和生产效率，稳定产品质量及标准，使产品的合格率达到99%，优良率达到95%以上，一致性、稳定性达到98%以上。所制茶叶均匀一致，外形紧细匀齐、内质香气持久，汤色红艳明亮，滋味鲜醇爽口，叶底红嫩鲜活，外形和内质的各项品质指标，均具有高档优质红茶特点，极大提高名优茶的生产水平，增加科技含量和产品附加值，在相同情况下，产品质量提升可达20%。三是操作简便。该生产线采用模块控制技术，统一规范加工技术，提高设备的稳定性和安全性，实现温度、时间、速度联控，方便用户的操作，有效减轻劳动强度，劳动力成本降低60%。四是结构紧凑、节能低耗：采用公司最新研发技术和成熟产品相结合，回潮机采取一头进一头出接塔式，大大减少输送环节，节约场地，也大大降低购买成本；能源配置与设备所需热源量准确配置，循环利用，烘干设备提升保温性能，提高热源使用效率。

花垣茶区茶加工流程如下：

十八洞黄金茶（120kg/h鲜叶处理量）：摊青—热风杀青—冷却—回潮—揉捻—解块—

初脱水—回潮—复揉—解块—脱水—炒干—炒干—提香。

十八洞五龙云雾茶（120kg/h鲜叶处理量）：摊青—热风杀青—冷却—回潮—揉捻—解块—初脱水—回潮—复揉—解块—脱水—炒干—炒干—提香。

十八洞五龙红茶（100kg/h鲜叶处理量）：萎凋—揉捻—解块—发酵—初烘—回潮—复烘。

六、永顺茶区茶品牌发展与加工开发

2014年始，永顺县立足自然优势立足自然优势和生态优势，将莓茶产业作为精准扶贫产业之一，通过采取“公司+基地+专业合作社+农户（贫困户）”发展模式，坚持专家引领、科技支撑，柔性引进中国工程院院士刘仲华等一批科技专家，成立专家工作室12个，建立刘仲华院士永顺莓茶研发推广中心；与吉首大学合作建立永顺莓茶专家工作室，润雅乡凤鸣村成为湖南茶叶集团生产基地；与浙江大学茶学研究院合作，建立永顺莓茶自动生产线1条，着力打造具有鲜明地域特色的“永顺莓茶”品牌。永顺莓茶先后荣获第三届亚太茶茗大奖评选银奖、第二十届中国绿色食品博览会金奖、第二十一届中国中部（湖南）农业博览会产品金奖。2020年，“永顺莓茶”获农产品地理标志登记保护认证。

2020年，全县共发展莓茶4.13万亩，年产量达670余t，年产值近1.5亿元。建成毛坝乡东山村、润雅乡凤鸣村等5个莓茶千亩示范园，万民乡大丰农业等20余个百亩莓茶示范园，培育莓茶种植专业合作社30多家，生产加工企业24家，现代化标准厂房12座，引进茶叶龙头企业1家，带动2600多户、1万多贫困人口增收脱贫（表3-2、表3-3）。

表3-2　永顺县部分莓茶企业（合作社）名录

序号	茶叶企业名称	企业地址
1	永顺县金顺植物资源开发有限责任公司	永顺县毛坝乡
2	永顺县大丰生态农业开发有限公司	永顺县万民乡
3	永顺县河坝溪莓茶种植专业合作社	永顺县毛坝乡
4	永顺县丈岩溪莓茶种植专业合作社	永顺县毛坝乡
5	永顺县天禾莓茶产业发展有限公司	永顺县毛坝乡
6	永顺县仙娥茶叶种植专业合作社	永顺县砂坝镇
7	永顺县四明仙山莓茶种植专业合作社	永顺县润雅乡
8	永顺县润雅莓茶种植专业合作社	润雅乡
9	永顺县神仙莓茶种植专业合作社	润雅乡
10	永顺县深山莓茶种植专业合作社	润雅乡

续表

序号	茶叶企业名称	企业地址
11	永顺县赤蜂莓茶专业合作社	润雅乡
12	永顺县腾办莓茶种植专业合作社	毛坝乡
13	永顺县阳宇茶叶种植专业合作社	毛坝乡
14	永顺县毛坝黄坡平莓茶种植专业合作社	毛坝乡
15	永顺县鼎昌莓茶种植专业合作社	毛坝乡
16	永顺县澧三源茶叶种植专业合作社	毛坝乡
17	永顺县裕农种植专业合作社	万民乡
18	永顺县宏祥种养专业合作社	万民乡
19	永顺县海角村种养专业合作社	万民乡
20	永顺县猛科湖生态种养专业合作社	万民乡
21	永顺县凤寨种养专业合作社	万民乡
22	永顺县九官坪紫荆茶叶种植专业合作社	石堤镇
23	永顺县四名山莓茶种植专业合作社	石堤镇
24	永顺县田堡湾种植专业合作社	石堤镇
25	永顺县鑫润种养专业合作社	石堤镇
26	永顺县石堤东和欣种养合作社	石堤镇
27	永顺县半山生态农业发展有限公司	砂坝镇

表 3-3　永顺茶区当代开发简史

时间	事项
1949 年开始	永顺农户尝试将山上的野莓茶树兜挖回进行驯化栽培，便于随采随用，为后来野生驯化人工栽培奠定了良好的基础
20 世纪 70 年代	一些农户仿照绿茶加工方法开始生产莓茶，通过水煮杀青、搓揉、晒干制成莓茶，主要作为自饮或待客
20 世纪 90 年代	一些农户尝试将“水煮杀青”改为“锅炒杀青”，莓茶口感有所改善，品质得到提升，集市上开始出现莓茶交易
2005	国家质量监督检验检疫总局，批准“溪洲莓茶”为地理标志保护产品。永顺溪洲莓茶被列入国家地理标志产品保护范围
2015	土家莓茶制作技艺被湘西州列入第七批州级非物质文化遗产名录
2016	永顺莓茶在第十四届中国国际农产品交易会进行专场推介
2017	永顺莓茶获得第三届亚太茶茗大奖评选银奖
2018	永顺莓茶在济南市东西部扶贫协作专场推介会进行推介并设立专柜

续表

时间	事项
2019	“永顺莓茶”获第二十一届中国中部（湖南）农业博览会金奖、第二十届中国绿色食品博览会暨第十三届中国国际有机食品博览会金奖
2020	“永顺莓茶”获国家地理标志认证。保护范围为永顺县所辖的毛坝、润雅、万民、万坪、砂坝、石堤、首车、车坪、塔卧、盐井、两岔等 11 个乡镇、122 个行政村；是年，永顺莓茶获第二十二届中国中部（湖南）农业博览会金奖，永顺县被中国茶叶流通协会授予“古莓茶之乡”称号

七、泸溪白茶加工开发

泸溪白茶在加工上更加偏向于传统的白茶工艺制法，一般情况下，白茶的加工主要分为原料采摘、萎凋、拣剔、匀堆拼配、烘焙、装箱。

（一）鲜叶采摘

在采摘鲜叶时确保原料嫩度的适中性，而且所有原料采摘工作应以选择肥壮的一芽二叶为标准，也就是芽身的毫毛要雪白、两片嫩叶以及原料的叶背茸毛呈现银白色。重点关注鲜叶采摘的嫩度，保证嫩度的适中能够，如果采摘过嫩的鲜叶，虽然能够在一定程度上提升茶叶品质，但是茶叶的产量就会大大降低，而且劳动效率不高：而如果采摘粗老的鲜叶，产量虽能得到保证，此时芽叶中有利的化学成分就会减少，最终茶叶成品的色、香、味等都会受到一定程度的影响。

（二）萎　凋

湘西茶农常用的是传统的青架萎凋，即将鲜茶叶置于竹筛，竹筛每次放入的鲜叶应为1~1.5斤，在此之后，需要将竹筛放于通风处的晾青架，温度应保持在20~25℃，静置40~42h，直至后期八九成干，观看茶叶的萎凋情况，并且还要将二筛并为一筛。另外并筛要选择适当的时机，当萎凋后含水量为12.15%时，即可停止萎凋，并将其下架进行集中堆放，在此过程中需要注意的是，堆放的高度不能高于20cm，每间隔5h匀堆一次。

（三）拣　剔

拣剔是白茶制作中的关键环节，这一环节的主要工作就是挑出已经萎凋合格毛茶中的黄片、红张、粗老的枝叶以及非茶叶类的夹杂物。在这一过程中相关的拣剔工作人员上岗之前均具有健康证件，拣剔工作开始前必须做好相应的防护措施，而且动作一定要轻缓，尽可能地避免出现芽叶断碎或者叶张破裂等问题，为白茶成品的最终品质提供保障。

（四）匀堆拼配

匀堆拼配工作的有序推进非常重要，实际工作中，相关工作人员将已经拣剔完成的毛茶以茶叶的嫩度、形态、色泽以及净度等为基础，将规格相近的茶叶进行归堆，然后根据国家的相关标准进行匀堆拼配，一般可采用圆堆或方堆的形式。

（五）烘焙、装箱

对茶叶进行烘焙的主要目的就是确保白茶能够达到国家相关标准中要求的含水量，以便于更好地保存。就现阶段而言，茶叶烘焙的方法主要有焙笼炭焙、提香机电焙、大型烘干机烘干。在实际烘焙过程中必须切实注意的是，必须将卫生、洁净以及无异味作为茶叶烘焙主要坚持的原则。一般而言，白茶和其他茶存在显著差异，装箱要趁热，在实际包装过程中要将茶叶的里层装上铝袋，外表面加上一层加厚的薄膜袋，外层纸箱进行三层包装，这样既可以为后续造型提供便利，保证其平整性，又能够防止茶叶破碎情况的发生。

第四章 茶贸篇

湘西茶产业历史悠久，是古老的茶乡。唐朝，湘西成为主要的贡茶区之一，茶叶是“以物易物”的方式在当地进行交易。宋朝，湘西州已经成为武陵山一带商品茶的主产区。明末清初，湘西茶叶成为湘、鄂、黔、渝四省市交界处进行茶马交易的主要商品，茶马贸易和茶叶贩运非常繁荣，其中还开辟了一条以隘口村为起始点的茶马古道。清朝期间，湘西形成以种茶谋生、靠茶致富的专业化的茶叶生产方式。民国时期，湘西经济凋零，土匪横行，茶叶滞销，茶农毁茶树改种其他作物或听任茶园荒芜，茶叶生活一落千丈。新中国成立后，在党和政府的领导下，湘西州产业发展进入恢复发展期。20世纪80年代始，湘西进入名优茶开发期，名茶辈出，打造出保靖黄金茶、古丈毛尖、永顺莓茶系列知名品牌（图4-1）。一部湘西茶贸史，就是湘西茶为中国茶产业、湖南湘茶和文化的奉献史。

图 4-1 茶展览（代尚锐摄）

第一节　茶产业发展

20世纪80年代初，湘西州茶叶生产建立多种形式责任制，国家每年投资20多万元用于茶园扩建和低产茶园改造。1982年，古丈毛尖进入全国十大名茶行列。1983年，湖南省古丈县劳模王坤一家6亩茶园，亩平产茶122kg，亩产值1549元，他所制作的古丈毛尖茶获全国食品博览会金奖。1985年，国家拨专款12.9万元，扩建优良茶树种繁殖基地，1988年古丈毛尖又获全国首届食品博览会金奖。1994年开始逐步由零星生产到相对集中生产，并转为商品，全州茶叶产业进入自主缓慢发展时期。

2004年，古丈县出台《关于强力推进茶叶产业化基地建设的意见》，大力推进茶叶产业化建设，重点支持茶叶标准化基地建设，推动全州茶叶产业向规模化绿色有机方向快速发展。

2007年，“古丈毛尖”荣获国家地理标志登记保护农产品，在日本静冈举行的第一届世界绿茶评比会上荣获金奖。

2009年，保靖黄金茶1号通过现场评议，保靖县委县政府出台《关于进一步加快黄金茶产业发展的意见》，明确产业奖补措施，推动保靖黄金茶产业化发展；同年，古丈县有机茶认证基地达2000亩，取得国家认证的绿色食品基地达7000多亩，永顺县15000亩茶园（莓茶）通过了无公害茶叶产地认定，保靖县“黄金茶”通过国家绿色食品标志认证，古丈、保靖两县被中国茶叶流通协会授予“全国重点产茶县”荣誉称号。

2010年，“保靖黄金茶”荣获国家地理标志登记保护农产品。

2012年，吉首市着手重点打造湘西黄金茶产业，花垣县、凤凰县、永顺县、龙山县等逐步跟进，黄金茶在全州范围内大规模种植，产品逐步得到市场和消费者认可；同年，古丈县编制实施《古丈毛尖》地方标准，第七届“金茶王”向仍坤现场制的样茶拍出了18.8万天价。

2015年，湖南省茶叶产业技术体系武陵山区试验站落户湘西州农业局，古丈毛尖在意大利米兰世博会荣获“百年世博中国名茶”金奖。

2016年，古丈县获“中国有机茶之乡”认证，成为湖南省第一个获此认证的产茶县，完成“古丈毛尖”SC质量认证、绿色食品认证、欧盟有机茶认证，获“中国名茶之乡”“全国重点产茶县”荣誉称号；同年，吉首市获得“全国重点产茶县”荣誉称号。

2017年，州委、湘西州政府出台《关于加快农业特色产业提质增效的意见》，推进茶叶产业供给侧结构性改革，支持农业园区建设和一二三产业融合发展；古丈县实施茶旅文化融合发展战略，从2008年起就开展万人品评会、茶歌会等活动，至2020年连续举办多届茶旅文化节，默戎镇牛角山夯吾苗寨自2008年发展茶旅融合项目以来，每年接待游客40多万人次，年人均收入从不足800元增长到1万多元。同年，保靖县举办“第三届保靖黄金茶手工制茶比赛”，奥运举重冠军向艳梅为保靖黄金茶形象代言，“古丈红茶”被国家质检总局认定为国家地理标志登记保护产品。

2018年，古丈县成功创建“全国茶叶标准化工程示范县”，茶产品再次走向全球，出口欧盟、美国、港澳等30多个地区；同年，中国茶叶流通协会授予湘西州“中国黄金茶之乡”称号，湘西黄金茶被国家市场监督管理总局商标局认定为国家地理标志登记保护产品，保靖县黄金村茶叶从业人数近2200人，年人均纯收入达9000余元。

2019年1月，保靖黄金茶被评为“2018年全国绿色农业十佳茶叶地标品牌”。

2020年5月，“永顺莓茶”获国家地理标志登记保护农产品，湖南湘西茶叶产业院士工作站开始建设，中国工程院院士刘仲华科研团队入驻。是年，全州形成黄金茶、古丈毛尖齐头并进，莓茶、雪茶为辅助的茶叶品牌发展格局。

第二节　茶生产能力

20世纪80年代初，湘西州创办国营古丈花茶精制厂、古阳镇绿茶精制厂及永顺等乡镇办的红碎茶场，主要生产绿茶和红碎茶，其中古丈花茶精制厂窨制的茉莉花茶打破

图 4-2 井然有序的茶企生产车间（代尚锐摄）

了过去只能卖毛茶的情况，开辟了茶叶制作新路子，经济效益显著。当时，除国营茶厂、较大的专业茶厂以外，绝大多数茶叶均为手工制作，成本高、效益低。20世纪90年代末，湘西国营茶厂改制，基本转为散户小规模生产，自给自足。古丈毛尖以其精细化加工工艺和优良品质被认可。2000年始，古丈县把茶叶加工工艺作为提升品质的重要手段，举办首届“茶王杯”斗茶会，至今已连续举办十多届；双溪乡蔡家村因在第七届同时产生1名金茶王和5名银茶王，被古丈人称为“茶王村”。2011年，湖南英妹子茶业科技有限公司建成红茶清洁化智能生产线，开启了湘西茶叶标准化规模化生产（图4–2）。2013年，湘西州委、州政府明确把茶叶作为全州重要产业来抓，制定一系列优惠政策，推进茶叶标准化、规模化、品牌化。2014年，湖南保靖黄金茶有限公司投产红绿茶兼制清洁化全自动生产线，首创红茯砖、魅力湘西湖南黑茶、黄金白茶等新产品。2016年，湖南盛世湘西农业科技有限公司创新产品黄金杜仲红茶全自动清洁化生产线投产。古丈县先后引进湖南省茶叶公司、隆平高科、中粮集团、天下武陵、福建正山堂、北京金豪瑞等企业入驻，保靖县先后引进湖南隆平高科技有限公司、湘茶集团、北京百泰集团、九苑集团等。2020年，保靖县5000t保靖黄金茶黑茶扶贫精加工园投产，湘西州有规模性茶叶加工企业90家，获得SC认证企业22个，建成红绿茶标准化生产线23条，绿茶年生产加工能力6000t，红茶年生产加工能力2000t，建成黑茶标准化生产线5条，年生产加工能力9000t。

第三节　茶营销策略

湘西茶叶具备优质的产品，有合理的价格，特别注重茶叶品牌知名度的提高和扩大，走高品质、高效益产茶路线（图4–3）。以湘西地区优势茶叶“黄金茶”“茅岩莓茶”“古丈毛尖”为龙头，提高在国内外茶叶市场知名度，扩大市场影响力；合理规划优势茶叶地生产基地，组建茶叶龙头企业，着力提高科技开发和自主创新能力，即按茶类品种从

图 4-3 有机茶园（吉首市茶叶办提供）

质量、包装、品牌、宣传、销售、经营管理上进行统一规划（图4-4）；制定优势茶叶的采制标准，从茶园生态条件、茶叶采摘质量、茶叶加工工艺、茶叶贮藏条件等方面都严格控制，启动有机食品认证，地理性商标认证，继续进出口认证程序，进一步促进茶产业做大做强，以保证产品质量；努力培育商标，增强商标保护意识，

图 4-4 茶叶促销（代尚锐摄）

加大宣传力度，提高茶叶市场占有率和相应的潜在附加值；组建茶技术专家团队，负责从产、加、销全产业链统筹推进，在产业推进上，结合精准扶贫，以村级党组织推动，在运作模式上，采取“产业党组织+企业+基地+党员+贫困群众”的模式运作，推行订单农业。加强实体茶叶店建设，利用济南对口扶贫保靖的机会，加大保品牌树立和营销。积极协助县域茶企在北京、上海、广州等城市新建茶叶专卖店。找准茶文化研究切入点，把承载着湘西独特文化元素、历史资料、典故、民风民俗的茶歌、茶赋、茶舞、茶文化书画作品、茶邮票、自然风光写真照片等茶文化载体大加宣传，将其作为打造品牌、拓展市场、亲近茶客的重要手段，使其真正成为茶产业建设与发展的助推器和加油泵。加大对湘西茶文化的宣传普及，借助湘西茶厚重的历史文化内涵，重塑湘西茶叶的市场形象，利用茶文化对茶叶营销的推动作用，带动茶叶的生产和市场的繁荣，推动湘西茶产业的快速发展。同时，还有着完整的市场营销体系（表4-1），以适销对路的销售方式和渠道提升产品经济效益。

表 4-1 营销策略战略体系

产品策略	1. 开发茶产品多样化：加强茶饮料开发，推广瓶装茶饮料、低咖啡因茶、袋泡茶、速溶茶等产品多样化。 2. 深化功能开发，增加茶附加值：湘西茶如黄金茶氨基酸、儿茶素含量高，营养极为丰富，且茶叶中提取的咖啡因，具有药用价值；凤凰雪茶开发商，湖南本草制药公司和湖南省林产化工工程重点实验室、吉首大学等单位，合作开发了显齿蛇葡萄提取物二氢杨梅素胶囊产业化项目，发挥自身技术优势，启动了“凤凰雪”茶酒建设项目。 3. 突出茶产品特性：着重突出湘西茶民族历史文化价值，天然、无污染、有机工艺及防癌抗癌、提高免疫力等健康功效。 4. 突出地域特性：借助精准扶贫东风，用好用足资源，加强官方、民间各层面帮扶对接交流；立足旅游资源优势，深度发掘民俗风情，走“旅游产品”，开发便携型、平民价位的旅游保健茶；抢抓“互联网+”新机遇，将脱贫攻坚与电子商务有机融合起来，以建设湘西州的全国电子商务进农村综合示范县等为抓手，走“电商+扶贫”模式，以电商扶贫助推产业发展和精准脱贫。

续表

价格策略	1. 根据湘西茶产品品质、市场饱和度、竞争情况及升值空间高低分级，定位高、中、低端市场。 2. 根据不同顾客群体制定产品价格：如对部分个人或群体采用高端价格服务。
渠道策略	1. 加强传统销售渠道：吸引开发经销商，设立专卖店或大型商场货柜；为大型、连锁茶馆供应产品；向茶叶市场批发市场供应产品；向高档星级酒店及知名景区供应产品。 2. 鼓励多种经销渠道：鼓励政府、企事业单位采用产品直销渠道，与其公众单位长期合作。 3. 拓宽拓展多种网上营销渠道：全线铺开淘宝、天猫、京东、亚马逊各大网络购物商城，加大微博宣传，健全微信公众号认证，提倡鼓励新开微店。
促销策略	1. 人员培训：建设业务能力强高素质、富有战斗力的营销团队，系统培训、严格考核；开办培训班，强化对茶农的技术培训，深入到田间地头，把“课堂”搬进茶园示范基地，讲解选种、栽植、茶园管护、采收标准，让茶农们了解和掌握茶叶种植知识。 2. 广告宣传：将湘西茶营养价值高、生态有机无污染、富有民族文化特色的理念植入广告宣传之中，多渠道、广视角、适时适度地推进广告宣传力度。 3. 公共关系：建立良好的沟通关系，做好产品消费者售后服务；加大各种奖励制度，提供优质茶产品，激励经销商，增强销售意愿；注重与公众部门的社会公共关系，树立与政府、媒体、科研机构等各公众单位美好的品牌形象。 4. 销售促进：参与或策划各类茶产品宣传活动带动销售；利用茶馆的优势，稳固固定客源，拓宽吸收更多客户群；依托地域自然景观、茶园文化、民族风俗等资源优势，发展以有机茶等为主的种植业以及自然风情、人文休闲旅游。

第四节　茶企（合作社）

一片有着几千年历史传承的茶叶，承载着一个地方产业发展和一方百姓致富的重要使命。随着湘西茶产业生产规模快速增长，茶叶需求的不断扩大，众多企业纷纷布局茶产业，为湘西的脱贫攻坚事业贡献了力量。

一、茶叶名企

（一）湘西自治州春秋有机茶业有限公司

2011年，湘西自治州春秋有机茶业有限公司注册成立，位于古丈县高峰镇岩坳村，主要从事茶叶种植、加工、销售、农业综合开发、生态旅游项目开发、民族工艺品加工、销售业务。同年在湘西古丈县高峰乡岩惚、八水村境内开垦有机茶种植核心基地2505亩，基地名称为“高望山有机茶庄”。

2013年，公司组建古丈春秋茶叶专业合作社。2014年，投资建成约2000m^{2}标准化有机茶加工厂，并在湘西古丈茶文化街投资开办“妙古金”茶总部品牌形象店。2015年，开始批量产出妙古金古丈毛尖（绿茶类）、妙古金崖茶（乌龙茶类）、妙古金红茶。2016年，公司为扩大市场在长沙茶叶茶具城开办了妙古金长沙形象店。2017年，公司建立电子监控可追溯系统。2018年，公司为扩大市场在北京市丰台区西三环南路14号院2号楼首科大厦B座一层开办妙古金北京形象店。2020年，公司在茶叶产业上的投入过亿元。公司茶叶基地、加工厂、生产管理体系均通过第三方认证机构，按欧盟、中国有机标准进行的有机认证。公司生产的“妙古金”牌绿茶、崖茶、红茶是欧盟、中国双标认证的有机茶，也是中国生态原产地保护产品；公司董事长是国家认监委聘请的“有机认证扶贫专家”。

（二）湘西自治州牛角山生态农业科技开发有限公司

湘西自治州牛角山生态农业科技开发有限公司位于古丈县默戎镇毛坪村（图4-5）。公司致力发展有机茶叶、农业休闲旅游、生态养殖、苗族餐饮四大绿色生态产业。茶园有宽5.5m的草砂路连接省道S229公路，茶园中有观景台、游览道。牛角山形似一对巨大水牛角，茶园旁有20世纪50—60年代下乡知青生产生活设施和碑记。

图4-5 生态茶园（石可君摄）

公司注册有“牛角山”“黛勾黛丫”“夯吾苗寨”商标。“黛勾黛丫”是牛角山茶业的核心品牌，其品牌的含义：苗语音译，“黛勾”即“兄弟”，“黛丫”即“姐妹”，起源于牛角山茶园周边古老的苗族村寨，寓意：“手足情深、家庭和睦、民族团结、融合发展”。公司茶园分布于海拔800~1200m牛角山顶，严格建设有机茶园2000亩，绿色食品认证茶园2000亩，绿色生态茶园6000多亩。茶园不打除草剂，一年只人工锄草两次，充分利用原生植被保护茶苗生长，利于减少地表水分流失以及防寒防冻。牛角山茶厂的古丈毛尖的制茶师被评为古丈县“茶王”，制茶师龙光兴荣获“湖南省十大杰出制茶师”称号。公司已建成茶叶加工厂2座（$5000m^2$），年加工能力800t绿茶、红茶，建成门市综合楼1栋（$1200m^2$），建成保鲜冷藏库3个。目前已拥有绿、红、黑、白茶4条生产线，加工工艺成熟稳定，新的大型生产线建成，大大提高产能。

（三）湖南金毫瑞商贸有限公司

2016年10月12日，湖南金毫瑞商贸有限公司成立，位于古丈县古阳镇竹溪湾太阳城茶城北街。业务涵盖茶叶种植、加工与销售，茶叶产业研究与茶文化传播，农副产品生产与销售，特色餐饮，休闲旅游五大板块，是古丈县人民政府招商引资重点企业。

公司有自有茶园基地300亩，其中原生态茶园200亩，合作覆盖基地6000亩；林下养殖基地1个，餐饮中心1个；建设了基于物联网的质量溯源体系、电子商务一站式服务平台和一站式客户服务平台，是一家以“智慧农业为导向、以现代科技为支撑，以专业人才为保障”的现代农业企业。金毫瑞目前有员工100余人，建设了以湖南农业大学的茶叶专家教授团队12人、管理与营销团队20人为核心的茶叶研究院和公司战略发展研究中心，为公司发展注入核心科技元素。公司技术力量雄厚，获得品种开发、信息化管理、智慧农业等方面专项成果10余项。

（四）古丈县古阳河茶业有限责任公司

古丈县古阳河茶业有限责任公司于2006年10月注册成立。公司负责人胡维霞为国家级评茶师、古丈县十大制茶师。

2011年10月，公司在长沙市开设分店；2017年在北京开设“古丈毛尖”专卖店。同时在怀化、吉首、凤凰、常德等设置代理直销点十多家，并开辟了上海、天津、深圳、沈阳等省外市场。公司采取“公司+加工厂（基地）（合作社）+贫困户+市场”的模式，组织带动农民发展，统一生产标准，统一加工，统一销售，形成产、加、销一体化的经营格局。公司现有员工43人，其中评茶师2名、茶艺师3名、助理茶艺师3名、制茶师20余名、制茶能手10人、设备维修技术人员5名，有丰富的生产加工和市场营销经验。

2006年6月，公司向国家工商总局申请注册了“古阳河”茶叶商标；2007年12月，通过国家质监部门QS质量认证；2011年，获湘西州农业产业化龙头企业；2013年，公司“古阳河”商标获得湖南省著名商标的称号；2007年，获古丈县“茶王杯”茶王奖；2008中国绿茶（古丈）高峰论坛名茶评比荣获金奖；2010年，中华茶祖节·古丈毛尖万人品评会荣获金茶王奖项，2011年、2012年、2013年分别获得古丈毛尖茶王等多项荣誉。2016年，制作古丈毛尖被选送米兰，获得绿茶金奖。2017年，“茶王杯”金茶王奖。公司在坪坝乡溪口村自有核心有机茶园1050亩，按照生态茶园标准建设，2016年被评为生态原保护地产品，出口示范基地。茶树品种以群体小叶，黄金茶、碧香早为主。1200m^2标准化茶叶加工厂已投产使用，年可生产200t干茶，带动坪坝镇周边茶园建设5000亩，带动贫困户270户945人。

（五）古丈县有机茶业有限公司

古丈县有机茶业有限公司是由国家级农业产业化龙头企业——湖南省茶业集团有限公司于2005年5月在收购原古丈茶叶总厂的基础上成立的一家集种植、加工、销售、旅游于一体，并享有直接对外贸易经营权的企业。主要经营“倩云牌”古丈毛尖、有机茶、珍眉茶、低农残茶、袋泡茶、珠茶、茶坯、绞股蓝茶等系列产品及茶叶的精深加工业务。

公司现有管理人员10名，车间长期加工人员10人，旅游销售团队人员32人，季节性用工期150人。现自有基地500亩，紧密联系型基地3500亩，其中2500亩已通过欧盟有机认证，1500亩正在进行有机转换。同时通过省商检局出口茶基地备案的合同基地有11000多亩。公司年综合加工能力达4000t。2008年已获准使用“古丈毛尖”地理标志及使用地理专用标志产品保护，并已通过ISO9001质量管理体系认证。2009年公司“倩云牌”古丈毛尖、绿茶荣获湖南省名牌产品称号。2014年公司倩云牌古丈毛尖在美国世界茶叶博览会上荣获金奖。公司2013年出口创汇50万美元，2014年出口创汇100万美元，2015年出口创汇70万美元。公司于2014年流转了古丈县断龙山镇坐苦坝村500亩茶园发展有机茶，联结了全村112户贫困户300多贫困人口，通过茶叶产业精准扶贫。

（六）湘西众华旅游管理有限责任公司

湘西众华旅游管理有限责任公司，成立于2018年10月，位于湘西古丈县断龙乡尚家村。2018年春，公司负责人应家乡断龙山镇尚家村之邀回村创业，带动村民发展莓茶种植、加工和销售，填补全村产业空白，并且在村里打造湘西社会实践教育基地“湘西营地”，以挖掘农耕文化、民俗文化等作铺垫，引领美丽农村建设往深度发展（图4-6）。公司采取“企业+合作社+农户”的生产经营模式，带动村民发展莓茶，并实行产、供、销一条龙服务。

图 4-6 湘西众华旅游管理有限责任公司古丈断龙乡茶叶基地（代尚锐摄）

（七）湖南英妹子茶业科技有限公司

湖南省英妹子茶业科技有限公司成立于2016年9月。公司位于古丈县古阳镇红星小区，现有有机茶基地300亩、新建有机茶观光茶园300亩，有机茶文化科普基地茶园50亩，40~100年老茶有机茶基地4700亩。工厂直营店5家，年产值5000万，员工50人，公司主要以有机茶叶种植、加工生产、销售贸易、乡村茶旅融合为主导，一二三产业融合发展的生态文化旅游产业化企业。

公司通过10年的不懈努力发展，荣获“湖南老字号”企业、湖南省高新技术企业、湖南省农业产业化省级示范联合体（英妹子——农创联盟联合体）、湖南省农业产业化龙头企业、湖南省“重合同守信用单位”、湖南省“千企帮千村”精准脱贫行动示范单位、湘西州创业领军农业产业化企业、湘西州“千企联村”精准脱贫行动示范单位、抗击新冠肺炎疫情爱心企业。连续6年获得“欧盟、美国、中国有机认证”、国际质量安全管理体系HACCP认证、中国国家质量安全管理体系CQC认证、中国生态原产地保护产品认证、中国地理保护标志产品。英妹子茶园更是荣获国际生物多样性公约"ABS",《遗传资源获取和惠益分享名古屋议定书》古丈毛尖项目示范园，全国首家陈宗懋、刘仲华两院士团队茶叶绿色防控示范园核心区，中国食品农产品出口安全示范园，中国生态原产地产品保护示范基地，湖南省现代农业特色产业园省级示范园，湖南省茶叶助农增收十强企业，湖南省茶叶十佳旅游休闲示范基地，湖南省引进国外智力成果示范推广基地，湖南省野生茶品改选育示范推广基地，湖南省绿色食品示范基地等称号。

英妹子茶业生态产业园位于古丈县古阳镇梳头溪村，距古丈县城以及S229线8.5km，张花高速古丈连接线靠村而过，距永吉高速长潭互通连接口6km，距高铁古丈站5km。距离凤凰古城、矮寨大桥、张家界1小时旅游圈，红石林、芙蓉镇、夯吾苗寨、栖凤湖风景区半小时旅游圈，地理位置十分优越。以梳头溪英妹子茶园为核心区域，打造梳头溪茶之谷·花之溪原生态文化旅游产业园。

（八）古丈县三道和茶厂

2007年，古丈县三道和茶厂在古阳镇三道河建厂。2008年，来自亚洲、非洲、拉丁美洲等地30多个国家的茶叶专家和客商到该公司参观考察；获第七届国际金奖。2009年3月，注册成集茶叶种植、加工生产、销售、电子商务、技术服务于一体的茶企，建成800m^{2}茶厂、年产100t茶叶生产线，员工28人，其中技术人员15人，有茶叶专业高级职称1人、中职2人。技术指导并开发拥有有机茶基地300亩、利益联结茶叶基地1300亩，带动农户400户。

2010年，"三道和"商标注册。2012年，获湖南省优秀茶叶种植大户。2013年，获湖南省茶叶基地先进单位。2016年，被古丈县委、县政府评为农业农村工作优秀公司。2017年，被古丈县委、县政府评为优秀农村经济合作组织。是年，获得进出口货物登记证书。2018年，获有机茶证书。该公司生产的产品有古丈毛尖、湘西黄金茶、古丈红茶、黑茶、黄茶、白茶。销往省内怀化、张家界、长沙以及省外上海、北京、山东、深圳等地，并在吉首、长沙开设专卖店。2019年，古丈县三道和茶厂带动有机茶基地附近的50户村民把旱田200亩改为种植茶叶。

2010—2015年，新增种植茶叶面积280亩。2016年，带动104户种植茶叶348.7亩，直接或间接受益农户232户，受益人口932人。古丈县三道和茶厂一直致力于用自身的发展带动周围茶农的增收，建厂以来每年回购茶农茶叶200多万元。2018年1—8月，通过银行转账回购当地村民的干茶叶及鲜叶原料共计904350元，其中回购一般农户28户共计747925元；回购精准扶贫户14户65人共计156425元，并与14精准扶贫户签订5~10年回购农产品的协议来帮助贫困户脱贫致富。

（九）永顺县金顺植物资源开发有限责任公司

永顺县金顺植物资源开发有限责任公司成立于2005年9月，占地面积超3700m²，主要从事优质莓茶的种植开发、生产加工与销售服务等，现有产量30t/年的“司城贡茶”牌优质莓茶生产线1条，年产值1500余万元，系永顺县莓茶生产企业中首家通过SC认证的企业。

公司生产的“司城贡茶”牌优质莓茶先后荣获武陵山片区（湘西）首届生态有机富硒农产品博览会银奖、第三届亚太茶茗（北京）国际评比大赛银奖等。产品畅销湘西及周边旅游地区、湖南长沙和北京、上海、杭州、广州等地，深受广大消费者的青睐，并一度赢得了来自日本、韩国、加拿大等国家和香港、澳门及台湾地区游客的好评，企业销售收入824.61万元，实现利润230.98万元，上缴税金98.84万元，安排就业岗位35个。2019年9月，中华炎黄文化研究会土司文化专业委员会授予“司城贡茶”为“中国土司制度与土司文化国际学术研讨会指定用茶”。

（十）永顺县大丰生态农业开发有限公司

永顺县大丰生态农业开发有限公司成立于2017年，位于万民乡青龙村，是一家集莓茶研发、种植、加工、销售于一体的创新型企业，以莓茶产业为主线，依托万民乡的千亩种植基地，在湘西永顺知名景区芙蓉镇打造“种、产、销、游”模式的三产融合创新科技园，走生态农业、生态观光、茶文化体验、户外活动等的综合性项目之路，促进“乡村振兴”健康发展，形成产业融合持续发展的新格局（图4–7）。公司有高度的社会责任感，助力精准扶贫，带动家乡发展，自觉参与到产业扶贫、就业扶贫、医疗扶贫、教育扶贫、慈善扶贫等诸多工作中，通过莓茶产业有效带动和帮助了当地贫困农户脱贫。2019年通过股份分红5.8万元，田地分红30万元，贫困户用工工资40万元，直接带动贫困户124户脱贫致富。2020年公司帮扶贫困户2200人，实现了贫困户人均一亩脱贫茶。

图4–7 永顺县大丰生态农业开发有限公司万民乡茶园（湘西州茶叶协会提供）

公司自成立以来，在生产经营中坚持信誉至上，质量第一的原则，同时利用永顺得天独厚的自然环境和悠久的莓茶种植历史，打造出永顺富硒有机莓茶系列产品，获得广大消费者的赞誉，取得较好的经济效益和社会信誉，并荣获“中国·315诚信企业”“湘西州农业产业化龙头企业”“湖南省绿色食品协会副会长单位”称号，取得发明专利2项、外观专利3项，旗下合作社荣获“莓茶省级示范社”、公司生产的永顺莓茶荣获“中国土司学高层论坛指定用茶”“第二十一届中国中部（湖南）农业博览会产品金奖”“第二十届中国绿色食品博览会金奖”“2020湖南文化旅游商品大赛金奖”。

（十一）湖南保靖黄金茶有限公司

湖南保靖黄金茶有限公司成立于2008年，由保靖县茶叶办、湖南省茶叶研究所、湖南湘丰茶业有限公司三方强强联合组建而成，坐落在保靖县葫芦镇黄金村，距吉首火车站仅18km。现有科技人员62人，具有中高级技术职称人员35人。公司建有500m^2的黄金茶工程技术创新中心，拥有日产1t的湘西较大的名优绿茶清洁化生产线、集中连片年繁育黄金茶苗1000万株以上的湘西较大的茶苗基地、科技示范万元田65亩、关联茶园8000多亩。2010年公司获得QS认证，成了湘西州农业产业化龙头企业。

公司分析、检测、试验设备先进，拥有实验中心（茶叶检测中心）1个，面积400m^2，中心仪器设备齐全，拥有气相色谱仪、大型薄层扫描仪、原子吸收光谱仪、高效液相色谱仪、高精密度电子天平、紫外可见光分光光度仪、显微摄影仪、超纯水仪、PCR仪、冷冻调整离心机等一批大型仪器设备，具备了茶学研究和茶树育种研究常规检测、有效成分提取分离检测、分子生物学实验和细胞学研究技术平台。

（十二）保靖县鼎盛黄金茶开发有限公司

保靖县鼎盛黄金茶开发有限公司成立于2014年，总部设在保靖县迁陵镇大田村，是一家集茶叶种植、加工、销售和茶文化传播为一体的民营企业，是省级农业产业化龙头企业、省高新技术企业、省工业品牌培育示范企业，荣获“中国生态有机黄金茶示范基地”称号。

公司聘请了“黄金茶之母”张湘生老师为公司技术总顾问，与湖南省茶叶研究所成为长期战略合作伙伴。现有正式员工37名，其中管理人员8人、专业技术人员9人、高级专业技术人员3名，长期聘用培管人员48名。采取土地流转模式，在迁陵镇大田村、和平村和阳朝乡阳朝村租赁农户田土3100余亩，为贫困户107户452人年增加租金收入35万元；实行“公司+基地+合作社+农户”经营模式，为贫困村农户直接创造了500多个就业机会，帮助贫困农户直接脱贫；组建了鼎盛黄金茶种植专业合作社和灯笼山黄金茶销售合作社，解决160户农户社员的茶叶销售问题。

公司建有3500亩高标准有机黄金茶茶园基地，其中母本单株茶园130亩、可采摘茶园1500亩。修建了5500m^2的现代化茶叶加工厂房、仓库，引进了先进的茶叶加工设备；公司聘请了有30多年制茶经验的符树忠老师研发生产了保靖黄金绿茶、红茶、白茶、黄茶、黑毛茶等五大系列产品，研发生产的鼎盛琥珀及铁吣红两款红茶得到广大消费者的一致好评，公司跟符树忠老师正在着手青茶研发。鼎盛公司成立了湖南省茶婆峰茶业有限公司，专事茶叶销售和茶文化传播，设有8个直销门面，其中河南1个，长沙3个，株洲、常德、吉首、保靖各1个；借助电商平台，与24个电商网店合作销售茶叶，主要涉及北京、河北、广东、湖南、上海和内蒙古，加盟电商网店上百个，让更多的茶叶消费群体能够认识了保靖黄金茶，了解保靖黄金茶，爱上保靖黄金茶。2015年产品首次上市，受到广大客商的高度赞许和肯定，实现茶叶销售4000斤、销售额达200余万元。

“茶婆峰”有机茶园位于保靖县古老而神秘的茶婆峰（图4-8），山川秀美、土壤肥沃，常年清泉流淌，至今都保存着生态天然溶洞，完美的自然环境造就了黄金茶生长的理想场所。“茶婆峰”黄金茶园，最高海拔669m，为保靖县城周边海波最高的山峰，在“茶婆峰”峰顶，可俯瞰整个县城。“茶婆峰”黄金茶园连片的茶园面积有2500余亩，由荒山开发而成。经过公司多年的打造，现“茶婆峰”有机黄金茶园交通便利，大巴车可直接开进茶园，配套的观光走廊、观光亭、游步道均已建设完毕，近1000m^{2}的吊脚楼也已经启用，可完美地为旅客朋友们提供展示和品鉴保靖黄金茶的方便与服务。

图 4-8“茶婆峰”黄金茶园
（湘西州茶叶协会提供）

（十三）保靖县林茵茶业有限责任公司

保靖县林茵茶业有限责任公司成立于2010年10月8日，注册地位于保靖县葫芦镇大岩村。2015年以来，石开带领保靖县林茵茶业有限责任公司通过茶产业发展辐射带动周边3000余户农户发展黄金茶产业，户均增收9000余元，创造临时用工工日50000余个；创新扶贫模式，与周边乡镇7个深度贫困村1435户建档立卡贫困户5022人签订帮扶协议书。2015年，企业被评为湖南省省级示范合作社、全国现代农业科技示范基地、全国先进农村科普示范基地、全国科普示范基地；2016年，荣获上海茶博会金奖、国家级示范合作社；2017年，荣获保靖县首届创业大赛冠军、湘西州精准扶贫优秀工作者；2018年，荣获湘西州农业产业化龙头企业；2019年，荣获农业农村部第十一届“全国农村青年致富带头人”称号。

（十四）保靖县换金茶业有限责任公司

保靖县换金茶业有限责任公司成立于2003年6月，位于湘西保靖县葫芦镇；采用“公司+基地+协会农户”的经营模式，进行换金茶开发建设，现有换金茶面积1.7万亩。公司自有基地1300亩，其中种苗科技示范园200亩，公司现有固定资产580万元，修建有集总部办公场所和专用车间、包装车间及仓库为一体的综合楼，总造价120万元，可使用生产车间1800多平方米。引进先进生产线一套，价值100万元，公司从业人员162人，管理和技术人员35人，年生产能力达100t；公司系列产品于2003年度被湘西州工商局评为“消费者最信得过品牌”；2006年7月，取得无公害农产品证书；2006年8月，取得全国工业产品生产许可证和自营出口权资格；2008年，荣获中国绿茶高峰论坛名茶评比银奖，同年6月荣获民营企业科技运用奖；被评为湘西州农业产业化龙头企业。

（十五）湘西菱云茶业有限公司

湘西菱云茶业有限公司位于龙山县茅坪乡茶园坪村，成立于2020年5月12日。公司基地茶园坪村有阡陌纵横的生态茶园，植被茂密的原始森林，云雾缭绕的崇山峻岭，自然风光优美，人文底蕴深厚，获评湖南省“人居环境改善最明显村庄”“湘西州产业强村”。

公司立足茶园坪村推动茶旅融合发展，现已建成一个黄金茶726亩的高标准茶叶基地和一座日加工能力3000斤鲜叶的现代化茶叶加工厂，形成茶叶种植、加工、销售完整产业链，带动110名务工村民人均增收过万元；预计2026年黄金茶达到3000亩，年产值3000万元，带动1100名村民人均增收2万元。正在建设纵树堡及岸友两条观光长廊，规划2023年建成森林休闲茶馆和茶文化体验馆，开发餐饮、民宿、户外休闲项目，2026年开发攀岩、蹦极、悬崖秋千项目，全力打造成龙山县后花园和湘西州乡村旅游胜地。

（十六）花垣五龙农业开发有限公司

花垣五龙农业开发有限公司是一家集茶叶种植、加工、销售、研发、茶旅一体化多功能的现代化综合独资企业（图4-9）。2013年3月创立，位于花垣县赶秋路金源电力集团调度大楼。公司现有各类管理人员73人，内设综合、财务、技术、质量、生产、研发、营销7个科室。公司携手湖南农业大学、湖南茶研所共同打造“十八洞”系列黄金茶。公司2020年被湖南省人民政府认定为省级农业产业化龙头企业，2018年被湖南省林业局认定为湖南省林业产业龙头企业，2018年被湖南省人力资源和社会保障厅授予“湖南省就业扶贫基地”，2019年被湖南省人力资源和社会保障厅、湖南省财政厅、湖南省扶贫开发办公室授予2018年度湖南精准就业“扶贫爱心单位”，2020年被湖南省扶贫开发办公室授予“省级扶贫龙头

图4-9 花垣五龙农业开发有限公司生产厂房（湘西州茶叶协会提供）

企业”，2020年荣获湖南茶叶“精准扶贫十佳企业”，2015年、2017年被湘西州政府认定为湘西州农业产业化龙头企业，2017年被湘西州统战部、湘西州工商联合会、湘西州扶贫办三家联合授予湘西州2017年度“千企联村”精准扶贫行动十佳示范单位，2019年被湘西州扶贫开发领导小组办公室授予“社会扶贫先进单位”，2018年、2019年被中共花垣县委、县政府授予花垣县脱贫攻坚工作“社会扶贫先进企业（团体）”。公司成立以来，践行“打造品牌、科技引领、茶旅一体、带民致富”的创业理念，累计投入资金7800多万元，改造和开发了黄金茶种植基地10200亩。组建了4个茶叶种植专业合作社；建成年产量350t面积为2836m²园林式红绿茶全自动加工生产线一条；新建有1464m²的科研、茶叶展示等为一体的多功能综合大楼；配套完善了茶文化观光长廊、观光亭、垂钓池等茶文化旅游设施；新建了宽7.5m、长7km和宽4m、长20km的采茶观光道。

公司2018年通过国家SC认证和“边城翠翠红茶”“排吾云雾茶”“十八洞五龙云雾茶”“十八洞黄金红茶”“十八洞黄金茶”“十八洞黄金白茶”“十八洞黄金黄茶”“十八洞黄金乌龙茶”的注册商标。“十八洞黄金茶”“十八洞五龙云雾茶”和“十八洞五龙红茶”获得国家绿色食品认证和有机食品认证，2020年被湖南省农业农村厅授予“湖南省绿色食品示范基地”。“十八洞野生红茶”获2020第十二届湖南茶业博览会“茶祖神农杯”金奖。“十八洞黄金茶”获2020年第二十二届中国中部（湖南）农业博览会金奖。公司在湘西茶业领域也享有很高的声誉，荣获2019年度湘西州“十佳优秀企业”荣誉称号。

（十七）湘西神秘谷茶业有限责任公司

为推动湘西黄金茶高效发展，2020年12月，吉首市委、市政府研究决定成立湘西神秘谷茶业有限责任公司，为吉首华泰国有资产投资管理有限责任公司旗下子公司，作为吉首市国有重点龙头企业（图4-10）。公司的主营业务包括茶叶生产加工及产品研发销售、

图4-10 湘西神秘谷茶业宣传照（湘西州茶叶协会提供）

湘西黄金茶博览园、茶旅小镇、民宿、茶旅研学线路开发等业务，目前重点项目为黄金茶标准示范园基地、吉首茶旅系列民宿、湘西黄金茶博览园、矮寨云端茶海等。公司自有茶叶示范基地5000亩，其中位于矮寨大桥的3000亩高山有机云雾茶基地，为湘西神秘谷黄金茶高端茶主产地。公司拥有全国领先的全自动、智能化绿茶、红茶生产线，年加工能力500t以上。公司秉承“品质立茶、品牌兴茶、政策扶茶、文旅活茶”发展方针，做实做强“湘西神秘谷”品牌，力争2年内创获州龙头茶企称号，4年内创获省龙头茶企称号，综合实力居同行业前列。

（十八）凤凰县水木香茶业有限公司

凤凰县水木香茶业有限公司成立于2014年11月26日，位于凤凰古城沱江镇，是一家集茶叶种植、销售，预包装食品、散装食品零售，民族工艺品加工及销售为一体的茶企，系政府支持发展的凤凰县茶业龙头企业。

水木香公司致力于本土茶叶种植及传统工艺传承，打造凤凰茶业品牌，注册有“凤凰水木香”“吉祥凤凰”品牌，经营品种有：凤凰红茶、凤凰绿茶、保靖黄金茶、安化黑茶、古丈毛尖茶等系列产品。2015年，公司在县委、县政府的大力支持下，挖掘凤凰茶叶历史文化，整合原凤凰黄合茶厂，采取“公司+合作社+农户”的经营模式，建立茶叶基地500亩，并在三大类茶原产地均拥有千亩茶山，各系列茶品均以当地原料，依传统古法精制而成。

公司在凤凰县沱江镇民俗园设有旗舰店，在古城南华山景区设有南华茶苑，于2016年9月8日入驻“凤凰之窗”商业综合园区，建立了1280m^{2}的形象体验店。依托凤凰优质旅游资源，着力打造“大湘西心意茶”，延伸凤凰旅游产品链。公司整合原凤凰黄合茶厂，采取“公司+合作社+农户”的经营模式，建立茶叶基地500亩，并在三大类茶原产地均拥有千亩茶山，各系列茶品均以当地原料，依传统古法精制而成。

（十九）龙山县天一茶业开发有限公司

天一茶业公司在红岩溪镇建设了茶叶产业园1000亩（图4-11）。基地采取“公司+合作社+农户”经营管理模式，由龙山县天一茶业公司带动合作社实行茶旅融合、集中连片开发，基地共涵盖405户1847人，其中建档立卡户贫困户173户747人，通过订单农业、土地入股、劳务就业、茶旅融合等方式，与贫困户实现利益联结。公司为打造茶旅融合而建的独具特色的鱼鳞坝上游人如织，规划建设中的加工厂年加工能力达到500t。基地2022年建成，成为龙山县首个黄金茶高标准栽培和整村推进示范基地、首个茶叶加工及品牌运营中心、长沙市对口扶持龙山脱贫产业示范基地，实现每年户均增收5000元以上、每村集体经济收益20万元以上。

图 4-11 龙山县天一茶业开发有限公司宣传照（湘西州茶叶协会提供）

（二十）天下凤凰茶业有限公司

公司位于凤凰县廖家桥镇八斗丘村，组建于2015年7月，于2018年初启动产业园区规划建设。公司拥有一批本土国家高级制茶师、高级评茶师、高级茶艺师及高级食品质检员和苗乡手工茶传承人团队；主营茶叶种植加工生产、销售及技术服务和茶旅文化配套产业（图4-12）。姚花平为公司带头人、董事长和凤凰县茶叶协会会长，为国家高级制茶师、高级评茶师及高级食品质检员和凤凰古法手工制茶传承人。公司产业项目累计到2020年12月完成投资1500多万元，目前拥有廖家镇椿木坪村生态有机茶园2000亩合作基地和八斗丘村茶旅配套产业园区，及茶叶生产加工厂；并由湖南省茶叶产业技术体系首席专家、湖南省茶叶研究所研究员包小村和湖南农业大学茶学院教授傅冬和带领该公司技术人员组成研发团队，着力挖掘“神秘湘西手工制茶”工艺。

图 4-12 天下凤凰茶业有限公司茶园观光采摘（湘西州茶叶协会提供）

公司自主品牌有“百年边城”“凤凰西原”“湘王渠珍”“八斗丘”；科技创新产品有“凤凰黄金茶”“凤凰西原”系列产品手工红茶“手工绿茶”“手工黄茶”“百年边城”系列紧压茶。公司创建了神秘湘西凤凰茶旅文化园区“凤凰苗乡手工茶传承基地”，茶叶种植加工生产，茶园观光采摘、手工炒茶体验、茶文化展馆及技术免费培训场馆、茶产品展示茗品和销售、茶文化主题餐厅及民宿主体融合；实现了让旅客游在茶园、玩在茶园、学在茶园、吃在茶庄、住在茶庄，基地目前已通过验收获批“湖南省五星级乡村旅游区、五星级休闲农业庄园”“湘西州巾帼脱贫科技示范基地”“济南·凤凰东西部合作扶贫车间”“凤凰县总工会农民工培训基地”“党建共创、金融普惠、助推乡村振兴示范基地”。

（二十一）永顺县金顺植物资源开发有限责任公司

公司主要从事优质莓茶的种植开发、生产加工与销售服务等。公司成立于2005年9月，占地面积超3700m^2，提供就业岗位22个，吸纳妇女、残疾人、建档立卡贫困劳动力等就业20人。企业拥有20t/年“司城贡茶”“盼山”牌优质莓茶生产线一条，年产值1500余万元，系永顺县莓茶生产企业中首家通过SC认证的企业，产品远销于全国各地。公司茶园位于永顺县毛坝乡毛坝村中部海拔800m的梯土上，开发于2005年，占地368亩。交通便利，背面青山环绕，环境优美。全程采取有机模式栽种和管理。本茶园带动当地劳动力25名，其中有精装扶贫户8名。

（二十二）泸溪县喆友轩茶业有限公司

泸溪县喆友轩茶业有限公司位于武溪镇沅江社区怡馨小区，成立于2019年1月，公司现有员工52人。公司于2019年下半年收购荒野茶园1000余亩。垦复老树茶总面积有1800多亩，并于2020年采摘投产，年产量达4000多斤，年销售额达108万元。喆友轩茶业有限公司“巴斗云顶”老树茶是公司首推的第一款原生态野生茶，富含对人体有益的硒元素。公司着重推出红茶、绿茶，通过实体店和电子营销经营方式，使茶叶走出湘西，走向全国。

（二十三）泸溪县云雾桑茶业有限公司

泸溪县云雾桑茶庄位于泸溪县白浦公路附近（图4-13），离浦市古镇只有几分钟车程，交通十分便利，环境舒适，附近无任何污染源。同时茶庄配有展厅、会议室、办公室、品茶室、休息室、厨房、大型停车场等设施，可以同时容纳100人左右参观，200余人就餐。茶叶基地约有1500亩，每年生产桑叶100余吨，与安化县云天阁茶业公司签订战略合作协议。在浦市镇的茶叶基地旁，该公司种植有一块桑葚体验园，每年的4月开放，到5月结束。桑葚体验园每年都会吸引很多本地人和外地的游客来采摘，这种特优桑苗的叶子可以做茶，果实可以直接食用，让人们更全面地了解到桑茶不一样的文化。

图 4-13 泸溪县云雾桑茶庄位于浦市古镇的桑葚体验园（湘西州茶叶协会提供）

二、优秀合作社

近年来，湘西积极引导农户种植茶叶，改良茶叶品种，改进茶叶加工工艺，拓宽农户增收渠道涌现了一批茶叶专业合作社。在这些茶叶专业合作社的带动下，他们用辛勤的双手，在为人们培育优质生态、无公害茶叶的同时，也培育了自己的美好生活与发展新空间（图4-14、图4-15）。

图 4-14 茶叶合作社的春光茶色（湘西州农业农村局提供）

图 4-15 茶叶合作社庆丰收（湘西州农业农村局提供）

（一）永顺县河坝溪莓茶种植专业合作社

永顺河坝溪莓茶种植专业合作社成立于2016年3月，社长彭英富，位于毛坝乡毛坝村；2019年12月注册湘西昭荣生态茶叶有限公司，主要产品河坝溪莓茶。2014年刚开始种植莓茶46亩，陆陆续续增加种植面积，2018年大面积扩大，2019年扩大到现1280亩。

该社入社农户327户1500人，其中精准扶贫户120户487人，现有莓茶基地1580亩（涉及贫困户面积540亩），其中流转土地700亩（涉及贫困户面积300亩）。炒茶机3台，揉茶机2台，松包机1台，烘干机4台，加工厂房面积4000m^2，晾茶场450m^2。2020年获得绿色食品认证、SC生产许可证，年产值达约640万元。合作社采取“公司+合作社+土地流转+农户”的经营模式，对农户实行免费技术培训和优先用工、优先流转土地。成立以来合作社带动建档立卡贫困户发展莓茶产业，使120户487人增收50万余元，人均增收达3000余元。

2016年，被评为永顺县脱贫攻坚示范基地。2017年4月，在第三届亚太茶茗大奖赛上，河坝溪莓茶合作社选送的溪州莓茶获得银奖。2018年6月，河坝溪莓茶作为永顺莓茶的代表走上央视荧屏CCTV-7为“永顺莓茶”推广。2018年，获湘西州示范合作社。2018年10月，湖南省茶叶学会、湖南省茶业协会授予“莓茶金奖”。2019年8月，湘西赛区最佳种养殖基地评选活动荣获第一名。2020年5月，合作社被授予国家级“中国质量信用AAA级示范社”。

（二）永顺县仙娥茶叶种植专业合作社

永顺县仙娥茶叶种植专业合作社成立于2017年4月，位于永顺县砂坝乡砂坝居委会。

合作社现有600m^2的茶叶加工厂、专业检测室、检测设备齐全，杀青机3台、揉练机2台、烘干机2台，合作社法人自己流转土地150亩，建有精品莓茶园120亩，绿茶30亩。合作社现有成员158人，其中精准扶贫户108人，连接茶叶基地1500亩。

（三）吉首市丰裕隆茶叶种植合作社

吉首市丰裕隆茶业合作社于2011年成立，位于吉首市河溪镇河溪社区、319国道旁，为峒河、沱江、八仙湖水库三水环抱。面积1208亩，周边森林葱郁。自2012年起，开荒筑园，所选土地从未开发过。开垦过程中适当保留了部分原始植被，并在茶园中种植杉树、杜仲、桂花、楠木，满足《茶经》要求的"阳崖阴林"。红砂壤，有机种植，不用农药化肥，只为一杯放心的茶，一杯好喝的茶。合作社业务范围包括茶叶育苗、定植、培管、加工和销售，有成员120人，主要种植"黄金茶1号"。2012年，冬季高标准定植1200亩黄金茶，前期总投资300余万元。是年，被认定为"湖南省巾帼现代农业科技示范基地"。2015年，合作社完成1000亩黄金茶种植基地改建项目、新办公楼装修、茶叶加工厂建设。2016年3月，茶叶销售实体店建成。2018年，土地流转费、培管费、肥料、种子种苗、农膜、务工费、建档立卡户分红、银行利息、茶叶加工费、宣传费、包装费、市场营销费等共计数千万元。

（四）吉首市楠木君茶业农民合作社

合作社2013年成立，位于楠木村。2015年，建设茶园面积600亩期。合作社在基地建设、茶园培管、加工制作、新品开发、品牌策划、渠道建设等方面有较为丰富的实践经验，和湖南农业大学、湖南省茶叶研究所等茶叶技术权威机构建立合作关系。合作社共计有120户300人，建档立卡户占80%。2020年，人均收入超过4000元。

（五）吉首市万农种植专业合作社

合作社成立于2016年4月14日，基地位于双塘街道周家寨社区大坝片及高坡片，基地面积300余亩，主要种植黄金茶、蔬菜、西瓜、香瓜，茶叶面积260亩，蔬菜、西瓜香瓜40余亩。茶园周边植被覆盖率高，水土保持良好，无环境污染或其他公害，坚持响应政府的号召，振兴乡村发展，真正做到既要金山银山又要绿水青山，达到农民增收的目的。

（六）吉首市隘口茶叶专业合作社

合作社成立于2009年5月，坐落在隘口村夯落组，主要从事茶叶的品种繁育、茶叶种植、茶叶加工、销售和培训等业务。2009年，在外地乡政府上班15年地向天顺辞职回家，在茶马古道的遗址旁成立了吉首市隘口茶叶专业合作社，以祖传的制茶工艺和10万元贷款开始了创业，在古茶树周围种植了300亩茶园，建起了简陋的厂房炒茶。在吉首市茶叶办的指导下，合作社的技术工艺很快成熟，产品供不应求。隘口村是湘西黄金茶的原产地，村民本来就有种茶制茶的传统。在合作社的带动下，2012年村民种植的茶园面积达到了3000亩，2014年达到7000多亩，隘口村的茶叶产业逐渐成形（图4-16~图4-18）。现全村11个村民小组3000人，全部种植黄金茶，全村茶叶种植面积由2009年的100多亩，发展到现在的面积16000余亩，人均种茶5亩，年产值6000万元。2017年全村整体脱贫，2019年全村人均收入19000元。2013—2015年合作社分别获得州级、省级和国家级“为民办实事示范社”称号。

图4-16 茶香醉人（湘西州农业农村局提供）

图4-17 隘口夯落民俗（湘西神秘谷茶叶有限责任公司提供）

图4-18 采春茶（湘西州农业农村局提供）

通过支部引领，专业合作社的龙头带动，群众参与，形成了“村支部+合作社+农户”的“三加、四化、四统一”模式，创新了带动建档立卡户进行精准帮扶脱贫种模式。

产业帮扶模式：隘口村建档立卡户人均种茶2亩，并加入合作社，由合作社直接帮扶。

金融帮扶模式：合作社采取自愿“分贷统还”的原则，对26户脱有贫困难的建档立卡户，户均贷款5万元入股到合作社，合作社连续3年每年给建档立卡贫困户不低于4000元的股份分红，共计为建档立卡户分红31.2万元。

“红色股份”帮扶村集体经济发展模式：合作社与村支部采取“红色股份”入股的模式，实现村集体经济零的突破。2012—2019年，隘口村集体经济分得红利40多万元，解决了贫困村组织无钱为民办实事的难题。

发展乡村旅游，增加村集体经济收入进行分红模式：村集体成立吉首市隘口茶文化开发有限公司，进行招商引资和经营乡村旅游。做大做强黄金茶产业，实现茶旅融合，农民增收。

实行重点项目分红：2017年，合作社开发黄金茶1000亩。2019年，合作社对全市收入比较低的1000户建档立卡户3500人共计分红140万元。

（七）永顺县四明仙山莓茶种植专业合作社

永顺县四明仙山莓茶种植专业合作社，成立于2018年1月，位于永顺县润雅乡凤鸣村，是精准扶贫政策支持的村社合一的农民专业合作社。全村1396人，贫困户155户546人，现有莓茶种植面积2400亩。凤鸣村地理环境特殊，海拔400~800m，东靠茅岩河畔、南靠近石堤镇、西依靠四明山、北与张家界罗塔坪交界，种植莓茶历史悠久。2016年，精准扶贫工作队进村后，经扶贫队员认真考察研究，莓茶有很好的发展前途，确定为“一村一品”脱贫主要产业。

合作社占地1600m^2，分为办公区、标准湿控仓库、三条滚筒式杀青机生产线车间。2019年，取得“食品生产许可证”，并成功注册了“四方莓”商标，带动贫困户51户134人，非贫困户55户156人，合作社为农户分红发放金额229万元。2020年，取得“绿色食品证”。

第五章

茶泉篇

湘西州水域资源十分丰富，境内有酉水、沅水、澧水、武水等多条水系，河网星罗棋布，纵横交错，年平均径流量达132亿m^3。境内岩溶地下水资源丰富，总量约为27.37亿m^3，占年总水资源量的20.6%，且地下水与地表水相互转化，对水质有很好的净化作用。丰富的水资源，涌现出不少名泉井。据统计，仅在花垣县境泉井分布于20个乡镇，共267口，昼夜汇总流量531312m^3，最多的麻栗场镇，有25口，最少是道二乡仅2口。1981年，花垣县农业区划水文地质调查组对境内214口泉井进行调查，汇总流量6202.18L/s，最大流量800L/s，最小流量0.021L/s。水埋藏深5~80m，最深的可达100m以上；流量大于5L/s的97口，下降泉82口，上升泉15口。

第一节　古　井

一、浦市四方井

该井位于浦市古镇印家桥社区。明永乐年间（1403—1424年），在修四方井边石拱桥时，同时修了四方井。四方井修葺呈四方形状，井深约7m，井身用青石砌成，井面用铁砂石砌成，井底由4块大型青石组成，是古镇著名古井。四方井水甘甜清凉，伏天尤其沁人心脾。旧时，古镇有不少卖凉水的人，特别是夏天和赶场时，边挑边吆喝“四方井的新鲜凉水啊，一分钱吃个饱，两分钱洗个澡啊！”民间流传，修井时石匠将竹筒底钻一小孔到代朝山下取水，水沿路滴到四方井，故有四方井的泉水源于代朝山之说。

二、浦市清吉井

该井位于浦市古镇毛家坡寨子旁不远处，井水清凉且不浊。井旁曾有1921年贺龙亲手栽植的两棵柳树，1994—1996年，因连续3年洪灾所毁。浦市人民为纪念贺龙，在井水旁边新植了两棵柳树。

三、茨岩塘龙家水井

在茨岩塘的街头上，距龙家大屋100m左右，贺龙饮用过此水，因此20世纪80年代初正式改名为“龙泉”。龙泉水质细腻，饮用甘甜清凉，沁人心脾。经过多次改造整修，水井呈一箱状立方体，长3m，高2m，宽1m。井上置雨棚，雨棚120m^2，井前有四个水池，呈长方形。龙泉引泉入池，池满作井，井溢为溪，溪水终年潺潺，酷暑泠泠刺骨，严寒冉冉冒气。石壁上龙飞凤舞丹书“龙泉”二字，字的下方，三眼泉水汩汩流淌，洪水暴涨，绝不浑浊，经年累月，从未枯竭。每天人来人往，洗衣、淘菜、担水、歇脚。这条不舍昼夜的涓涓清流，是养育茨岩塘人的母亲河。沿溪而下，有瀑布自天际倾落，滚珠溅玉，奔雾腾云。旱季如罗裳轻舞，婀娜曼妙；雨季似迅雷急发，豪迈雄浑。其声震响九霄云外，故名曰：响水洞。廊桥横溪，对山月以把酒；疏松引路，闻晨钟而听禅。茨岩塘之雅韵，于斯为盛。

四、花垣名井

花垣境内妇孺皆知的名水井有花垣镇城南的涧水坡井，距县城0.3km，泉水清澈明净，甘美可口，长年不衰。清朝著名学者黄本骥曾作《南涧烹茶》一诗，南涧在今花垣城西。

南涧烹茶

涓涓涧水碧无瑕，抱瓮入归石磴斜。文火细烧霜后叶，活泉新试雨前茶。
闲携野客烹云液，戏遣山僮汲玉华。品味应居三峡上，著经桑苎漫相夸。

另有排吾乡的梅花井，多孔流出，沸腾向上，形成梅花；民乐镇潮水溪井，一夜四潮，流量365L/s，潮起时迸发出闷雷和汽笛般的轰鸣声，大于原流量三四倍，持续1~2h。

第二节　山　泉

一、河溪古镇狮子山矿泉水

在吉首河溪古镇的狮子山流出一眼泉水，被称为“湘西第一泉”（图5-1）。泉水甚是清纯，滋润着河溪三溪谷数千亩茶田。河溪楠木村的贡茶楠木茶，就是用这股水滋润而成，无可代替。根据科考部门考察，河溪镇狮子山矿泉水出露于白垩系上统上部和下统上下部，所处自然环境优美，感官指标良好，水中含有锶、锂、锌、镁、硒、铜、钴、钼及钾、钠、钙、镁、铅、硅等有益于人体健康的微量元素。钙镁比值适当，放射性和毒理指标均在饮用水限值内，为含偏硅酸、锶的重碳酸钙型优质矿泉水，可作瓶装矿泉水和配制饮料基液进行开发。

二、浦市楠木洞山泉

该山泉位于浦市北部，距镇区40min车程。古代传说宋朝皇帝得知浦市出现虬龙，遣朝廷大臣实地调查，得知浦市最高峰半山处有一大溶洞，洞中常年有温泉流出，两条

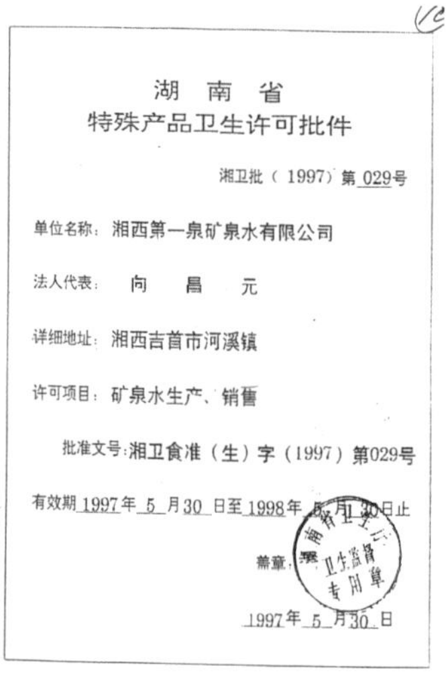

湖南省
特殊产品卫生许可批件

湘卫批（1997）第029号

单位名称：湘西第一泉矿泉水有限公司

法人代表：向 昌 元

详细地址：湘西吉首市河溪镇

许可项目：矿泉水生产、销售

批准文号：湘卫食准（生）字（1997）第029号

有效期1997年5月30日至1998年5月30日止

签章：

1997年5月30日

图 5-1 河溪古镇狮子山矿泉水取水点（代尚锐摄）

蟒蛇在洞内生长成龙形巨蟒，溶洞被高大金丝楠木所掩，故名楠木洞。楠木洞在30多米高陡峭石壁下，洞内终年云雾缭绕，洞内两侧各卧一条巨型石龙，故古代又名蟠龙洞。蟠龙洞有泉眼，喷出的泉水甘甜无比，滋润着一方茶园。人们顶礼膜拜，终日香烟缭绕，取水拜神的人川流不息。浦市古镇耕读之家取水泡茶，才思泉涌；行旅之人取水解渴，乘凉解暑。

三、河溪古镇婀娜蝴蝶泉

该泉位于河溪古镇峒河上游婀娜村，靠近319国道（图5-2）。该山泉占地约200m^2，呈狭长状，形状如蝶。加之岸边常有野花开放，花香引蝶来，蝴蝶翩翩起舞，把这里装扮得很漂亮。蝴蝶泉流速平缓，流量不大，水质优良，冬暖夏凉。

图 5-2 河溪古镇蝴蝶泉（代尚锐摄）

四、矮寨德夯雷公洞

该洞位于矮寨镇德夯村东北方向的夯峡溪内，距村寨2.5km左右。该洞悬挂在约200m^{2}的绝壁上，距夯峡溪水面100m左右。壁面寸草不生。有大约7个孔洞，天然排成上下两层。两层间距10~15m。丰水季节，洞中7个孔洞都喷水，响声各异，响声如雷，震荡山谷。雷公洞山泉水水质清澈、甘甜，来此取水的游客络绎不绝。

五、十八洞峡谷清泉

十八洞村大峡谷贯穿于高明山、莲台山群山峻岭之间，青山溪水弯弯曲曲环绕村中，将竹子寨、梨子寨、飞虫寨、当戎寨4个苗寨串接，形成美妙的山水画卷（图5–3）。十八洞大峡谷北以高明山为入口、南至黄马岩、西至竹子寨、东至举人山（莲台山的一支，因朝举人石板塘路过此地，故得名举人山），峡谷两侧绝壁高约120m，峡谷宽约20~100m，长约7km，其中竹子寨到梨子寨约1.5km，梨子寨到十八洞洞口约2.5km。十八洞峡谷是典型的喀斯特地貌峡谷，沿线峰丛、独峰、石柱、绝壁、褶皱、节理、天生桥、溶洞、暗河等地质景观十分丰富，峡谷景色优美，被称为“小张家界”。

图5–3“云雾苗寨”十八洞（十八洞村民委员会提供）

十八洞峡谷两边山上林木葱郁，蓄水能力强，峡谷山间终年山泉潺潺。十八洞峡谷内部分地段地势尤其是夯街峡谷较为平缓，跌水潺潺、瀑布坠落。在长约6km的十八洞大峡谷中，有大小清泉20多处，主要分布在天洞、鬼洞、地洞等大小溶洞处，常年清溪流淌，泉水悠悠，浅水深潭，大鲵、石斑鱼、小虾、螃蟹、甲鱼等天然水产不计其数。十八洞矿泉水厂水源保护地为十八洞大峡谷的鬼洞。该洞在“天生桥”洞内，岩石受强烈挤压而扭曲变形，诡异怪诞，故名鬼洞。鬼洞位于莲台山山脉之上，在梨子寨西南部，距梨子寨文化广场约4km。沿梨子寨十八洞大峡谷夯街入口处进入，沿路下坡过十八洞矿泉水处，有一深涧。跨涧有座天生桥，桥拱高约20m，拱跨约30m，成景岩石为距今约5亿年前的寒武系清墟洞组类型的灰岩组成。为先期形成的溶洞在地壳抬升作用下，洞顶坍塌而成。洞内绿树映涧，芳草铺桥，两面悬崖峭壁，瀑布挂在洞壁上，形同白练，甚是壮美。十八洞大峡谷旁种植有数百亩黄金茶，品质极佳。

六、大龙洞

大龙洞位于花垣县补抽乡境内，距吉首市41km，沿矮大公路上行22km即到达景区。大龙洞风景区是吉首市母亲河峒河的源头，是双龙风景区的核心景区。

大龙洞风景区内溪河纵横，溶洞暗河相连；奇峰突兀，怪石林立，古树参天，野藤蔓延，其间不乏奇花异果、珍禽异兽。相传远古时候，北海龙王应黄帝之约追赶蚩尤的九黎部落至双龙景区境内，被秀丽的山水所迷不思归北海而定居于此，龙婆居大龙洞，龙公居郎龙山，龙媳居小龙洞，七位公主化作七大瀑布成七星状依附大龙洞四周，龙太子与凡间绝色美女黛帕流光一见钟情，生下苗族的先祖三位王爷。此举震怒天庭，龙太子被赶出大龙宫而深囚于龙潭。黛帕流光化作山峰深情地凝望着龙潭，守候数千年，山涧虫鸟啼，泉水叮咚声好似向后人传颂美丽的神话。

大龙洞风景区主要景点有：① 天下第一洞瀑——大龙洞瀑布，绝壁高达500余米。自山腰洞口喷发而出，呈扇形状，水响声势浩大，播声闻达当选里之遥。瀑布落差距208m，最大宽度88m，最大流量398m³/s，堪称天下第一。② 寒武纪地质公园，园内龙宫洗石属上寒武系的车夫组地质层，距今5.4亿~4.9亿年，是地球生命演化史上最重要的地质时期。该洗石，鬼斧神工，重重叠叠，气势宏伟，世界罕见。③ 翠竹长廊，沿山拾级而上，穿越茂密的原始森林可达龙宫，沿途翠竹自然形成拱门奇观。④ 龙母宫，位于洞瀑源头，殿外水帘垂悬，殿内数千平方米，拾级而下，可观洞瀑源头，沿宫内栈道而进暗河尽头，全长约3km，可观千姿百态的钟乳石和形状各异的千丘田。

七、奇梁洞

奇梁洞位于凤凰古城以北的奇梁桥乡，吉凤公路左侧。该景点集山、河、峡谷、险滩、绝壁、飞瀑、丛林、田园、村落于一洞，以“奇、秀、幽、峻”四大特色著称，有“奇梁归来不看洞”之说。洞口宛如巨龙张口，高50余米，宽20余米，一条清溪穿溶洞而过，洞长6000余米，共分五大景区，即古战场、画廊、天堂、龙宫和阴阳河。洞中有山，山中有洞，洞洞相连。它集奇岩巧石，流泉飞瀑于一洞，由千姿百态的石笋、石柱、石钟乳构成了一幅幅无比瑰丽的画卷。奇梁洞景象万千，有“天下奇景一洞收”之美称。

八、不二门野溪温泉

不二门野溪温泉位于永顺县不二门国家森林公园南部（图5-4）。该温泉修建于2016年，占地面积为16537.7m²，建筑面积1040.08m²。不二门野溪温泉水温常年保持在39.9~41℃，pH值7.2~7.4，矿化度350~400mg/L，泉水富有硒、锶、等多种微量元素，氟的含量达到适合人体健康最佳标准，钙镁比值达到3.93，各项指标适宜，居全省首位。此处常年水澈透明，四周环境清幽，绿水青山，景气宜人。

图 5-4 山清水秀不二门（永顺县人民政府提供）

茶器篇

第六章

"佳茗配妙器"，早在唐朝，人们就认识到茶器不仅与茶汤色泽、香气与滋味的呈现关系密切，而且一件富含深厚文化内涵的茶器，还是可以滋养主人情趣的物件，甚至有时它的呈现只是为了标示主人的品德与意趣。湘西不但名茶辈出，有古丈毛尖、湘西黄金茶、永顺霉茶等，茶器茶具也丰富多彩。历史上，湘西的茶器主要包括金属茶器、竹木茶器、陶瓷茶器。

第一节　金属茶器

湘西州锰、钒、铅、锌、汞等金属矿产资源丰富，地下有色金属矿藏开发历史久远。湘西苗族、土家族等人民，对银器情有独钟。湘西少数民族以银器装饰身体的习俗由来已久，我们能从花样百出的造型纹样中，体察到浓郁的地域特色和深远的文化寓意。湘西的女孩子从儿时起就与银饰和刺绣为伍。

结婚嫁娶，男女双方都要互相赠送银饰和刺绣织品，刺绣水平高低，也是男方衡量对方的标准之一。凡是在湘西的重大活动，比如"三月三""六月六"以及现在的民族大会等，湘西妇女都要佩戴这种纷繁多姿的银饰。

银饰和刺绣的图案，除了龙、凤以外，多以日常生活中的题材为主，朴实可爱，美丽无比。山民们的银饰大多数出自手工制作，一辈一辈积累而来，形成了一种很有特点的地域银器文化，在当地妇女的日常生活中占据着举足轻重的地位。湘西银制茶器很早就有出现，银茶杯、银茶罐、银茶碗使用的较多（图6-1）。

图 6-1　湘西银茶具（胡克强摄）

湘西铜制茶器有着悠久历史，这点从湘西出土的水器文物中得到了考证。1983年3月1日，在湘西吉首河溪岩排后头溪，农民章翠玉在挖苞谷地时，发现窖藏一个，出土东汉顺帝时期铜器八件。其中有铜壶一件，该壶口唇外侈，唇沿内缩，长颈，鼓腹，肩腹之间饰对称铺首，高圈足，腹部饰凹弦纹七道，通高36cm、口径11.5cm；有铜器盖四件，泥质深灰陶，火候不高，其中一盖上刻画有树纹，有小圆孔三处，盖上饰小鸟为纽，造型别致，为博山炉盖。2019年8月，保靖县迁陵镇花井村汉墓出土数量众多的水器，如M65（汉墓编号）出土有铜圆壶、铜谯壶1件。

第二节　竹木茶器

隋唐以前，中国茶饮虽渐次推广开来，但属粗放饮茶。当时的竹编茶具，民间多用竹、木、藤、苇、葫芦等天然材料制作而成。陆羽在《茶经·四之器》列出的28种茶具中，多数就是竹木制作。这种茶具制作简易，原料易得，且对茶不会造成污染，无害于人体健康。自古至今，竹木器一直受到茶人的欢迎。现主要用竹木制作茶盘、茶池、茶道具、茶叶罐等，也有部分农家用木茶碗饮茶（图6-2）。

图6-2 湘西苗家背篓（湘西州农业农村局提供）

湘西有许多竹木之乡，如古丈、保靖、永顺等，这些地方也是著名的茶产区。这些地方泡茶时较多使用竹或者木碗，在湘西一些农村还有用葫芦做盛茶用具的。炎热天到离家较远的地方务农，用葫芦装茶特别方便，这些用具物美价廉，经济实惠，但现代已很少采用。至于木罐、竹罐装茶，则仍然随处可见。

竹编器具在制茶过程中充当着重要的角色，采摘、晒青、摇青等制茶环节中是必备之物。以茶叶采摘为例，春天伊始，茶人便入山采茶。采茶工具不尽相同，一般来说都是在胸前挂一个竹编篓子，扁圆有腰，下大上小，倘若是经年累月用来盛茶的篓，会因为与衣物、茶树的摩擦而产生一种油润。这种篓对于采茶能手来说似乎容量不够，于是一些高手就用上了背篓，同样是竹制的器具容量巨大，但因为背在背后不易操作，除非是功夫深厚，一般人不会选择。竹编技艺历史久远，是传统手工艺的典型代表。它主要分布在永顺县芙蓉、小溪、朗溪、永茂、石堤、砂坝、万坪等乡镇。清乾隆年间的《永顺县志》曾有描述："二三月间，妇女结队，负背笼"，同治年间的《永顺县志》也有记载："出则背负篓，援山拾薪"。这里记载的背笼、篓都是竹编的一种。古时候染色都采用植物的果汁，先把果子捣碎，取果汁，浸染，然后阴干，即可进行编织，可以编织多种图案，变成一件精致的茶具工艺品。

到了清朝，永顺、古丈市面上出现了一种竹编茶具。此类茶具是由瓷胎搭配外部竹编包裹而成，内胎多为陶瓷材质，包裹部分选用精挑细选的慈竹，经过破竹、去节、划丝等十几道工序，加工后的竹丝细如青丝，经上色处理后，按茶具的形态大小编织而成，形成严密包裹胎体的外衣。且在泡茶过程中加上竹编外衣的保护，可减少茶具对皮肤造成的灼热感。

在湘西的发展史中，民俗民情的变化，也可在竹编的形成中找到蓝本，竹编也是随着人类文明的进步而发展的。这些技艺是人民长期智慧的结晶，其工艺难以用现代机器代替，独特工艺自成一家。2008年，湘西竹编被选入湖南省非遗文化目录，永顺县为保护主体。

第三节　陶器茶具

陶器，在湘西民间又称土陶、瓦器或窑货，是与日常生活息息相关的传统手工艺品。湘西陶器的制作和使用，根据考古发现证实，已经有上万年的历史。在湘西发掘出土的大量陶片以及日用陶器，诸如鼎、壶、罐、盆、钵、碗、杯、盘、瓦等，可以证明，生活在湘西大地上的土著先民们已经有成熟的制陶经验，而且一直无间断地生产和使用着。大大小小分布在龙山、永顺、保靖、泸溪等地烧制陶器的民窑，苗族、土家摆放的粗犷质朴的陶器茶具……都是一道道散发着浓浓人间烟火味的风景，见证着湘西茶史古远而厚重的文化（图6-3）。

图 6-3 湘西土家陶器茶具（向积伟摄）

一、龙山紫砂陶

龙山县紫砂陶土资源居全国之首，故陶器产品历史十分悠久。龙山土陶，蕴含着很厚有民族文化，从里耶溪口台地新时期遗址，里耶战国、东汉古城遗址古墓葬中，发现的大量古陶器和陶件可以证实，其中白泥坝窑厂沟和虎巢溪陶瓷质地、花纹、柚色均属上乘。龙山出土的很多灰陶、黄陶、黑陶、白陶、彩陶等古陶器表明，早在新石器时期，土著先民就掌握了制陶技术（图6-4）。陶矿资源在龙山非常丰富，大都分布在太平山、新城、石羔山、华塘、三元、洗洛、白羊等地，面积高达50多万亩，占全县总面积的1.12%。

图 6-4 土陶制作（保靖县茶叶协会提供）

1958年，龙山县成立国营陶瓷厂后，不断更新改造，使生产效益成倍增加。1980年，成功研制成功紫砂陶，成为全国第三个进入紫砂陶生产的厂家，产品打入了国际市场。经专家鉴定，龙山紫砂陶与在国际上声誉很高的宜兴紫砂陶含量一致，有极为珍贵的价值（图6-5）。1992年，陶瓷厂李云彬先生在保持陶瓷的原生性的基础上，采用绘画、雕刻等手法，集民族文化为一体的特色，研制创作了紫砂陶器《土家风情尊》《八头茶具》《紫砂茶水桶》3件作品，荣获湖南省轻工优秀“四新”产品一等奖。1998年，龙山县陶瓷厂解体后，龙山土陶生产逐步从城市转向农村。2020年，在龙山县太平山，新城的白坪坝等地建立了规模不等的个体手工作坊，从事传统的陶瓷生产。该县生产的紫砂陶系列产品式样美观、质地优良，不亚于江苏宜兴紫砂陶器，其产品远销美国、德国、马来西亚、新加坡、泰国、加拿大等14个国家，现产品发展到4大类10个系列213种规格，包括酒类包装、茶具、花瓶、花钵花盆、日用陶瓷、陶瓷工艺品及耐火材料。

图6-5 龙山紫砂陶茶具（向积伟摄）

二、永顺土陶

永顺土陶茶具主要有茶碗、茶罐、茶缸等。永顺县万坪镇李家村彭继松2012年被湘西州列为第四批非物质文化遗产传承人。年过七旬的他，自小从父辈手中继承了制陶传统手艺，其制作土陶技艺精湛，令人叹服。

永顺县土陶是湘西苗族、土家族特有的生活用品，它的生产工序原始，产品品种多，式样全。从生产工序和流程上看，它首先要选料，还有制坯、晒坯、装窑、烧窑等重要环节。产品品种主要有碗、坛子、缸、盐、罐、油灯。①选料：选料是第一道工序，是采用当地一种软性石头。将其碾成粉末，过筛后即成。②熟料制坯：将过筛后的，熟料和水揉匀，成可塑状即可。制坯时，将泥坯放在转盘上，工匠旋转转盘，用手掐出，具体形状。③晒坯：制好的泥坯，安放在一片长条形木板上然后在早晚进行，晾、晒，切记不能暴晒。④装窑：泥坯晒干后，就可装窑。⑤烧窑：装窑后即可烧窑，一般一窑土陶烧一天一晚（24小时）即可成品。

三、保靖土陶

保靖县地处湖南省湘西土家族苗族自治州中部，云贵高原东端，武陵山脉中段，素有“陶城镁都”之称。据湖南省地质矿产部门和山东硅酸盐研究设计院实地勘察探明，仅保靖野竹坪乡境内紫砂陶土储量亿吨以上，保靖县境内高岭土、镁质黏土及石英砂等陶瓷原料储量也在1000万t以上。保靖境内丰富的紫砂泥、镁质瓷泥（黑陶土）、高岭黏土、叶蜡石、硅石、硅灰石、长石风等陶瓷资源，为发展陶瓷技艺提供了得天独厚的条件。

2019年，考古工作队在保靖县迁陵镇花井村开展考古发掘，发现墙体遗迹一处，清理两汉墓葬16座。据了解，在此区域发掘汉墓葬30座，两次发掘出土大量珍贵文物。墓葬年代跨度从西汉、新莽至东汉。其中的西汉中晚期墓以M68、M75、M76（墓编号）为代表，制作讲究，体量较大较深，多有棺椁。器物丰富，有滑石璧、鼎、盒、方壶、圆壶、盆、盘、罐、钵、甑、炉、灶、硬陶罐等，日用陶器和模型明器数量增多，少见兵器，并出土了众多与茶具有关的水器引发关注，说明当地陶器茶具历史悠久。

陶瓷工业是保靖县经济的支柱产业之一，主要分布在保靖县境内的迁陵镇、碗米破镇、复兴镇、比耳镇、野竹坪镇压、大妥镇、清水坪镇、毛沟镇、葫芦镇和龙山县、古丈县等同属于云贵高原东端，武陵山脉中段此地形地貌的周边县市。土陶是人类生活和生产中不可缺少的用具和材料之一，人们的日常生活与陶瓷器具有着密不可分的联系。在这里，打开当地人的碗柜，常常会发现一种双连罐或者三连罐，中间一个半圆形耳子把两只或三只小罐连起来。从这种既使用方便又美观大方的连耳罐的技艺中，可以看出湘西人的陶器工艺是独具匠心的。土陶的制作过程采用最原始最古老的传统手工制作方式。从选料、球磨、存腐、注浆、上釉、擦色、抛光，到最后的烧成、成品入库等，每个环节都是人工操作。因此土陶工艺的传承与发展体现出重要的历史价值、经济价值、实用价值、保健价值。

保靖陶瓷工艺已有百年历史，陶瓷产品闻名遐迩。现有13家民营陶瓷生产企业规模生产。陶瓷产品除涵盖陶器各类茶具外，种类发展到酒业陶瓷包装瓶、高档镁质强化瓷餐具茶具、工艺美术陶瓷等品种。产品远销全国各地，享有盛名。

第七章

茶馆篇

茶馆文化是指以茶馆为中心并向外延伸，围绕茶馆所进行的茶事活动和与之相关的文化娱乐活动，还包括在这些文化活动基础上形成的一系列民俗文化的内容。它的内涵已超越了茶馆喝茶这些物质载体，不再是一个简单的集体饮茶场所，而是演变成一种新兴的精神和文化领域。湘西茶历史悠久，茶馆文化源远流长。

第一节　现代茶馆

湘西州1市7县均分布有数十家茶馆，所有茶馆几乎全都选择在商业繁华、人口集中地带或者风景区进行经营。每家茶馆装修风格不一，大致分为雅致型、现代型、豪华加复古型。每家茶馆规模大小也不统一，有一层楼一个厅堂形式的，有两层、三层楼经营面积的，也有独立一栋楼的，还有设置于二层以上的。大多数茶馆喜欢在临街一面设计为透明窗户，使茶馆的经营面积感观上更大，视野更广阔。茶馆内环境清雅，干净、通风性能好，座位舒适。每家茶馆根据自己的设计理念，搭配适合自己装修风格的桌椅摆设。桌椅有皮质、布艺、缎面、木质。茶楼食品精美、可口，茶香飘逸，各种零食价格较为适中，消费者一般都能接受。

湘西州所有现代茶馆经营内容包罗万象，从餐饮到娱乐休闲一应俱全。餐饮方面，除提供各种功能不一的茶水、饮料和各种各样时下流行的小吃、点心、水果外，还增加极具当地特色的早餐食品——米粉，以及符合本地居民口味的砂锅饭。所提供的炒饭、粉面、糖水、小炒等品种繁多。因为茶馆竞争非常激烈，有名气、有想法的茶馆经营者在提高茶馆硬件设施与软件服务的同时不忘提升茶馆自身的文化内涵，并且在茶馆的服务质量及茶馆的消费档次上狠下功夫。有的茶馆甚至不惜重金从外地聘请经验丰富的经营管理人员和技艺高超的茶艺师，来提升茶馆的运营水平和文化品味。每家茶馆都很注重在结合本地特色餐饮小吃的基础上制造西式点心，以迎合不同消费群体的需求爱好，并追求多元娱乐功能的消费形式，以打造精品和注重多元化经营来赢得市场。现今的茶馆已不再是单一的饮茶品茗场所。

湘西现代茶馆有较为宽敞的经营场所和相当长的营业时间，营业时间一般从早上7:30到晚上12:00。一般人可以随心所欲地进入茶馆，甚至花上不多的钱就可以在茶馆坐上一天。因此，一些悠闲人士将茶馆看成是打发时间、忘却忧愁的好去处。而对那些公务繁忙、奔波的人而言，茶馆提供了一种全新的休闲生活体验，成为缓解生活压力的好地方。同时茶馆便利而舒适的环境，适应具有不同文化背景和社会地位的消费者多方面的消费需求。

吉首的茶馆主要集中在乾州古城内（图7–1），有胡家塘、半亩方塘、风雅阁等老茶馆。走在乾州古城的街巷，享受一份清幽，周遭的茶馆、院落隐藏于青砖瓦屋之下，马头墙上飞檐翘角，池塘内荷叶随风拂动，鸟鸣声声，十步一景，这份闲情逸致着实难得。数家茶叶店的老板，精选新茗，煮茶待客，缕缕茶香在乾州街的上空飘荡，吸引过往游客驻足品尝。古城内的胡家塘，唐宋时期就已存在，由大塘和小塘组成，又被称为半亩方塘。旁边的木楼叫纪兰楼，建于清光绪年间，是古城少有至今犹存的百年名楼。这里是古城的风韵所在，池塘荷叶随风拂动，而古老的纪兰楼，更像一位长者诉说着历史的沧桑。在这里，一家名为“半亩方塘”的茶馆若一个小小的田园小居，怡然自乐地看着诗意盎然的荷塘，恰是一个回归田园的休憩好去处。乡村的屋顶，吊着竹灯笼，门口青砖贴墙做有方形仿古灯箱。因为是旧房改造，一进门原来的厨房，就改造成田园风格的茶室：泥巴做墙，配以小格窗子，挂着草苇窗帘。牡丹花布做靠垫，窗户贴着剪纸，牡丹花布的抱枕，让你感觉回到从前，想起陶渊明“悠然见南山”的回归田园生活。房中间是一堵残垣断壁的墙，墙中开着一扇乡村味道窗台，挂着一盏马灯，旁边是一棵树，鸟巢在树上，马灯光射在草帘做的窗帘上，让人回忆从前，而倍感温暖。靠着残垣断壁的墙是乡村磨子做的一个花台，上面放一钵兰草，乡村打粑粑用的石臼装了一缸清水，养几条金鱼和睡莲，竹器的流水声落下，这光景仿佛走进古诗意境的小桥流水人家。

图 7-1 吉首乾州古城（代尚锐摄）

在龙山县，有阿里山园、轻松、大蓉和、环亚、祥云、星光灿烂、湘西明珠、蔫和、三叶、天一、都市情缘及月亮湾茶馆等，茶馆大部分主要分布在建设路、长沙路、民族路、朝阳路四条主街上；其中轻松茶社坐落在龙山县城主干道之一的长沙路上，是一家经营有数十年年之久的老字号，在当地茶馆里有一定的社会影响力；该茶馆临街，占据于一栋5层高大楼的1~2层，每层经营面积约500m²。一层是卡座，二层包厢；茶馆整个用深褐色的木质材料装修，具有古色古香的特色。一层大厅中雕塑着一座小假山，人工泉水从假山上涓涓流过，营造出山、水、人合一的自然境界，使来茶馆消费的客人有一种回归自然的心态。祥云茶馆开业于2008年，位于龙山朝阳路中后段与以前的209国道交叉之处。它的消费群主要以附近居民区的居民为主。在它的周围是龙山最大的私人住宅区之一；茶馆是位于一栋四层楼高的居民住宅楼内，它占大楼的一二层；每层经营面积约400m²。经营内容有茶艺、经典咖啡、餐饮、商务休闲；茶馆学习大都市咖啡馆、商务会务的经营管理模式，来提升茶馆的个性化、人性化的服务；茶馆的入口常年都有鲜花、植物点缀两边，每天不断更新茶馆美食的品种，把最新推出的早点、凉菜、例汤打印出来，做成活动广告，摆在显著的位置。

古丈县茶馆主要集中在县城石板街上，有排楼两栋、茶博馆一栋，售茶兼茶艺表演店73个，竹溪坡“绿香亭”茶叶观光楼，五里坡“孝母亭”茶叶观光。景区茶馆有牛角山茶叶主题公园，有排楼一栋，茶楼四个，售茶兼茶艺表演店两个；英妹子公司有茶文化馆一个，茶艺表演露天舞台一个，售茶兼茶艺表演店一个；墨戎景区有茶博馆一个，茶艺表演舞台一个，售茶兼茶艺表演店四个；另有古阳镇大观山茶壶茶叶观光园，坐龙峡杜家坡茶叶观光园楼亭、青竹山茶叶观光楼亭、梳头溪茶园，高望界顶堂瞭望塔。在凤凰古城小巷中有一家古玩茶馆，名为枫雅堂，雕花的木门窗，室内宽敞，灯光幽暗，有古拙的原木椅，涂了桐油的桌上铺着深蓝的蜡染棉布，传统的斗笠和雕花的大木床上三五好友在其中品茗赏古、促膝谈心不失为一件乐事。

第二节　湘西四大名镇茶馆

湘西茶事莫过于里耶、浦市、茶洞、芙蓉镇四大名镇，当地茶客一年四季不分冷热天，茶铺的生意从不分淡季和旺季，顾客临门。故而，四大名镇茶生意从不间断过。冷天，四脚桌子底下摆一盆灰火；酷热天，老板备有团团蒲扇，摇扇享受。在这里，讲究的是茶馆里的气氛，惬意，其乐融融，有侃有笑，甚至有些儿女婚事也是在这里督促办成的百年好合，也有生意在这里谈成，或赚或赔，反正每人都浮出个笑面。也会出现极个别现象，心里充满惆怅，到这里，听戏品茶，借茶浇愁。湘西四大名镇古茶馆是男人喝茶闲谈的好去处，旧时，当地千百年来定下的规矩女人是不准进茶馆的。新中国成立后，妇女的地位得到提高，她们打破了这个规矩，也开始进茶馆了。青花瓷杯是千年不变的茶具，若要换了其他茶具，就坏了茶馆的规矩。现在的年轻人很少进茶馆，大多外出打工，养家糊口，故而茶馆一般老年人居多。一杯青花茶3~5元，在我国的茶水领土域而言，价格可能也是最低的。茶馆里会唱的哼上几句辰河高腔，会讲的摆上几个龙门阵，悠闲自在，好好过好每一天。湘西四大名镇古茶馆繁华时，不下百余家。在此，仅选取部分具有代表性的名镇老茶馆。

一、里耶复春恒商号茶馆

1936年9月—1937年6月，常德等地许多商业老板纷纷到里耶创业，有复春恒、集泰恒、震泰恒、裕康、永康，有的实力超过当地的大商号。复春恒为其中之一。复春恒在里耶主要业务是大量收购桐油，就地加工成黑油，然后运至常德直销英国的太古洋行；从太古洋行购进洋油（煤油）、丝绸运至里耶批发，是里耶经营黑油、洋油的主要商号，也是为数不多的与洋行直接交易的商号。其营业场所和榨油坊、黑油加工坊以及几个大储油池建筑犹存。这些建筑均是复春恒出资请瞿谊夫设计并监修。1936年大火到后续抗战爆发，商号迁回常德，遂将这些建筑包括地盘全部赠予瞿谊夫。但瞿谊夫也没着意打理，致使商号曾被商会建为绿园客栈，还开办过戏院。园内摆手堂、戏楼和傩堂殿，设有面食馆、麻将馆、茶社、斗鸡场、说书屋等，曾为贩夫走卒休息、品茶的去处，也是乡民品茶、赏戏的乐园。

二、里耶李同发庄园茶馆

“李同发”是民间对昔日里耶规模最大、诚信最高的商号“同兴恒”的别称，此商号即庄园，由李茂盛（字春清）、李茂壁（字瑞林）兄弟共同经营。庄园位于镇中心东南角，与埠坪街相通，与瞿家大院相邻，始于新中国成立初期，时为湘、鄂、渝、黔边区以经营桐油、品茶为主的最大庄园之一。庄园建在酉水河旁的落洞滩上，是由四面青砖封火墙合围成的清朝封闭式宽阔三合院，占地面积26400m^2。前院13200m^{2}青石板地面，专为收购桐油及土特产停放之地。南侧开有一侧巨石岩门，运输货物可直通落洞滩码头。前院为两层木楼，中间为4间双层结构木房，可赏戏、品茶。1949年，经营桐油近万销售额折合人民币达4500万元，在湘、鄂、渝、黔边区信誉极高，名声很大。1950年，庄园为支援抗美援朝，捐款4000万元（旧币），用于购买战斗机一架。2002年，因修建碗米坡电站，征修筑里耶防洪大堤时，庄园被拆除。现仅存埠平街李同发“同兴恒花纱疋布”商号，商号字迹保存完整、清晰可见。

三、浦市江西会馆茶馆

江西会馆又名万寿宫、豫章馆，位于浦市沅水防护大堤边。明永乐年间（1403—1424年）江西客民初建。清乾隆二十年（1755年）和1918年有过重修。馆内祭祀江西人信奉的许真人（许逊）木雕神像。

江西会馆在浦市古镇所有会馆中规模最大。江西会馆是一座坐西朝东的三进庭院式会馆建筑，两侧为四叠式徽派马头墙，中轴线上依次建有大门、门庭、过厅、正厅、后殿，平面呈“目”字形。会馆大门前有一对形态逼真的雌雄石狮分立左右，母狮抱子，雄狮滚球。会馆大门墙面阔平，拱顶形门洞，上部墙体阳刻“万寿宫”繁体楷字，两边刻有龙凤纹样，戏楼紧贴大门。庭院中间铺红石板路，两边青石板纵铺，中间红石板横铺。进入大门第一进院子，头顶上是双重檐大戏台，天井两边有二层戏台看楼，靠北通财神殿，南接厢房，后面是正殿，系江西客商祭祀、议事品茶之处。过厅设青石围栏，中间位置开敞。正厅是单檐三开间抬梁结构硬山式建筑。明间位置留内天井，建天井封盖，使过厅构成一个完整的室内空间。前檐里面开敞，隔墙前设神龛、桌案等。后殿供奉道教净明道祖师许逊（现已建成“严如熤纪念馆”）。明末清初，江四弋阳曾氏兄弟厌恶官场尔虞我诈，不愿为宫，寓居浦溪。闲来无事便在江西会馆开设茶社，哼唱家乡歌调借以解愁。后教授浦市人传唱，融入浦市本土语腔，逐渐形特的地方戏曲辰河高腔。大家一边品茶，一边唱戏，别有一番乐趣。

四、浦市天后宫茶馆

天后宫茶馆位于浦市上正街城内衙门口，初建于明永乐年间（1403—1424年），原名天妃宫，称娘娘宫，历经多次重修，曾是浦市城区最宏伟的建筑群，也是湘西地区为数不多的祖庙之一。建筑群坐西朝东，面向江海方向，由山门、牌坊、戏楼、茶社、前殿、大殿等组成，属典型的中国传统庙宇式建筑，兼浦市福建省客商会馆功能，由福建客商捐资维修和管理。每年天后诞辰，以天后宫为中心举行大型民间酬神庙会，举行唱辰河高腔大戏活动。期间，大家品茶、赏戏，热闹非凡。抗日战争期间，设立过国民党军政部湖南陆军军人监狱。20世纪70年代，天后宫因年久失修而拆毁。

五、芙蓉镇土王行宫茶馆

910年，彭士愁建立土司王朝，定都溪州王村，修建“酉阳宫”，管辖湘、鄂、渝、黔20余州。1135年，土司王彭福石迁都老司城，“酉阳宫”成为历代土司王避暑休闲的行宫。中国历史上最长的少数民族王朝，土司王朝818年，共有28代35位土司王继位。土王行宫是明清时期土司王（土家皇帝）入夏避暑的土家吊脚楼群，

图7-2 芙蓉镇八部堂（永顺县扶贫办提供）

地处芙蓉镇两级大瀑布，建在悬崖峭壁之上，直临酉水河。土王行宫分为酉阳宫和八部堂两大主建筑（图7-2），其中酉阳宫就是现在芙蓉镇景区内供游人参观的核心景点；八部堂则由本土著名设计大师符文先生改建成当前世界流行的“悬崖飞瀑”高端民宿客栈。

面朝瀑布，春暖花开，入住芙蓉镇土王行宫的八部堂，可观悬崖楼景、无敌江景、震撼瀑景、梦幻夜景。土王行宫人文景观有唐伯虎、沈从文等人留下的诗词墨宝。自然景观有“檐下飞瀑”“水帘洞”，电视剧《乌龙山剿匪记》、歌曲《小背篓》《家乡有条猛洞河》在此拍摄。在茶馆品茶、观瀑、拍摄，宛如人间仙境。

六、茶洞天王庙茶馆

天王庙建在茶洞城西南方一高地上，有大殿三间，左殿龙王宫，右殿娘娘殿，中间大殿供奉三位天王爷。两边厢房中间的一块大平地铺着石板，正殿对面有座戏台，作酬神演出之用。戏台下面是庙的大门和茶馆，善男信女由此进出。此处地势较高，西南有城墙围绕，大门和小门仅有一小路可通。1956年茶洞发生火灾，西南方一带80多栋公宅私房被烧毁。已改作粮仓的庙屋厢房及数十万斤粮食，幸亏国立茶师的师生奋力扑救而幸免。

七、茶洞万寿宫茶馆

出茶洞北门向左行，过观河桥，不远处是万寿宫。万寿宫临河而建，面向清水江开大门，庙四周高墙围绕；殿内有戏台，为酬神演出之用，戏台前为石板铺成的空坪，设有茶桌、茶凳；正殿供奉许仙真君；正殿后是财神殿，供奉财神菩萨。一般做生意的人，都来此品茶、听戏，求神保佑其生意兴隆、财源茂盛。万寿宫与禹王宫并排而建。

八、茶洞禹王宫茶馆

禹王宫与万寿宫并排临河建造，面向清水江开大门，庙四周高墙围绕；殿内有戏台，为酬神演出之用，戏台前为石板铺成的空坪，空坪上建有简易茶馆；正殿供奉水仙尊王大禹；正殿后供奉护佑儿童的痘神娘娘。群众常来庙里祭祀，希望保佑行船顺利、儿女健康平安。万寿宫、禹王宫抗战时期为国立茶师女生部，后为茶洞镇人民政府所在地。现为“百家书法园”。

第八章 茶人篇

湘西茶出众，与名人有不解之缘。一杯香茗，啜品得多少名人感慨，于是，就勾勒出多少名人与湘西茶叶的轶事。湘西出了不少名人，不少名人也垂青湘西。我国好茶的文人雅士不少，喜爱与湘西茶结缘，且多有成就。湘西茶品质极其优良，与诸多名人也结下缘分。

第一节 名人与茶

湘西是一片深情的土地，生于斯养于斯的茶乡儿女，润泽大山灵气，吸吮香茗琼汁，沐浴传统茶文化，成就了一个又一个名传中外的茶乡名人。高山好水产好茶，神奇土家族、苗族文化孕育的精华湘西好茶，也融进了一批批湘西骄子们的情怀里。

图 8-1 千古茶情（吉首市茶叶办提供）

湘西悠悠茶歌，唱出了千古“茶情”“茶味”和“茶韵”，是华夏儿女“产茶”“品茶”“颂茶”的精神瑰宝（图8-1）。有茶相依，生活滋味长；拥歌相伴，人生欢乐多。

一、杨占鳌与茶

杨占鳌（1832—1909年），古丈坪厅古阳镇人，自幼家贫，22岁加入湘军水师，骁勇善战，屡立战功，获清王朝赐花翎奖赏。同治四年（1865年）冬，被任命为甘肃提督。他协助陕甘总督左宗棠招抚回民义军，会商于乌鲁木齐，平定西北边陲之乱。清朝廷鉴于杨忠贞善战，赏黄马褂，赐官正一品。杨占鳌曾向慈禧献过古丈茶叶，并获赞赏。

杨占鳌在戎马倥偬中，号召士兵每人栽一百株树，从甘州一直栽到乌鲁木齐。曾有诗赞曰：“大将西征尚未还，湖湘子弟满天山，遍栽杨柳三千里，引得春风度玉关。”同治十三年（1874年），杨占鳌辞官还乡，慈禧太后召见。询问古丈风景之事，杨占鳌随口说出古丈民谣：“古丈风景秀丽，上有猛虎跳涧，下有牯牛沉潭，前有蓝伞一把，后有靠背梁山。”慈禧闻说赐白银1万两，命他回乡架桥修路，以便日后观景。

杨占鳌回家后，将西北大漠边关丝绸之路茶马互市和游牧民族对茶叶需求的商业信息带回古丈，训育子女开辟茶园，以茶致富。清光绪《古丈坪厅志》记载：“茶之利大矣哉。清明谷雨前捡摘，清香馥郁，有洞庭君山之胜，夫界亭之品。近在百余里内，茶为沅陵出产之大宗。本城绅士杨圭廷（杨占鳌三子）乃于汪家坪种茶万本，将来亦一大利源也。现茶之贵者，斤三千文。”1906年，杨圭廷由西湖引进龙井良种，在汪家坪种植，取名绿香园。杨占鳌的五儿子杨琢臣在半坡和青云山开辟茶园，生产青云银峰茶，又名白毛尖茶，面积达8亩。

1909年，杨占鳌病故，杨占鳌爱女潜心研茶，终生未嫁，演绎一段凄美的古丈毛尖茶佳话。据史料记载，这位杨家之女俗称“杨三小姐”，貌美手巧，采茶制茶的技艺娴熟而高雅，无人能比。在每年的春茶季节，“千树朦胧半含白，峰峦高低如几席”，她带着镇上16岁的少女们，身着盛装，诵唱《茶诗》，然后用口唇来采集新鲜的芽叶，并存放于心口处，通过体温进行茶叶的“初烘”。制茶的器皿甚是讲究，必须用特制的银簪子拨弄、摊青。

1910—1920年，杨府茶叶品牌在市面上陆续出现的有杨圭延的“绿香园”，杨琢臣的“青云银峰”“白毛尖茶”。至1920年，杨府共有茶园5亩，所产茶叶香名三湘，时任国会议员、省咨议员、省二女师校长彭施涤曾为杨府作《茶序》一篇。

1921—1923年，古丈县内植茶火爆，杨家兄弟为发展茶业，经过艰苦跋涉，花费大笔财力，到浙江杭州、绍兴，湖南省内君山、界亭等地学习栽培和加工茶叶技术，引进茶叶良种。当时古丈坪厅茶号众多，但没有一家茶叶超出杨府的茶叶。1929年4月，古丈县县长胡锦心征购古丈茶号，唯杨三小姐的“古丈绿香园”品佳，参加在西湖举办的国际博览会获优质奖，旋参加在法国举办的国际博览会，评获国际名茶奖。

二、陈渠珍与茶

陈渠珍（1882—1952年），号玉鍪，祖籍江西，后迁入凤凰。1898年入沅水校经堂读书，1906年毕业于湖南武备学堂，任职于湖南新军。曾加入同盟会。他是一位经历汉藏传奇婚恋，写出《艽野尘梦》这种痛彻心扉爱情的传奇官人，一位90多年前就已徒步穿越青藏高原的奇人。

陈渠珍品茶赋诗，文武兼备。1929年，古丈县县长胡锦心，购得一批秘制古丈茶献给湘西王陈渠珍。在陈渠珍的推荐下，古丈茶出现在了当年的西湖国际博览会上，并荣获金奖。于是，一时间街巷里坊多以喝古丈茶为尚，“饮者以美味相传，推为茶类之冠”。

1929年，陈渠珍力推古丈“绿香园”毛尖参加法国农博会，古丈毛尖第一次荣获世界名茶大奖。陈渠珍很重视茶叶发展，由他亲自生产加工的、种植的茶叶，被叫作老师长的茶。民国时期，一些凤凰的老茶，有很大一部分真正能成规模地种植，就是从陈渠珍的重视和关照下发展起来的。

三、沈从文与茶

沈从文（1902—1988年），中国著名作家，原名沈岳焕，笔名休芸芸、甲辰、上官碧、璇若等，乳名茂林，字崇文，湖南凤凰人。其祖父沈宏富是汉族，祖母刘氏是苗族，母亲黄素英是土家族。

沈从文的文学作品中有许多对于湘西民族风情、茶叶的描述。如《边城》中翠翠的外祖父豁达豪放，善于交友，他辛苦摆渡，随叫随渡，还买茶叶、烟草供过渡人饮用和爬山时解困，体现了当地人的美好品德。在此，"茶叶"也就被寄托了美好的寓意。沈从文曾在《白河流域几个码头》一文中把周边茶叶同古丈茶叶相比较发出感叹：武陵各县均"出好茶叶，和邻近山城那个古丈县的茶叶比较，味道略淡……山城那个古丈县茶叶清醇中，别有一种芳馥之气！"

四、萧离与茶

萧离（1915—1997年），原名向宜远，苗族，古丈县河蓬乡白洋溪人，1949年毕业于北京大学中国文学系，先后担任绥远《文艺》主编、《平明日报》记者采访部主任、《大公报》记者组副主任。1973年任北京出版社编辑，1977年后任北京市第五、第六届政协委员等职。

萧离出版有散文集《故园篇》《昨日篇》，代表作有《山城杂记》《湘西、湘西人》《城、山、水》等作品。萧离于1993年离休，1997年病逝于北京，其骨灰运回家乡安葬。萧离直接写古丈茶的散文，早期有1947年作的《茶》，1957年发表在《人民日报》上的《见茶豆，起乡思》。后期有作品《古丈茶》《故园又报茶消息》。其他作品如《山城杂记》《山》《水》《火》《鱼》，文字间都寄托着对家乡，童年往事无限怀念，篇篇浸透着故园泥土气息的散文中，同样讲述着古丈茶的故事，为古丈茶文化注入新美好的内涵。

萧离笔下讲述故园古丈茶的故事，并非雾里之花，徒有虚名。他和古丈茶的故事，同样充满传奇，从少年时离家远走的萧离，成了一方天涯的游子，有家不能回，品尝故园茶叶，成了他思乡的信物。他在《见茶豆，起乡思》开头这样写着："在全国农业展览会上，居然见到了两种来自故乡的展品———鬼豆和茶叶。它们给了我极大的喜悦。在那些天里，我情不自禁地逢人便说。有的朋友和我开玩笑：'瞧你，乡土观念那么重！'"

五、何纪光与茶

何纪光（1939—2002年），男，苗族，古丈县古阳镇人，著名歌唱家。曾任中国音乐家协会理事，湖南省文学艺术界联合会副主席、省音乐家协会主席、省音乐家协会声乐艺术委员会会长、省歌舞剧院一级演员，享受国务院特殊津贴。

图 8-2 何纪光唱片珍藏版

何纪光在歌坛上奋斗了40多个春秋，参加各种演出3000多场，演唱歌曲1000余首，近200首灌成唱片和磁带发行全国（图8-2），为10余部电影电视剧配唱主题曲。他演唱的《挑担茶叶上北京》《济公》等为国内外广大听众所喜爱，曾荣获首届全国影视十佳歌手称号。

1989年，何纪光的唱片《洞庭鱼米香》获中国首届“金唱片奖”。他的高腔唱法在中国歌坛堪称一绝，被誉为中国民歌三大男高音歌唱家之一。

何纪光成名不忘茶乡父老乡亲的关心和培育，多次回家乡为各族人民演唱。1985年，他随王品素教授及上海音乐学院的学生来吉首讲学、演出；其后，他又专程赶回吉首，参加建州30周年大庆电视艺术片的拍摄；1988年，何纪光回古丈县，配合湖南省电视台拍摄反映其艺术生涯的《那山·那水·那歌》音乐专题片，放声高歌《回苗山》等10首新歌，倾诉一位游子眷恋茶乡之情。

何纪光平生嗜茶，自称“茶鬼”，古丈毛尖是他家用与馈赠朋友的必备饮品。他在省茶叶研究所、东山峰茶场、安仁县豪峰评茶会，省茶叶学会衡阳年会上，都有过他的“茶叶”和“渔米”歌声，他与湖南茶叶界朋友结下了深厚的情缘。何纪光病故后，亲属遵其遗嘱，骨灰还葬回古丈大观山茶山上，算是为茶乡最后的歌唱。

六、黄永玉与茶

黄永玉，笔名黄杏槟、黄牛、牛夫子，土家族，湖南凤凰人。1924年出于湖南省凤凰县，土家族人，受过小学和不完整初级中学教育。16岁开始以绘声绘色画及木刻谋生。曾任瓷厂小工、小学教员、中学教员、家众教育馆员、剧团见习美术队员、报社编辑、电影编剧及中央美术学院教授、中国美术家协会顾问。擅长版画、彩墨画。作品有《春潮》《百花》《人民总理人民爱》《阿诗玛》。巨幅画有《雀墩》《墨荷》等。1986年荣获意大利总统授予的意大利共和国骑士勋章。出版有《黄永玉木刻集》《黄永玉画集》等。

黄永玉对家乡一往情深，每每采撷家乡的风俗景致入画，尤其对山水花木更是别有一番眷恋。正如黄永玉所说：“不似巴山、不似桂林、不似富春，自有其面目格局”，借着这片山水，画家寄托对故乡的思念之情。黄永玉特别钟爱古丈山地里出产的杯中物，饮了萧离沏的茶后，很想再得其物，借着诗性挥笔写就："看罢奇梁看雅拉，凤凰风物尽堪夸。留真惠我留诗谢，更盼先生古丈茶。"1985年底，著名画家黄永玉特别为古丈茶设计了竹篓包装。

2001年，在古丈县人民政府的诚恳邀请下，于中外艺术界有着广泛影响的"鬼才"黄永玉，欣然题写了"古丈毛尖"4个字（图8-3）。采用木刻中倒笔方式所书写的"古丈毛尖"，朴拙中透着典雅，韵味十足，别具一格，具有极高的辨识度。

图 8-3 黄永玉为古丈题写"古丈毛尖"（古丈县茶叶办提供）

七、宋祖英与茶

宋祖英，1966年8月生，苗族，古丈县岩头寨乡老寨村人，享誉世界的中国著名女高音歌唱家。她连续24年登上中央电视台春节联欢晚会的舞台，全球唯一一位连续放歌世界杯（2002日韩）、奥运会（2008北京）、世博会（2010上海）、亚运会（2010广州）、大运会（2011深圳）的歌唱家。2006年，她的专辑《百年留声》获第49届格莱美"最佳古典混合音乐专辑"提名奖，2007年获肯尼迪艺术金奖。作为中国的"民歌天后"，宋祖英一直眷恋着家园古丈，始终保持着茶乡古丈人的秉性。

宋祖英从小就生长在茶文化的环境中，对茶有着独特的感情，并养成了喝茶和品茶的习惯，这也是她保持年轻和活力的秘诀之一。宋祖英认为喝茶对肠胃比较好，是一种不错的养生方式，而品茶则可以提升人的心灵修养和境界，所以多年来无论工作多忙，一有空闲，她就会喝上一杯茶，缓解一下疲乏，放松一下身心。

宋祖英爱喝茶、品茶，也关心和茶有关的事情。有一次，她和敬一丹、成方圆、于文华等人一起到周庄参加演出，主人给她们沏上了碧螺春茶，并拿出各种各样的乡土茶点招待贵客，咸苋菜、毛老姜、薰青豆、笋毛豆、茴香豆、醉枣、花生酥、青团子……面对五颜六色的茶点，宋祖英兴趣大增，拉着主人不停问这问那。主人告诉她这种茶叫阿婆茶，是周庄的特色茶。宋祖英心有所动，她心想：自己出自茶乡，为什么不能帮家乡的古丈茶走向全国，甚至世界，让更多的人和自己一样感受到古丈茶的魅力呢？从周庄归来，正好家乡来人看望宋祖英，还特意给她带来了古丈的毛尖茶。喝着清香的家乡茶，她有了主意：用自己的歌声把家乡的毛尖茶唱出去。

1996年，宋祖英为感恩家乡，自筹资金，请著名的词作家夏劲风作词、著名作曲家龙伟华谱曲，又请来中央电视台和湖南电视台的一班人马，来到古丈，拍摄了一首音乐电视《古丈茶歌》作为茶叶专题艺术片《云雾茶乡》的主题曲，把古丈毛尖茶唱出了名，让越来越多的人开始喜欢古丈茶。一首《古丈茶歌》表达了宋祖英对生于斯养于斯的故土的热爱，同时也让以“古丈毛尖”为代表的古丈茶叶的知名度和市场占有率急剧上升。“养在深闺人未识”的毛尖茶从此走俏市场，为古丈带来了很好的经济效益。2010年5月1日晚，著名的上海体育馆里，正在举行上海世博会的专场音乐会，宋祖英在演唱之前说道：“我的家乡，在湖南的西部，那里有清新的空气，更有清香的茶园；今天，我要带给大家一首我的家乡的歌曲《古丈茶歌》”。《古丈茶歌》独有的旋律，在上海体育馆的上空回旋飘荡。2012年6月5日，宋祖英携手著名歌唱家安德烈·波切利和钢琴巨星郎朗，在伦敦皇家阿尔伯特音乐厅举办“跨越巅峰”音乐会，她专程带去的礼物，就是古丈毛尖。古丈毛尖清香，与宋祖英的歌声，一同在欧洲的上空精彩绽放。

《古丈茶歌》是在古丈县这个环境下产生的，是经过古丈地区长时期积淀下来的茶文化的背景下衍生的，并成为古丈地区众多茶歌中名气以及传唱度最高的一首茶歌。《古丈茶歌》无论是其歌词部分还是演唱中，都充分体现了歌曲所蕴含的音韵美，使人感受到其独有的魅力，让人不断回味和留恋。这首歌既表达了宋祖英对家乡的深情，同时这首歌也是对茶乡古丈的生动写照。

第二节　茶叶专家

湘西茶文化历史底蕴深厚，生态环境适宜产茶，是我国茶叶的主要产区之一。近年来，在湘西州委、州政府的高度重视下，湘西茶业强势发展，为全州精准扶贫、助农增收、“四化两型”社会和美丽湘西建设作出了贡献。在茶叶领域，涌现出一批知名学者和专家。这些知名学者和专家，有的为本地专家，有的为外派专家，但都为湘西茶叶的发展作出了巨大贡献。

一、“黄金茶之父”——彭继光

彭继光（1935—2010年），被誉为“黄金茶之父”，龙山县人，土家族，研究员。湖南茶叶科技事业奠基人之一，享受国务院特殊津贴的著名茶学专家，中国茶叶学会原常务理事、湖南省茶叶学会原常务理事，湖南省茶叶研究所原副所长、研究员，为湖南茶叶作出重要贡献。

彭继光1935年农历九月十二出生于湖南省龙山县茨岩镇新场村。1956年7月，考取新疆八一农学院。就读一年后，转学到湖南农学院园艺系茶叶专业。1960年8月大学毕业后分配到湖南省茶叶研究所工作。1984年11月加入中国共产党，1992年9月晋升为研究员。先后从事茶叶生化研究、加工研究、技术推广与开发经营工作，担任过湖南省茶叶研究所加工研究室副主任、主任、副所长等职务。为茶叶事业呕心沥血奉献35个春秋后，于1995年10月光荣退休。

彭继光为我们留下了很多珍贵的科研成果：1964年起参与红碎茶研究工作，1975年试制的红碎茶达我国二套样品质水平，翌年进行中间试验，产品交广东茶叶公司按二套样验收，填补了省内红碎茶二套样空白。参与主持“提高湖南红碎茶加工工艺技术研究”“炒青绿茶加工工艺技术研究”“红碎茶地方标准——第四套样红碎茶地方标准研制”“红碎茶含铜超标污染源及控制技术研究”，参与“6CW-50型茶叶萎凋机研制”“江华苦茶研究”等，获得湖南省人民政府奖1项、国家外经贸部（原）二等奖1项、湖南省科技成果三等奖3项。他先后在国家和省级刊物上发表论文100余篇，主编《湖南名茶》《保靖黄金茶揭秘》等，参编《湖南茶叶技术》《湖南茶叶大观》《湖南农业科学志》。1984年起，彭继光积极投身到茶叶开发经营中，参与了为全省几十家茶厂培训数百名技术人员的工作，并牵头组织红碎茶出口，最高峰每年组织货源达2000t，为茶叶所创收100多万元。彭继光先后10多次被评为湖南省农业科学院先进工作者，1991年被评为“湖南省优秀农业科技工作者”，1992年起享受国务院政府特殊津贴。

彭继光退休后，他深入湘西山区，义务为保靖、桑植、永顺、古丈、龙山等地茶厂提供技术指导，带领当地茶农脱贫致富。1997年，在永顺县西凤村，指导茶农加工茶叶，住了13天，每天一身汗，使茶农茶叶单价从技改前的20元1斤升值到80元1斤，个人却没要一分钱报酬。1998年，协助古丈县制作的“古丈毛尖”和“湘西春毫”获国际金奖。2001年，赴巴基斯坦援建红碎茶厂，指导红碎茶生产，大获成功，巴基斯坦总统亲自为茶厂开工剪彩。2008年，还担任了国际茶叶技术援外培训班的班主任。

1995年秋末，彭继光第一次喝到黄金茶后，慧眼识珠，认定保靖黄金茶质量在“国内名优茶品质中罕见”。从此，开始了漫长而艰苦卓绝的保靖黄金茶探秘和研发之旅。他自费对保靖黄金茶质量的成因进行了初步研究，指出：黄金茶品质的成因70%在于品种，30%在于生态环境。后来，在有关领导的支持下，他又从更深的层次，陆续揭开了保靖黄金茶品质的三大秘密：其中最大的秘密是氨基酸含量最高达到7.47%，为当地其他品种的2倍；第二大秘密是，在氨基酸总量中，茶氨酸的含量占比达60%~70%，比一般品种高10个百分点以上；第三大秘密是，儿茶素含量中，甜和性、醇和性的含量较高。

2005年，为进一步开发利用黄金茶资源，彭继光协助保靖县农业局完成了黄金茶地方品种资源的现场评议和认定工作。黄金茶这颗沉睡多年的神秘珍宝，逐步向世人展示出无穷的魅力。如今，黄金茶正在走出州门、省门、国门。因为黄金茶的开发，曾经远近闻名的穷山沟，现已成为富甲一方的金窝窝。

但令人惋惜的是，彭继光倡导的黄金茶第二个战役的研究开发工作才刚刚开始，还有很多的工作要做，而为黄金茶做优、做大、做强呕心沥血、竭尽全力，我们心中崇敬的“黄金茶之父”却病倒了。在重病住院期间，他仍心系黄金茶，字字句句无一不是关注黄金茶的未来发展。在生命垂危时，他给保靖县相关人士发出的最后一条短信是，一定要打好黄金茶研发第二个攻坚战役，育种育苗、生态栽培、加工利用、生理生化、产业开发各学科密切配合，协同作战，使黄金茶的研发更上一层楼；同时，开展有机茶培训，严禁使用化肥农药，确保黄金茶品质。

彭继光先生因病经多方医治无效，于2010年11月2日20时45分在长沙不幸逝世，享年75岁。他创制的精品红碎茶、黄金名茶香沁人间。

二、“黄金茶之子”——包小村

包小村，男，研究员，湖南茶叶界知名的技术专家，毕业于湖南农学院（现为湖南农业大学）茶叶专业，从事茶叶研究近40年，担任湖南茶叶研究所所长多年，是湖南茶叶技术体系首席专家，曾先后获得全国科技星火带头人、湖南省优秀农业科技工作者、中国茶叶行业2011年度十大经济人物、中国茶叶学会先进个人等奖励10多项，享受国务院特殊津贴，2018年全国五一劳动奖章获得者。包小村的研究成果获得了一系列专业技术奖，包括中国茶叶学会科学技术一等奖1项、湖南省科技进步一等奖1项、湖南省科技进步二等奖1项，对于各种茶叶的种植、生产、加工、品鉴都有着极深的研究。

从前的黄金村一年只做一季茶，浪费了大把的鲜叶，机器长时间不运转老化也快，茶农只能靠着一季茶钱勉强吃一年。如今的保靖黄金茶声名远播，全年制茶280天，不仅提高了鲜叶的利用率，而且对于扶贫茶农的生活也起到了巨大的帮助。这一切的改变都要感谢一个人，他就是包小村，一个为保靖黄金茶奉献了一生的专家！

年轻时候的包小村是一个高瞻远瞩，胆识过人的人，即使当年他驻扎湘西深部时，一些人认为他是顽固，甚至错误，但他依旧坚持自己的看法，坚信保靖黄金茶是一个资源宝库，是一座绿色金矿，是世界最好的绿茶。他力排众议，争取支持，扩大育苗基地，扩展茶园，新建加工厂，开拓市场，使本来只存在于山坳坳中的保靖黄金茶推向了更广阔的天地，迎来了黄金茶产业开发的新时代，而他更是赢得“黄金茶之子”之称。

长期的理论研究与实践担当也使得包小村最终成为全省茶叶产业技术体系的首席专家。痴心催得苦茶香，2011年包小村被中华全国总工会授予全国五一劳动奖章，这是对他在中国特色社会主义建设中做出突出贡献授予的光荣称号，是中国劳动者的最高荣誉奖。这不仅是一个嘉奖，也是对湖南省茶叶研究所及广大农业科研工作者的认可和肯定。

多年来，包小村组织一支专家团队，面向10个茶叶主产县，服务100家企业，培训1万名茶农，繁育1亿株茶苗，这是包小村2006年制定的“五个一工程”。为了实现这一工程，他夯实产业基础，形成技术体系，带领茶叶研究所全体科研人员，率先建立黄金茶种质资源圃并开展了资源的系统评价。采用无心土繁育、工厂化快速育苗等方法，构建了黄金茶的高效快繁栽培技术体系。制定了黄金茶系列《保靖黄金茶毛尖绿茶》《保靖黄金茶毛尖红茶》等标准（规程）10项，出版《爱茶人》《茶农之友》《茶叶三百句》等科普刊物，并免费发放给茶农。

三、“黄金茶之母”——张湘生

张湘生，女，1956年2月出生，被誉为“黄金茶之母”。祖籍辽宁，高级农艺师，1974年高中毕业，同年上白云山知青茶场，1977年考入湖南农学院园艺系茶叶专业，1982年元月毕业，一直在保靖县农业局从事茶叶科技推广工作，累计完成试验10项，示范11项，推广茶叶实用技术4项，撰写并发表专业论文2篇。

工作近40年来，她的足迹踏遍县内每一个茶场，从保靖岚针茶炒制技术推广，到保靖黄金茶的挖掘利用；从保靖黄金茶扦插育苗开始，到黄金茶1号、黄金茶2号的初步选出，再到保靖黄金茶资源圃的建立，都浸透了她的心血。无论是茶树栽培技术、制茶技术、育苗技术，都尽全力推广，使数以千计农民受益。特别是黄金茶扦插育苗技术由突破到黄金村的普及和提高，使黄金茶得到了发展，由此促成了保靖县的黄金茶优势资源与省茶叶研究所的科研实力和湘丰集团的经济实力的强强联合，开创了黄金茶发展新局面。2004—2005年，她连续2年被湘西州人民政府记二等功。2005年，她被湘西州委、州政府授予“十大杰出女性”“三八红旗手标兵”荣誉称号。在2008年6月召开的保靖县科技大会上，张湘生被保靖县委、县政府授予“科技兴县功臣”，成为该县获此殊荣第一人。

四、科技专家——李健权

李健权，湖南省农业科学院科技服务处（成果转化与科技推广处）处长、湘西茶叶专家团队首席专家。作为湖南省委组织部、湖南省科技厅选派到农村基层一线指导产业开发的科技专家，他2006年进到黄金村开始研究开发时，那时的黄金茶总面积不到400亩。针对黄金茶产业发展上的技术疑问，李健权开启了黄金茶资源科学的系统研究。2006—2010年，他先后两次开展保靖黄金茶茶树资源的系统选育，共选育优良单株249个，在保靖当地扩繁育苗并进行品种区试，同时在湖南省茶叶研究所（隶属于湖南省农业科学院）建立保靖黄金茶资源圃，每个单株扩繁保存100株开展科学研究。

李健权带领他的研究团队，在多年工作基础上，先后在《茶叶科学》《湖南农业科学》《茶叶通讯》等学术期刊上发表了《ISSR标记研究黄金茶群体与湖南省主栽绿茶品种的亲缘关系》研究论文，科学研究了黄金茶是不同于湖南其他茶树品种的特色茶树资源，论证了保靖黄金茶茶树资源的特异性；发表了《黄金茶特异种质资源遗传多样性和亲缘关系的ISSR分析》研究论文，科学研究了黄金品种资源的多样性，把黄金茶品种资源库分成7个亚群，科学论证证明了黄金茶品种资源是有丰富的基因型和表现型的“资源宝库”；发表了《保靖黄金茶株系在长沙地区的适应性研究初报》研究论文，科学研究了保靖黄金茶茶树至少适合湖南全省的宜茶区栽种，科学论证证明了黄金茶是具有广泛的适应性和广阔的产业开发前景的“绿色金矿”。

李健权科学系统地研究了保靖黄金茶资源的“特异性、多样性、适应性”，为黄金茶产业开发奠定了科学理论基础，向保靖县委、县政府提出“五出、四个做强、三步走”的产业发展规划论证报告，并形成产业开发的整套设计图和施工图。他的建议获得县委书记和县长的支持，批示按李健权的意见建议研究出台保靖县委县政府发展保靖黄金茶的政策。

为解决“保靖黄金茶”的商标问题，2007年8月2日李健权到湖南省工商局完成了“保靖黄金茶”商品名上市的首次工商注册，使保靖黄金茶第一次有了进入市场的“身份证”。在两年工作基础上，李健权起草合作协议并努力促成了2007年12月10日保靖县人民政府与湖南省茶叶研究所（隶属于湖南省农业科学院）“保靖黄金茶研究与产业化开发”县所合作协议的签订，负责合作协议中相关工作的落地。2008年2月李健权创办了第一家保靖黄金茶公司——湖南保靖黄金茶有限公司。2008年4月李健权亲手制作的保靖黄金茶获得全国茶叶评比的第一个金奖，同时深入挖掘了“保靖黄金茶、一两黄金一两茶、嘉靖好贡茶”的典故，开启了保靖黄金茶茶文化和茶品牌的建设。

2009年2月13日，在保靖县委、县政府的支持下，李健权主笔起草了《关于进一步加快黄金茶产业发展的意见》，使黄金茶产业化发展有了制度性保障。是年，李健权率团参加2009年中国茶产业年会，保靖县获得“中国茶叶百强县”称号并新入编“湖南省重点产茶县”。是年12月，保靖黄金茶获得国家农产品地理标志保护商标。

为实现自己对保靖黄金茶产业发展的规划蓝图，李健权办好“黄金茶资源圃”“千万黄金茶育苗中心”“万元田科技示范基地”“标准化示范加工厂”“产业龙头企业”等产业科技支撑样板，开发绿茶、红茶等系列产品，开展全产业链的技术示范、科技推广和产业实用人才培育。

李健权选择在黄金茶原产地的黄金村和产业发展重点规划区（宜茶产业空白区）的堂朗乡（现葫芦镇）大岩村、夯沙乡（现吕洞山镇）夯沙村各建设一片标准化高效“万元田科技示范基地”，做给农民看，带着农民干，让产业致富尝到甜头的老百姓发挥示范带动效应，引导培育规划区的黄金茶产业带和产区集群。

五、科技专家——王润龙

王润龙，湖南省农业科学院茶叶研究所副所长、湖南省科技特派员、吉首市科技扶贫专家服务团团长，扎根湘西土家族苗族自治州黄金茶产业13年。研究推广了黄金茶稻田无心土扦插育苗、黄金茶特色增值加工、营养钵茶苗覆膜打孔栽培等10多项技术，为黄金茶产业增效、农民脱贫致富做出了突出贡献。多次被评为“湖南省优秀科技特派员”，2019年被评为“全国优秀科技特派员”。

他通过产业扶贫技术支持，帮助茶农脱贫致富（图8-4），使得湘西黄金茶远近闻名，市场供不应求。

作为一名茶叶专家及“三区”（指边远贫困地区、边疆民族地区和革命老区）人才，初来黄金村时，王润龙深刻意识到黄金茶规模太小，难以带动老百姓脱贫致富，也引进不来外面的高新技术企业。通过调查走访，王润龙发现黄金茶之所以规模小，其原因是黄金村山多地少，没有用于扦插的黄心土，也没有大规模繁育黄金茶苗的扦插技术。因此，茶苗成了扩大黄金茶规模的瓶颈问题。为了解决这一难题，王润龙一头扎进了试验地，一干就是3个月，终于功夫不负有心人，他成功研究出了“黄金茶稻田无心土扦插育苗新技术”，打破了黄金茶大规模扦插成活率低的瓶颈，每年指导保靖县繁育黄金苗30多万株，使黄金茶基地规模迅速扩大至6万多亩，产值2亿多元，黄金茶原产地黄金村里每户年收入最少的都有3万元，曾经的贫困村已成为“小康示范村”。为铺茶香黄金路，他采取了三靠的办法。

图8-4 湖南省科技特派员王润龙（左一）指导茶农采茶（吉首市茶叶办提供）

一是靠团队，“有困难，找娘家，省市县各级科技部门、派出单位是我的娘家”，这是“三区”人才王润龙经常说的一句话。派出一名“三区”人才，带来一支专家团队，依靠派出单位湖南省茶叶研究所的人、财、物、技术、信息的大力支持，投资200万元成立了湖南保靖黄金茶有限公司，建立了“政府+科研院所+‘三区’人才+公司+基地+农户”的产业开发模式，为保靖黄金茶快速健康发展提供了科技保障。二是靠项目，王润龙积极向各主管部门汇报，获得了省农业科学院、省财政厅、省科技厅等部门的大力支持，先后获得了“科技人员服务企业”“星火计划”“科技支撑计划”“院科技创新”等项目的支持，开展了黄金茶新品种选育、无心土扦插试验、花香黄金红茶研制、茶叶常温保鲜等研究与示范推广，创建了黄金茶国家级“三区”人才创业链。三是靠平台，依托派出单位的品种资源圃、实验茶场、天牌公司、检测中心等系列平台，开展了技术培训，组织产品检测、市场销售等工作。为了黄金茶产业健康发展，“三区”人才王润龙还推广了“好茶是种出来的、好茶是制出来的、好茶自己会说话”等科技理念。他指出黄金茶科技创新的三个方向是“更好喝，更方便，更便宜”，要用夏秋季节成熟的鲜叶原料，用高档茶的加工理念，进行六大茶类加工技术融合，生产高附加值的黄金茶产品。

六、科技专家——沈仁春

沈仁春，男，苗族，1962年6月出生，湖南省古丈县人，1981年8月参加工作，本科学历，古丈县政协副主席、县科技特派员、高级农艺师、国家一级评茶师。

作为古丈县知名茶叶专家，沈仁春从事茶叶研究近40年，对历史悠久的古丈茶文化和古丈毛尖“鲜嫩醇甘”独特滋味的品鉴了如指掌，对古丈毛尖生长环境、制茶工艺、绿色防控等各领域的研究有着极其精湛和独到的造诣。沈仁春工作勤恳，四十年如一日，为带动古丈茶产业发展，助推茶叶精准扶贫成效，提高古丈县、古丈茶的知名度和影响力作出了重要贡献。

七、科技专家——姚茂君

姚茂君，吉首大学茶叶科学研究所所长，男，苗族，1968年11月出生，湘西泸溪人，硕士，教授，硕士生导师。湖南省食品科学技术学会理事、湖南省科技项目评审专家、湖南省湘西地区特聘专家、湖南省茶文化研究会常务理事、湘西茶文化研究会副会长。先后获得“湖南省高等学校青年骨干教师”“湖南省技术创新先进个人”“湖南省优秀科技特派员”等荣誉称号。

姚茂君主要从事茶叶和类茶植物等天然产物与功能食品开发研究，先后主持、承担国家星火计划项目、国家自然科学基金、国家高新技术产业示范项目、国家“十五”科技攻关项目、国家重点产业振兴和技术改造项目、全国光彩事业重点项目、湖南省自然科学基金、湖南省教育厅重点科研项目和湖南省科技厅重点项目等国家和部省级科研项目10余项，企业横向研究项目40多项。荣获湖南省科技进步二等奖2项、湖南省科技进步三等奖3项。完成省级科技成果鉴定6项；获得国家发明专利授权70余项。先后发表学术论文70余篇（含合作），在国家一级出版社出版专著4部（含合著）。

近年来，他在莓茶和黄金茶深加工与产业化开发方面进行了大量的研究工作，开发了系列产品。成立永顺莓茶深加工与产业开发研究专家工作室，积极推进永顺莓茶的研究开发，先后开发了莓茶冰激凌、莓茶奶茶等系列饮料产品和莓茶面包、莓茶蛋糕、莓茶饼干等系列莓茶烘焙食品；进行了莓茶紧压茶系列产品的研究，研制了片茶、砖茶、饼茶和其他形状的莓茶紧压茶制品，与红茶、黑茶、花茶（茉莉花、玫瑰花等）等进行拼配，开发了系列复合风味茶；提取莓茶功能成分，开发了莓茶含片（压片糖果）、莓茶固体饮料和莓茶护肤品等系列产品。建立了湘西黄金茶抹茶试验基地，研究开发了高品质黄金抹茶及其系列抹茶产品。

八、科技专家——彭云

彭云，湘西州农业科学院茶叶研究所所长，土家族，1982年9月出生，湘西保靖人。多年来一直从事茶树育苗和栽培及茶叶加工新技术研究与推广工作；2017年起担任湖南省茶叶产业技术体系湘西州试验站站长，高级农艺师（图8-5）。研究推广的茶苗快繁技术及覆膜栽培快速成园技术申报国家发明专利2项，登记湖南省科技成果1项。该技术使茶苗扦插繁育周期缩短至6个月，比传统技术育苗周期缩短7~10个月，新建茶园除草成本降低70%，茶苗定植成活率在90%以上，从育苗到成园只要两年时间。近年来，累计推广茶叶高质量穴盘苗、营养钵苗1亿株以上，联合县市创办茶叶快速成园示范基地79个，推广覆膜栽培技术10万亩以上，培训茶农2000多人次，对加快推进湘西州茶叶标准化基地建设和普及茶叶栽培及加工新技术作出了积极贡献。以主要完成人负责的项目“黄金茶系列品种在湘西州的推广与应用”获2015—2019年湖南省农业丰收奖一等奖，以主要完成人负

图 8-5 彭云在观察茶苗生长
（湘西州农科院茶叶研究所提供）

责的项目“湘西黄金茶快速成园丰产综合配套技术集成示范与推广”获湖南省农业科学院2020年度科技兴农奖，以主要完成人申请“黄金茶18号”品种保护权1项，以主要完成人发布穴盘育苗和覆膜栽培技术省级团体标准2个，以第一作者发表黄金茶高效育苗及栽培技术专业论文1篇。2019年被评为湖南省千亿茶产业先进个人；2020年被聘为湘西州茶产业发展特聘专家，并被选举为湖南省茶叶学会常务理事。

第三节　制茶名师与工匠

湘西茶叶的发展和茶叶制作水平的提升离不开湘西制茶工艺大师和工匠。他们热爱茶叶事业，在制茶方面有突出贡献，取得重要成果；具有茶人的优秀品质，良好的道德品行和职业操守；具有制茶工艺专长，具有丰富的制茶实践和专业的理论知识，在实施制茶工艺、技术等方面有不可替代、至关重要的地位；体现领军作用，善于向他人普及知识、传承技艺；全局观念、行业意识强，同时拥有一定的社会影响力和知名度。

一、“十佳制茶师”——喻满金

喻满金从事茶叶加工、销售已有30多年，2015年考取国家职业技能高级制茶师证，2020年被湘西州茶叶协会评为湘西州“十佳制茶师”。

喻满金，早年曾为长沙县金井镇金井茶厂员工，后从事茶叶技术研究。2007年，为响应国家西部大开发号召，支援湘西建设，他由湖南省农业科学院茶叶研究所调任湘西，开发“中国最好的绿茶”保靖黄金茶。当年他来到保靖县黄金村，担任湖南保靖黄金茶有限公司生产厂长、技术总监。2007年，喻满金刚到湘西保靖时，克服了远离家人、水土不服、饮食不适、交通不便、身体反应强烈等众多困难，静下心来，专心从事茶叶研究和销售。

喻满金针对保靖黄金茶的特点，制定了一套合适的制茶方法，黄金茶的品质和口感得到极大提升。他大力推广机器制茶，黄金村的茶叶加工量从年产5t发展到现在超过200t，成为名副其实的湘西茶叶“第一村”。针对夏秋茶叶鲜叶无法利用的问题，喻满金大力研究制作黄金茶红茶，取得了重要成效，为茶农增加了收入，助力了湘西脱贫攻坚事业。喻满金制作的黄金红茶口感和品相都很好，深得专家和消费者好评。长期以来，因为销售和加工问题，夏秋季鲜叶少有利用，几乎无人问津。经过喻满金等专家的艰苦努力和多次试验，近年，终于成功研制适合夏秋茶加工的黄金茶红茶，该茶叶品质稳定。喻满金制作的红茶花香明显，汤色红艳明亮，滋味醇爽，叶底红、匀、亮，品质很高。

喻满金自己掌握了精湛的制茶技术，他并没有私心，面对村民和周边群众的请教，他总是毫无保留地传授给大家，并不定期给村民培训制茶技术。黄金村村民都说，喻满金师傅就是大家的“贴心人”，他就是黄金村的“荣誉村民”。正是由于喻满金等专家和广大干部群众的努力，黄金村的茶产业得到飞速发展，脱贫攻坚取得了令人瞩目的成就。

二、湘西黄金茶传统制作工艺传承人——向天顺

向天顺，土家族，吉首市隘口村党支部书记，吉首市隘口茶叶专业合作社理事长，是隘口村茶叶产业的带头人和湘西黄金茶传统制作工艺的传承人。

向家世代务茶。对于童年，向天顺印象最深的便是灶台边的茶香。山里的孩子不会在大山里迷路，闻着茶香就会找到归家的方向。而父亲、叔伯那一双双长满老茧，有深深裂痕的手是他所害怕的，那是他们在炒茶锅前日积月累劳作的痕迹。茶人勤劳和坚韧的个性也浸润了他的性格。

本着对茶叶的向往，向天顺考入湖南农业大学学习。1997年毕业后，进入矮寨镇政府工作几年，便辞职回家创业。“还是对茶叶痴迷太深了”，他自己后来也做了总结。2009年5月，他东拼西凑了20万元，辞职回村办起了“吉首市隘口茶叶专业合作社”，当时很多人都不理解。他当年的决心更是让大家都不相信，由于湘西黄金茶沉寂多年，当时隘口村稀稀落落的茶园面积不到300亩，大面积的茶树在“以粮为纲”的年代已经被开垦为稻田和蔬菜地。

湘西黄金茶叶厚梗长，萎凋难掌握，杀青不易透，揉捻不成型，与周边叶薄质柔的引进品种对比，加工难度很大。为此，向天顺把家族的老制茶人都问烦了，一遍遍记录，一夜夜思索，一次次试验。由于没有文字记载，传统的制茶工艺都由老辈人口口相传，单个人的口述不一定完整。湘西黄金茶沉寂多年，一些传统的制茶工具流失民间，收集不易。经过多年的潜心摸索，打烂了数不清的“鼎罐”，向天顺终于在“火坑”上制作出了高栗香的茶产品。“长摊青，重杀青”，摸透了湘西黄金茶传统制茶工艺的秘诀后，再把这个传统理念贯穿于先进的制茶设备，合作社的高香绿茶终于问世了，产品一出来就处于供不应求的状态。2011年，合作社的销售额就达到了700多万元。同年，合作社还成了湖南省省级示范合作社，向天顺也作为农村集体经济的科技带头人。2012年，向天顺注册“苗疆”商标，成立吉首市苗疆茶业科技有限公司。由其加工的湘西黄金茶绿茶曾获“2013中国武陵山片区绿茶金奖”等多项殊荣。

三、保靖黄金茶传统工艺非遗传承人——向天全

向天全出生于1951年，家里世代以制茶为生。向天全从12岁那年就跟随父亲制茶，拥有几十余年手工制茶历史的他，是靖峰茶业的非遗手工制茶师，是“黄金古茶制作技艺”州级传承人。

向天全手工制黄金茶的工艺，主要分为摊晾、杀青、揉捻、干燥四个环节。每一个环节，都体现出他对茶叶自然属性的尊重。在靖峰茶业的加工地，向师傅展示了传统的炒茶技艺。

采来的鲜叶，还带着清晨的露水，需要在没有强烈光线的地方自然风干，称之为“摊晾”。晾干之后，生起炭火，把茶倒入铁制的茶锅进行杀青。杀青分“头杀”与“二杀”，茶锅的温度分为几档，300~500℃分为一档，200~300℃分为一档，100~150℃分为一档，炒茶中，温度逐步降低，稳定去除茶中的生物酶，使其成为具有真正茶叶的品质。

杀青之后的揉捻是极需耐心的工艺。火候、力道、速度全凭一双手控制。心神笃定才可手法纯熟。炒茶是个辛苦活，时间长达3小时，鲜叶由此变为“微卷多毫”“香气淡雅”的茶叶。

制茶是一个神奇的过程。落日余晖时，青烟依然在山间飘散，茶已炒好，茶叶香醇弥漫。

四、保靖古茶制作技艺传承人——龙燕

龙燕，湘西旅游研究院茶艺研发中心主任、湘西州春露茶艺师协会会长、保靖黄金茶湘西州传统制作技艺非遗传承人。从中央电视台北纬30度——“远方的家”的女主角到湖南卫视“直播吕洞村”的斗茶会冠军，龙燕都仿若吕洞山飘然而来的茶仙（图8-6）。龙燕2005年取得了全县第一个中级茶艺师证，2007年取得了全国二级评茶师资质，2008年取得了国家级高级茶艺师证。

图8-6 龙燕在茶叶基地观察茶苗
（保靖县茶叶办提供）

五、保靖黄金茶传统工艺非遗传承人——戴四生

戴四生是第七批非物质文化遗产项目代表性传承人，是“黄金古茶制作技艺”州级

传承人。戴四生父亲戴贵熬，为第五批非物质文化遗产项目代表性传承人。

黄金茶，只取鲜嫩芽叶，在“黄金古茶制作技艺”州级传承人戴四生的眼中，每一颗都需要用心守护。从茶园开始，便丝毫不能懈怠。有着“雨天不采、露水不干不采、细瘦芽不采、虫伤芽不采、开心芽不采”等“十不采”讲究的精选料，进入他的工厂将迎战黄金24小时制作。杀青、揉捻、干燥，仍然保留着古老的制法。对戴四生而言，黄金茶“鲜、甜、香、爽”和“早、嫩、珍、鲜”是好春茶的必备元素。

六、保靖茶王——梁磊

2017年3月31日，保靖黄金茶第三届“茶王”争霸赛在吕洞山镇夯沙村举行。数十名手工炒茶好手参加比赛，数千名观众见证了保靖黄金茶新“茶王”的诞生。经过激烈角逐，来自水田河镇孔坪村排家苗寨的梁磊，夺得保靖黄金茶第三届“茶王”争霸赛冠军（图8-7），葫芦镇国茶村的石远材和石远宜分获亚、季军。“茶王”梁磊，是1991年4月出生，水田河镇孔坪村排家苗寨人。现在是保靖排家黄金茶合作社理事长，是保靖县培养的“一村一大”在读大学生，梁磊回乡创业，开发保靖黄金茶面积300余亩，合作社管理保靖黄金茶面积1800余亩，2009年起学习手工炒菜，参加了第一、第二届茶王争霸赛，终于在第三届茶王争霸赛上夺得桂冠。

图8-7 梁磊领奖（保靖县茶叶办提供）

七、保靖茶王争霸赛“王中王”——梁兴妹

2019年5月16日，保靖县葫芦镇国茶村里苗鼓阵阵，人声鼎沸，热闹非凡，保靖黄金茶（2015—2019）“茶王”争霸赛决赛在这里火热举行。经过激烈角逐，综合炒茶质量、速度等因素，来自该县水田河镇中心村的炒茶师梁兴妹，获得比赛总冠军。

梁兴妹出生于1968年，曾获2016年、2017年两届茶王争霸赛亚军，是水田河孔坪组人，婚后一直在家养羊。2009年，放了17年羊的梁兴妹毅然决定栽茶，她以每根0.5元的价钱到黄金村购买保靖黄金茶茶苗，种下了50亩茶。2012年，梁兴妹将200多头山羊全部卖掉，建起了自己的茶厂。现她不仅自己产业做大做强，已经种植有300多亩保靖黄金茶，炒制的绿茶、红茶、白茶、黑茶等分别销往上海、长沙等地，建立了保靖龙颈坳茶叶产业合作社，辐射带动周边中心片区百余户农户，其中包括精准扶贫建档立卡户30多户，共发展了1200余亩保靖黄金茶。

八、古丈茶王——向顺亮

向顺亮，土家族，1970年生，古丈县古阳镇宋家村人，他是家里的第三代茶农——从小看爷爷做茶，跟着父亲炒茶，从事茶行业三十多年。荣获古丈第八届“茶王杯”斗茶会金茶王，2015古丈县第九届“茶王杯”斗茶会银茶王；2018年荣获“古丈毛尖工匠精神奖”。

九、古丈茶王——向先情

向先情，苗族，1967年生，古丈县古阳镇宋家村人，是古丈毛尖第六届茶王。20岁开始在家里炒茶，有四个小孩，两个在读大学，一个在外地打工，还有一个在学习做茶。家里有几十亩茶园，自己管理，自己采茶、炒茶，多年里一直毫无保留地把自己手艺传授给茶农，村里的茶农都通过栽茶制茶走向了脱贫致富的道路。

十、古丈茶王——向春辉

向春辉，土家族，1972年生，古阳镇古阳村人，自青年时期就迷上古丈毛尖茶手工制作技艺，拜制茶老艺人为师。先后跟湖南省茶叶研究所研究员彭继光、高级农艺师沈仁春等人学习制茶绝活，由于潜心钻研，虚心求教，经十年磨砺，制茶技艺独树一帜，自有茶叶加工厂1个，年加工能力30t，自有茶园面积200亩，加工辐射带动面积2000余亩。2007年全县“茶王杯”斗茶大赛中，成为古丈县第四届茶王。2008年“中国（古丈）绿茶高峰论坛”茶叶评比大赛中，荣获金奖。2010年全县“茶王杯”斗茶大赛中，成为古丈县第五届茶王。是年，成立古阳镇树栖科茶叶专业合作社，任理事长。2012年被列入古丈毛尖茶制作技艺州级代表性传承人。2015年全县“茶王杯”斗茶大赛中，成为古丈县第九届茶王。2016年获湖南省劳动模范称号；获湘茶“工匠奖”。2017年全县“茶王杯”斗茶大赛中，成为古丈县第十届茶王。

十一、古丈茶王——向仍坤

向仍坤，男，土家族，古丈县古阳镇蔡家村人，村支部书记。从2002年至今带动老百姓种植绿茶1000多亩，茶叶加工大户35户。通过茶叶加工制作使老百姓脱贫致富全村人均存纯收入约8000元，成为远近闻名的茶叶专业种植加工村。为了带动更多的年轻人学习制茶技艺，免费教授村民学习加工技术，共教授学徒30多人，制茶技艺得到大家的肯定，全县各乡镇组织村民前来参观学习。自2002年古丈县第一届斗茶会以来，多次荣获制茶大师称号。2012年在古丈县红石林景区举办的斗茶大赛中获得金茶王奖，成为古丈县第七届茶王。2005年在湖南农业大学进行为期一个月的茶叶栽培、管理、制作等理论学习；2015年在县茶叶局的组织下到贵州都匀参观学习绿茶制茶技艺；2017年在湖南省农业厅组织下到石门县参加绿茶手工茶制作大赛和交流学习。

十二、古丈茶王——向德荣

向德荣夫妻一直在古丈双溪宋家寨经营茶叶合作社，向德荣2017年获得古丈银茶王，湘西首届“湘西香伴”杯名优绿茶特等奖。

2018年，在中国茶叶流通协会主办的2018年第二届中国（南昌）国际茶业博览会工匠评比暨首届“浮梁茶杯”手工绿茶制作技能大赛上，古丈县茶王代表队3名参赛选手均获奖，其中古丈银茶王向德荣、金茶王向春辉分别以94.48分（排名第一）、92.94（排名第三）分获得直条（针形）绿茶特等奖。

2020年8月18—20日，2020湖南技能竞赛暨首届“湖南红茶”茶叶加工职业技能竞赛在常德桃源举行，古丈县向德在全省参赛的72名制茶高手中获得第19名的佳绩。是年，12月24日下午，在吉首皇冠假日大酒店召开的2020年湘西州茶产业高质量发展论坛上，公布了由湘西州茶办、州茶协、州农科院茶叶研究所评选的2020年度湘西州十大制茶师名单，古丈县向德荣等4名制茶师入选。一系列的荣誉，展示了古丈茶王向德荣的风采，是对向德荣手工制茶技术过硬的肯定。

十三、古丈茶王——张远忠

张远忠，男，土家族，1950年生，古丈县古阳镇梓木村人，古丈县岩头寨镇茶歌茶叶专业合作社理事长，从事茶叶工作40多年（图8-8）。

图8-8 张远忠（古丈县茶叶办提供）

1972年参加湖南省供销社茶训班学习茶叶生产、加工、验收技术；1982—1984年与李启富、王坤老师傅研制古丈毛尖针形茶获得成功；1988年获北京中国首届食品博览会金奖；2005年获古丈县第三届“茶王杯”金茶王；2010年荣获湖南省非遗项目古丈毛尖茶手工制作技艺代表性传承人；2017年获古丈工匠精神奖。2010年4月，中央电视台一行来到苗寨，录制《古丈毛尖茶制作技艺》传承人张远忠炒茶的全过程。张老自幼学习炒茶，并多方拜师，经40多年的磨炼，终于摘下第三届茶王桂冠。如今，他辟有30多亩茶园，在茶叶一条街建有茶王茶店，实现栽培、炒制、销售、茶艺表演一条龙，还挂上“古丈毛尖茶制作技艺传习所”牌子，成为古丈茶叶产业化建设一个缩影。

黄金茶

第九章 茶俗篇

湘西茶文化源远流长，对整个中国茶文化的产生和发展起着重要的作用，有着不可或缺的影响。湘西人民长期以来按照自己的方式种茶、制茶、饮茶，形成了自己一整套的茶俗文化。古老的茶史、动听的茶事、纯朴的茶礼茶俗等，沉淀了湘西茶十足的茶俗底蕴。

第一节　日常生活茶俗

湘西人民向来热情好客，以前在湘西苗乡农忙时节，每户下田农作会带一大壶茶水，除自己饮用之外，也方便邻居或路人。苗乡的凉亭或雨棚，还有风雨桥等公共建筑内也大多设有茶水，供大家饮用。陌生路人经过，或口渴应邀进门喝一口。茶是再自然不过的事情，事情虽小，意义深远。茶在湘西人民日常生活的社交场合和各种仪式中得到广泛应用，逐渐用茶礼茶仪固定，成为传统观念的象征，并在民间生活中得到继承。

一、火塘煮茶

明清时期，茶叶对湘西普通农家来说是奢侈物，极为珍贵，产出的茶用来换粮，无茶产出的无经济能力喝茶。要喝茶也是大多采摘自家周围的野生茶树，制茶自用。一般是早晨煮一大壶放凉了之后供一天饮用。民国时期，湘西农家喝茶之风盛行。这时期，湘西农家不备热水瓶，客人来了或是自己要喝热茶，都是现煮现饮。每次上山劳作的农家人，都会从山里带回一把野生茶叶。晚上，山上天冷，农家人围着“火坑”烤火。待柴火烧尽，炭火正旺时，就把“鼎罐”挂在“火坑”的正上方，“鼎罐”烤热了之后，再把茶叶放进去摇一摇，不一会儿便香气四溢，水煮沸，舀出来倒入碗中，金黄明亮，栗香高远，喝入口中，消渴生津，清热解毒，这是湘西户户必备的日常饮品，可为劳作一天的家人除湿驱寒、强身健体。现在也有用茶叶直接煮茶的，方法是将茶叶放进茶壶，然后注入冷水，放在火塘撑架上煮开，然后倾倒杯中，就成了一杯杯的敬客香茗（图9-1）。

图 9-1 以茶待客的湘西人民
（湘西州茶叶协会提供）

古丈上洞溪十里村寨依然保留着鼎罐茶的习俗历史传承至今。据史料明朝正德年间

（1506年）古丈张氏族谱记载：张氏祖宗于宋朝大儒张栻之后代，沿沅陵而上迁上洞溪而居，拓疆种茶，繁衍生息，南种青龙山，北种大岩板，以种茶唱辰河高腔产地而闻名方圆百里。每逢正月，五十八寨苗民聚在一起，跳童子舞，唱辰河高腔，鼎罐煮，灶锅熬浓茶，杀猪宰羊，让客人醉茶三天三夜。

二、煨 茶

煨茶是湘西当地农家上了年纪的老人最普遍的茶俗方式。煨茶，是将茶叶放在茶缸中，注入山泉凉水，然后将茶缸置放在火坑一角，在杯子外沿堆放余薪炭火，将杯中冷水用文火慢慢煨烤至干，使水和茶叶充分融合。老人对这煨开之茶，并不着急倒出来饮用，他们通常是坐在火坑边，含一根长长的铜嘴烟杆，将烟嘴伸进火坑中，吧嗒吧嗒地吸着，一边给围坐身边的年轻晚辈讲些古老的民族往事，直到口渴，才端起茶缸小饮一口，因为热茶烫嘴，老人在饮茶时常常会伴随着一溜长长的嘘声。若是你走进这里的农家，会看到火坑里面都有一个被烟火熏烤得失去了本色的茶缸，那茶缸，便是老人煨茶的器具。一撮茶叶，老人可以煨上一天甚至两天，每当浅喝，就会即刻加入生水，继续煨烤，因此一天到晚，老人都有煨茶可饮。煨茶在湘西山寨农家，几乎就是家庭最高长辈的专用茶饮，其他人很难有此享受。煨茶不是大口喝的，只能小口品尝，品尝它的醇厚。

三、茶 粥

每当炎热的夏天来临时，湘西农家都不得不做“茶粥”来吃，而苗语字面意义是“茶粉粥”。这种茶粥的做法是首先将米或玉米粉放入锅中，加入大量煮沸的水煮成流质汤，然后加入少许茶叶、紫苏叶和菜叶混合，彻底煮熟后加入适量食盐。有些人没有茶粉，只加了紫苏叶和菜叶，名字仍叫作“茶粉粥”而不称为“菜粥”。这可能是因为这种粥含义是固定的，大家都叫习惯了。因此无论是否加入茶叶，都称为“茶粥”。吃这种“茶粥”既能解渴又充饥，在炎热的夏季，人们食欲不振，这种“茶粥”能够使人打开胃口。在湘西农家祭祀雷神、土地、五谷神时，茶粥还是供祭祀活动的人食用的食品，只是在里面加入嫩猪肉，相传吃了可健康长寿。

四、葛根茶

湘西苗族、土家族喜食葛根。葛根是一种野生藤本植物葛的根部，在无污染的高寒群山之中生长。葛根生津止渴，清热解毒，含有大量黄酮类化合物，甘甜无毒，可退火降血压，抗病，解毒，预防癌症。葛根对脑血液循环有改善作用，可以缓解高血压引起的头晕、头痛、耳鸣、腰酸腿疼等症状。葛根可生吃，因其粗纤维较多不可食，基本上是咀嚼之后将粗纤维吐出。因其兼具净化口腔，清新口气的作用，且生食咀嚼耗费一定时间，也可以看作是“湘西口香糖”。葛根加工方法是提取葛根粉，沸水冲泡成膏状或温水冲泡。或者将葛根切成薄片，加水煮沸饮用。葛根茶是一种纯天然的，没有任何污染，没有任何化学物质的绿色饮料。它含有丰富的钙、铁、铜、锌、硒、磷和人体必需的维生素以及18种氨基酸。长期饮用，使人精力充沛，可预防和治疗心血管疾病，还有滋养神经、养阴益脾、养胃活血、美容养颜的功效。

五、锅巴茶

苗族“锅巴茶”是将饭锅巴在火里烧焦后，及时放入开水中，使水呈棕红色，味清香，是湘西土家苗寨的常见饮料。锅巴茶的制作非常简单。每户煮饭都会有锅巴，在他们吃完饭后，会倒入一勺水在锅中煮沸，使锅巴变得又湿又软。冬天趁热喝，夏季可以放凉了喝。这样既不浪费食物，也制作了一份好茶。锅巴茶以鼎罐锅巴泡的为佳品，灶锅里的锅巴虽然干吃焦脆一些，但经过水一泡，味道就淡了。另外，糊米茶是锅巴茶衍生而来的，方法简单，就是在荷叶里包糯米，埋进火灰中烧糊再冲泡即成。

六、捂碗谢茶礼

捂碗谢茶礼流行于清末至民国的浦市、茶峒、里耶、王村四大水路重镇的商家和乾州、永绥、凤凰、古丈苗疆四厅官场中较有修养的茶客，现已基本消失。当时，有身份的茶客一般推崇盖碗茶。盖碗茶大多在大户人家或大街市的高档茶馆才有配备。招待客人饮茶时，如果碗中仅剩三分之一，就得续水。这时，客人若不想再饮，就得谢茶。谢茶时不用言语，而用一个组合性手势含蓄地进行表达。平摊右手掌，手心朝上，左手背朝上，轻轻移动手背即可。此举意为“请不再续水，我不再喝了，谢谢你。”

七、茶养生

早在唐宋时期，湘西的苗族人民就用茶叶粥来治疗感冒发热和肠炎痢疾；用茶和姜、洋葱治疗伤寒和咳嗽；茶加金银花治疗感冒、肿胀和未知肿毒；茶加入野菊花可以缓解咳嗽，缓解疼痛，清肝明目；茶加醋可以减轻牙痛和腹痛。猪、牛和其他动物也用茶和其他药物治疗，方法简单，安全有效。现今湘西苗族人民仍在广泛使用一些土生病单方。古苗人说：“早晨四杯茶，饿得郎中爬”是非常科学的。

湘西农家认为，早上喝茶可以解渴，晚上喝茶可以清爽爽口；在夏天喝茶喝热茶，可以缓解寒热；冬天的茶可以缓解寒冷；下班后喝茶可以消除疲劳。湘西地区有很多长寿老人。许多高命寿的人在数百岁时也很视力也很清楚。一些高龄人士在八九十岁时也可以做家务。他们长寿的原因不仅是他们的性格开朗，美丽和干净的生活环境，而且与他们长期喝茶的关系也非常密切。

茶疗在湘西民间非常普遍：长疮生包用茶敷在患处，可消除肿胀和治疗长期疼痛的疮包。蚊虫叮咬用茶可以去痒消毒，酒和肉吃多了用茶可以清醒和促进消化；精神疲劳用茶可以清醒头脑，令人悦志；用茶叶枕头可治疗心血管疾病，且可明目清心等。

当然，我们也必须注意茶叶的滥用。虽然茶对健康有好处，但它不能过量饮用。不是说茶越浓越好，喝茶必须适度。胃寒者不宜多饮绿茶，否则影响肠胃；如果神经衰弱或失眠，睡前不能喝茶；用药的同时一般不应该喝茶，以免降低疗效。由于茶对牛奶有涩味的影响，哺乳期妇女也需要少喝茶。

第二节　丧祭茶俗

茶在湘西民间信仰中的重要地位源自其自然性状和药用功效，无论是祭祖、拜神，还是办丧事，各种仪式都需用到茶。他们都表达凡人想用茶作为与人沟通的媒介来沟通祖先，使凡人获得庇佑。

一、“祭茶神”

湘西农家经常使用“清茶四果”或“三茶六酒”崇拜天地，希望得到庇佑。特别是一些老年人祭拜天地的时候用茶，表现出最大的敬意，因为他们笃定茶是“神物”。“祭茶神”是传统的习俗（图9-2）。在春天，当茶叶变绿时，每个家庭都会用几天时间祭祀，三次祭祀分别在早中晚，上午祭拜早茶神，中午祭拜日茶神，夜晚祭拜晚茶神。整个仪式特别严肃，所有的笑声都被禁止。传说茶神穿金戴银，不

图 9-2　湘西保靖农家“祭茶神”（保靖县茶叶办提供）

入闹市，谁家宁静就降临谁家。当他听到笑声时，他便不会来。于是白天的时候，用一块布在房子外面遮住，闲杂人等则不允许参加。在晚上，有必要熄灭房子里的灯光祭祀。祭祀品主要是茶，还有纸钱、糯米粑等。

在吉首隘口当地茶农的生活中至今仍保留有祭茶神的习俗。每年做完春茶，家家户户都要用5天时间，分早、中、晚3次祭祀。祭品就是本地的黄金茶水，用蒿草将茶水沾上神龛，全家膜拜，虔诚之至。在保靖黄金村可以看到，人们堂屋中供奉的不是天地君亲师的牌位，而是“天地仙姑师位”，“仙姑”就是“茶仙姑”。

二、茶祭“八部大王”

在土家族流传的《梯玛神歌》中，“八部大王”有母无父，母亲是吃茶叶怀孕的，怀胎3年，一次生下八兄弟，母亲无法养活他们，将他们丢在荒郊野岭，八兄弟得老虎喂奶后长大，成为彪形大汉，又回到母亲身边，后来，八兄弟却成了土家族八个大王。美丽的传说道出了茶叶的神奇功能，理所当然与人们的生存结下了不解之缘。于是八部大王对茶情有独钟，一直称茶为父，供为茶神。八部大王爱民如子，深受土家族人的敬重和爱戴，每年春节期间，土家族人举族而庆，欢聚摆手，跳“毛谷斯”舞，这些场所称为“摆手堂”。“毛谷斯”俗称毛人节，是土家族人祭祀茶父祖先，达到人神共乐的舞蹈形式。其表演者都以稻草包装成“毛人”形象，故曰“毛人节”。

“毛人节”这天人山人海，五色龙凤旗林立，远处土家长号低鸣，唢呐齐奏，锣鼓喧闹。各村寨赶来祭祀的队伍，都由巫师带领。巫师黑袍黑帕，腰系法兜，身背法具，手拿一把红色油纸伞。随后跟着一些提茶壶油罐的，提香纸蜡烛的，端托盘的，抬全猪全羊的人群。再后就是全村寨的男女老少群队。

一是献祭，鞭炮齐鸣。祭祖队伍严格按辈分大小先后进场。巫师手执法刀，神情严肃地代表本村寨向祖先茶父和八部大王念一篇黄纸写的祈祷词，念完后烧掉。由巫师向茶祖敬茶，口里振振有词，嘟囔一阵，将茶碗端过头顶，三鞠躬后，一饮而尽，然后就祭上一头修得白白净净的大肥猪和大公羊，鸡鸭鱼肉等祭品。辈分最大的一位巫师面对茶祖神堂跪下，用土家语念出各种古奥的咒语和祈文，一时毛人应声躁动，呓语声大作，全场一片哗然。此时的巫师充当了人与神之间的代言人，地位显赫。

二是迁步舞开始，大鼓大锣齐鸣。舞蹈以三摆一跳的步伐进行。由巫师带领，毛人全部起舞，摆手舞分为单摆、双摆、环摆、大摆、小摆。入场后，大家随着锣鼓节奏起舞，数百人乃至上千的毛人队伍，首尾照应，全场不时高呼“嗬出嗬出”声势强大，蔚为壮观。接着就是表演披荆斩棘、烧荒播种、涉江翻岭、狩猎攀援、建立家园等动作，还有模仿先民劳动，采茶炒茶、栽秧打谷、丰收欢庆的多种场面。远古荒蛮的傩文化早就孕育渗透着茶文化的精髓，互为一体，相得益彰。毛谷斯祭祀的初意是崇敬茶祖，八部王。土家族后人以茶神为父是一种人类远古质朴的再现，是远古真实傩茶文化的民族图腾，充满着男性的雄美，沉积着人类生命的况味，凝集着“我即茶，茶即我”的忘我情怀，昭示着人类茶文化的文明起源与傩神文化的承接和最高境界。这是一种物我两忘，自然化人，人化自然的境界，是突破物我的境界，是一种纯粹地走向理想中的自然意境，是茶与傩神文化的人类自我超越，是最沧桑的原始的人性之美和灵性之美。

三、茶祭巫傩

湘西有荆楚遗风，是巫傩文化的重要发源地。古代，巫师利用所谓的“超自然力量”进行各种活动，都要用茶用酒，捧奉给上天、神明和祖先享用（图9–3）。

图 9–3 十八洞村茶祭巫傩（花垣县茶叶办提供）

在湘西，不管是土家族的社巴节，还是苗族的赶秋节，都离不开茶。茶在祭祀中频繁出现，以茶为祭巫词吟诵：“酒如流水地上洒，茶盘端茶把菜加。茶酒人醉心不醉，莫忘绳索把魂拉！”又“掌堂师傅啊，一碗法水来作法。焚香香烟渺，燃火煮香茶啊！”“搬酒哥哥搬酒，搬茶哥哥搬茶”。

茶之所以为祭，其原因大致有四点：一是治疗身体上的某种不适；二是在繁重的体力劳动、旅行或战争中提神、缓解肉体的压力；三是在某些宗教活动或巫术仪式中，改变人们对现实的感知，导致某种沉浸状态；四是纯粹为了享乐使用，它能使人兴奋、沉醉，使人感受到特殊的幸福、欢畅、激昂或沉静、智慧与雄辩。

湘西茶文化中有很强的巫傩观念，每年的傩事活动都和茶叶种植、采摘密切相关。人们跳傩舞、戴着傩面具表演傩戏，其实就是希望茶叶种植采摘等农业生产能风调雨顺、顺顺利利取得丰收。每年的正月是傩戏、傩舞表演的高峰时期，这个阶段正是农闲的时候，人们利用空闲时间用傩舞、傩戏来表达对未来一年茶叶种植采摘等农事活动顺利的祈愿。明清时期，在行傩的过程中，傩舞表演者还要到村子里的每家每户去跳傩，每户人家都要为跳傩者准备茶水，而且喝茶也是一种仪式。敬茶者用茶来表达对神灵的敬意，喝茶者作为沟通神灵和凡人的媒介在喝茶的时候需要一套仪式来沟通神灵，期盼神灵的庇佑。通常茶水要先敬天地鬼神。行傩者把茶杯高高举起，用手指蘸着茶水向天撒几滴，表示敬天，再低附着头，向地洒几滴茶水表示敬地，然后再在这户人家屋里屋外到处走一遍，边跳边洒着茶水，据说这样可以辟邪，去除霉运，保佑这户人家来年诸事顺利。仪式做完后才可以在正堂坐下，摘下傩面具，规规矩矩地喝完一杯茶。

四、茶祭山神

在湘西古丈、吉首、永顺等依靠种茶为生的茶农，对茶山上的各路神仙，都非常敬仰，从内心感激山神对茶山的庇护。每年新茶开采前，都要先在茶园举行祭拜山神的仪式，俗称“开茶山”。开茶山是非常隆重的事，活动内容包括叙述茶史、茶舞表演、书香传艺、茶歌对唱、祭拜茶山、歌颂茶神等，祈求风调雨顺、茶叶丰收。仪式结束后，新茶采茶正式开始。据传，在古丈二龙庵庭院门前曾种茶36株，高33尺，年年清明，岁岁绿荫，庵堂戒斋沐浴，焚香烧纸，年春入社，择吉日入山采茶。道长主持念开山绝：“东五里，南五里，西五里，北五里，五五二十五里，敬茶神，敬土地，采嫩芽三百六十五叶，头顶回，不污秽，新锅炒，形如尖，有白毫，溪泉泡，鼎罐煮，灶锅熬，系花带，穿红袍，三大碗，敬土地。”

五、抬丧茶

抬丧茶即将离世的老年人在闭上眼睛前也必须喝点茶。村里的长辈们从青蒿叶子上蘸一点茶到垂死的人的嘴边。老人过世后，必须先用茶擦身体，然后穿寿衣入棺。盖棺前，亲人将当地茶叶放入死者口中，用茶叶制成枕头，让其在阴间可以继续享受地下世界的醇香茶。家人也会在棺木里放些茶，其用意主要是起干燥、消毒、除味作用，有利于遗体的保存。这一做法意味着让已经去世的人到了阴间也可以喝茶。

在古丈、保靖等县，村里的丧事有朋友和亲戚的帮助，请他们喝茶，这叫作喝“抬丧茶”。每个人都聚拢来，葬礼被视为婚礼，他们热闹地将之作为喜事办两到三天。死者上山埋葬后，所有人才各自散去。所有这些的意义在于避免罪恶和避免灾难，并保护死者的后代。

第三节　民间喜庆茶俗

民间喜庆茶俗是我国的一种民间风俗，它是中华民族传统文化的积淀，也是人们心态的折射，有较明显的地域特征和民族特征。湘西地区是苗族、土家族聚集地，形成了富有该地区少数民族特色的民间喜庆茶俗。茶在民间婚俗中历来是“纯洁、坚定、多子多福”的象征，如结婚时预示着百年好合、早生贵子的“三道茶”，拜堂后对茶歌时喝的“筛茶”等。

一、“吃茶定亲”

“以茶传情”“吃茶定亲”是湘西很早就有的婚俗。早在宋朝，这种吃茶与婚配的关系便有记载。陆游在《老学庵笔记》记载了湘西一带少数民族的吃茶定亲：“辰、沅、靖各州之蛮，男女未嫁聚时，相聚踏歌，歌曰：‘小娘子，叶底花，无事出来吃盏茶’”。不少年纪大的农妇家中儿子年纪大了还未婚配，有适龄且未婚的少女上门，妇人就会泡茶试探少女是否属意。

湘西人民对婚姻习俗中的茶叶给予了更多的美好意义，茶叶与婚姻习俗的婚姻贯穿了爱情，婚姻的全过程，茶成为婚姻和爱情中不可缺少的载体和吉祥物。年轻男女恋爱的地方就是茶园。当春风温暖，茶芽被唤醒时，年轻男女心中休眠的爱情也开始萌芽。茶园也开始唱起了甜美的民歌，很多爱情就在茶园里产生（图9-4、图9-5）。

待一季春茶结束，唢呐便会在村子里响起。那便是定亲或者结婚的喜讯消息。并非所有在茶园里摘茶的女孩都是未婚女孩，如果这个女人有了对象，那么这个男人决不能冒昧对歌。如果他对上热烈的情歌，轻则遭人白眼，重则后果将是毁灭性的。湘西人民对爱情忠诚度高，假如要打探女方情况，不能直白的去问，要问其他人“那位姑娘吃茶

图 9-4 茶园传情（湘西州茶叶办提供）

图 9-5 茶园幽会（吉首市茶叶办提供）

了吗”。湘西农家婚姻里的茶，是不可或缺的礼品。去女方家过礼如果忘记了带上茶，再多的好烟好酒，礼注定交不掉。女方家会觉得，只带市上卖的烟酒有摆阔的味道。新郎官除了与女方家对歌外，把新娘子从闺房里请出之后，还得给众客人烧水煮茶。茶神无处不在，第一杯茶必须从头顶抬起并敬给茶神，这是规矩。第二杯应该敬新娘的父亲。这位父亲在喝完茶后感觉茶泡得很好，就会在自己的口袋里摸钱给敬茶女婿。接下来，新郎要将茶逐次敬给客人。这也是认识亲戚的过程，一边敬茶一边认人，三姑六姨，叔伯兄弟，都是从一杯茶开始成为亲戚。

春种秋割时，湘西农家忙于各自的田地，极少有空闲时间交流情感，唯有在吃晚饭时分，辛劳一天的村男村女们才端着装满了茶水的大海碗，习惯地来到一处或是村子中心的晒谷坪，或是村头的碾房旁，或是村尾的大树下，交心、喝茶、笑闹，一幅团结、悠闲、悠和、快乐的村民“情趣图”便会出现。傍晚来临，男女老少三三两两，不约而同地按习惯各自走出家门，端着大碗茶来到聚集地，一人一碗大碗茶便吆喝开了。虽然是扛碗喝茶，但各人却各有自己的心事。老人纯是闲聊，说古论今，妇女带小孩逗乐，汉子们咋咋呼呼，大喊大叫，用大碗茶来解酒解乏，妹子们叽叽喳喳围在一起说起悄悄话，小伙子们扛碗茶不是为了凑热闹，而是看准机会利用扛碗茶来表达爱情。这种爱的表达方式比传统的“绣荷包”“拉袜底”“吹木叶”“织锦带”更为直接、炽热、动情和纯朴。如果双方相互中意就交碗，很快地将茶喝完。初次交碗后，双方就相互约定一个地方，互相喂喝。到这个地步，表明爱情已经成熟，于是一些欢喜事便提前做了。关于以茶作为媒介成就婚姻的事情有许多。希望取悦苗家妹的单身汉必须在晚餐时端着盛满香浓茶的海碗，蹲守在树下面。姑娘对你感兴趣的话，便会走近，拿过你的海碗喝茶。

二、“筛茶”礼俗

湘西农村婚嫁时，在婚宴上常有“筛茶”礼俗。如在古丈，新郎新娘拜完堂，由“金童玉女”送入洞房后，婆家的七八个茶姑、歌娘端茶盘、提茶壶来到大门口，给送亲客敬茶迎入中堂。这时，女方送亲客就“发难”，要盘歌，开始喝茶，一唱一答，彼此叠起，互比歌才。一般是男方谦让女方，而如今谁也不让谁，试以茶歌决一高低。此时此刻，筛茶这一道礼节成为结婚场面上的一个亮点，四邻八舍的热闹人围听看闹。

一开始是“接路”。

婆家先唱：“手端茶盘二面花，来接亲戚到我家，我在路上迎接你，手里只端两杯茶。堂中有座位，喝茶话桑麻。”

娘家接唱：“今日来到贵府门，有钱人家门三层，莫把礼行兴大了，从今往后一家人。”

婆家接唱：“莫说礼行兴得大，笑坏古丈百万家，不过人熟礼不熟，请到堂屋喝好茶。”

喝几轮过后，还要问大门、问茶、问酒、问菜、问神堂、问媒、问嫁、问父母、问吉祥等。真是歌声悠扬，才高八斗，人越喝越亲，茶越唱越浓。到了一定火候，婆家让娘家，把贵宾引入堂屋。开始筛茶，筛茶便有“筛茶歌”。筛茶有三道：第一道清茶、二道炒米茶、三道红糖茶。边喝边唱，颇有饶趣。

娘家唱：“茶水似黄金，杯杯似分明，能解口中渴，好似树遮阴，姐姐来筛茶，请问茶根生。”

婆家答唱：“吃茶莫问茶的根，吃酒莫问造酒人，茶是神仙一棵树，栽种人间古丈城，名叫雀嘴一根针，古丈毛尖是香茗，妹妹且把根生说，奉劝姐姐品一品。”

唱完后，婆家父母给娘家送亲的人搞点“打发”，送点腊肉、米酒、粉面、粑粑之类的东西，鞭炮声中，唢呐齐鸣，婆家把娘家人送出村子欢欢喜喜地回家去了。

三、庆“上梁”茶俗

无论是过去还是现在，广大农村都把修房看为要事，讲究颇多，而其中“上梁”是建房中最为重要的环节。在湘西地区，茶是建房“上梁”仪式中“寓意兴旺”的重要礼节。“上梁”一般都会择吉祥之日，亲友前来庆贺，木匠会在栋梁的中间开一个长方形小孔，放入茶叶、铜钱、笔墨，再用原木缝好口系上红绸布。安放栋梁时，为主的木匠、砖匠师傅，在确保安全的前提下，坐在栋梁上，一边唱赞语，一边撒茶叶、盐、米，一边撒糖果、糍粑。这时，一屋的欢腾，一屋的笑语喝彩声，大家都说：好多人，好多人。以示兴旺。客人大茶大肉喝大酒的饱吃一顿，主人才会心安，寓示大吉大利，家宅人安。

第四节 待客茶俗

中国最常见的茶礼仪便是敬茶表敬意的“以茶待客”。来客敬一杯香浓的茶，这是对客人的极大尊重。在湘西，人们喝茶，懂茶，爱茶。当进入家庭，家里就有茶事。当地有云：客来无好茶，不是好人家。客来首先奉茶，与客人一起饮，谈笑风生。

一、“三道茶”

每个贵宾进门都有饮“三道茶”的习惯。第一杯是“下海茶”，通常是用陶器和苗族自制的陶器茶壶等较大的器皿。将山泉烧沸后，趁热投入大把粗茶，盛入茶壶中放凉即成。“下海茶”滋味浓烈。山民劳作之后，或路人旅途疲倦之时，饮下一碗主人奉上的“下海茶”，清凉止渴、疲乏顿消。“下海茶”喝茶方式粗犷，主客关系自然，平淡中见真实，朴实中现生活，礼仪虽简，情义却浓。这种茶味道苦，可以解渴。第二杯“毛尖茶”。毛尖茶由清明前后采摘的一芽一叶与一芽二叶初展鲜叶，手工精制而成，是湘西人民款待嘉宾的上品，饮茶所用茶具，力求精致，饮茶前，先用沸水荡涤茶具来温壶净盏，然后投茶注汤，水壶三上三下，茶注八分为满。家中女主人，或阿婆或少妇或少女举杯敬茶，不仅可欣赏毛尖茶的香醇，更体味到湘西人民的乡情和主人的情谊。一般来说，这种茶是用来招待贵族贵宾的。茶叶在茶汤中翻滚沉浮，非常美丽，滋味甜醇。第三杯是“银针茶”。银针茶乃古之贡品，多为社日所采之银针，过去为皇亲国戚所专享，清明之前选取形似雀嘴地嫩叶采摘。这种茶品质很高，做工精致，堪称毛尖极品。银针茶条索圆直、白毫满披、锋苗挺秀，品茶所用器具，要么是盖碗盅子，要么是精致玻杯，用新烧开水冲之，边欣赏，边品饮，味甘香雅，令人心旷神怡。

二、土家擂茶

在湘西土家族地区，还有一种待客的土家擂茶。相传很久以前，土家八部大王的阿妈久婚不孕。一个深夜阿妈梦见一仙姑手持花篮，将一包细茶粉放在床头，说是喜药，叫她喝下。翌日清晨，阿妈醒来立即将细茶粉煮水一饮而尽。于是怀胎3年，生下八个儿子就是八部大王。就是这八部大王，繁衍生息了湘西土家族。后来人们就仿照传说中的茶粉，擂制成土人喜爱的土司擂茶。如今婚后新娘常饮此茶，据说还可“早生贵子”。

还有一个传说，相传东汉建武二十三年（47年），名将马援率军队在五溪蛮出征，军队的管理非常严格，人民的生活没有受干扰。到了仲夏，士兵们都感染了一种疾病，战斗力下降，处境极为艰难。正在危难之际，土人有感其部属不扰百姓，送上煎煮的汤药给三军，疾病立除。马援问：“什么样的汤药？”回答：“祖传的五味汤”。即生米，生姜，生茶，盐和茱萸煲汤。“马援凿石室以安民，民间献擂茶以报德”的传说便流传下来。擂茶在之后武陵山区盛行，具有浓厚的地域风味，逐渐成为湘西的一种待客饮品。

土家擂茶制法，各种佐料与茶叶混沌一气，要吃香甜可口的佐料，必要把茶叶同时吃掉。最初，用采下的新鲜茶叶、生米仁和生姜等原料混研，加水后烹煮成擂茶，又叫三生汤。擂茶而今在原料的选择上已产生了较大的改变。如今除茶叶外再配上炒熟的芝麻、花生、阴米等，还要加些生姜、胡椒粉之类。擂茶不仅是一种饱肚解渴的食物，也是一种治疗感冒和驱寒驱邪的好药。中医研究结果表明，擂茶可以使皮肤焕然一新，清心明目，姜可以去湿发汗，解表理脾；阴米可以健脾和润肺，并去胃火。用这种方法制备的茶既解渴又强身健体。此茶饮用茶具均为土家竹筒，意在不走擂茶原味。喜咸者则放盐，喜甜者则放糖，随君自取。土司擂茶味香清纯，味道鲜美，是湘西土家人吉庆喜日必不可少的上等茶点。

第五节　礼仪习俗与茶

在湘西土家苗寨里，每逢喜庆节日、重大活动，寨里的人们总喜欢围坐在篝火前，把茶叶放在鼎罐里煮，腊肉的香味和馥郁的茶香相互交织，在欢声笑语中喝茶吃肉，一起度过一个温暖而快乐的节庆。茶是湘西人民日常生活与饮食中不可或缺的重要项目，也是重要的社交礼仪项目。在使用茶叶的悠久历史中，人们逐渐形成了有关茶的各种礼仪习俗。茶礼仪在湘西人民的生活中的作用及其所蕴含的文化意义远远超出了其物质特性，茶礼仪的象征意义使其成为文化的具体表达和象征。

一、“三茶六礼”

在湘西，有贯穿婚姻始终的“三茶六礼”与“三道茶”。所谓“三茶”，“一茶”提婚订婚日选甜茶；“二茶”结婚喜庆请喝茶；“三茶”公婆前敬拜茶，而纳采、问名、纳吉、纳徵、请期、亲迎“六礼”都体现在“三茶”中。提亲订婚选甜茶，也称“下茶”。男方看中女方家的女子想娶回来做媳妇，先要找一个媒人来女方家探口风。若两家婚姻关系确定下来，南方要准备礼物，选定吉日，到女方家去订婚“过礼”，彩礼礼物包括茶叶4两。到女方家后，女方要以香茶招待男方客人。女方姑娘为表一片真情，要亲手为未来新郎官敬上一杯清茶。男女双方喝了这杯茶，就算完成订婚仪式。所以“吃茶”也就是订婚的代名词。

举行婚礼时，还有行“三道茶”的仪式：第一道为白果，取结交百年，白头偕老之意；第二道为莲子或枣子，取早生贵子之意；第三道是茶叶，取“至性不移”之意。

二、“三回九转”

在湘西，明清时期，有“三回九转”的风俗。“三回”即放信茶，亦称头书；二道茶，亦称允书；三道茶，亦称庚书。“九转”即在“三茶”基础上完成“纳采、问名、纳吉、纳徵、请期、亲迎”六个礼仪程序。“三回九转”是封建社会时期“包办婚姻”的产物，加之礼节过于繁复，现被当今社会淘汰。

三、“合合茶礼”

旧时，是流行于湘西地区婚礼上的敬茶方式。礼茶方法比较简单，即婚礼上拜茶期间，新郎新娘于堂屋一侧同坐一凳，相邻两脚相互勾连，新郎左手与新娘右手互置于对方肩上，新郎右手与新娘左手之拇指及食指构成一方形，置茶碗于其上，亲戚等人以口凑近饮之，以此分享新人的喜气。

第六节　生育茶俗茶礼

湘西人们在长期的生产生活中，以茶入食，以茶联谊，不仅形成了待客、节庆茶俗茶礼，而且在湘西，从人的出生开始，茶一直伴随直至终老。

一、“洗三朝”

“洗三朝”，又称“洗三”“洗儿”，即在新生儿出生的第三天举行洗礼，是我国古代诞生礼仪中非常重要的一个仪式。“洗三朝”的用意，一是洗涤污秽，消灾免难；二是祈祷求福，图个吉利。明清至民国时期，在湘西乡村，孩子生下来后，第一件事就是接受茶的洗礼，婴儿出生时，洗身的水要放入适量的茶叶煮开，用温茶汤给婴儿沐浴，这样能起到消毒和开窍的作用；同时用经过消毒的细软白棉布，蘸温茶水轻轻地搅除婴儿口腔中的胎液，开始了人生中的第一次口腔卫生。另外，还有为新生儿用茶水抹眼睛的习俗，如新生儿出生后，家里人会泡上一盏清澈的茶水为婴儿清洗眼睛，希望此生心明眼亮。

在出生第三天的“洗三”礼中，一般要礼请族中最有福气的女子为婴儿洗澡，并邀请亲朋参加洗礼祈福活动。洗礼时一般用茶水洗头洗面，用艾水洗脚净身。若是小孩子体弱多病，父母在码头和官道边施舍茶水行善，可为孩子祈得福报。至今，以茶“洗三”的礼俗在不少乡村依然保留。

二、“报喜”

湘西地区的习俗，孩子出生时，要向娘家报喜，而从报喜所携带的不同礼物上，可以辨别新生孩子是儿是女。去向丈人家报喜，女婿的礼品中，会带上一支茶树枝。茶树如果是一芽一叶，就是给丈人家添了个外孙，如果茶树枝是一芽二叶，添的就是外孙女。村里左右邻居会用带露珠的芽茶作为礼物。如果生男孩，就送一芽一叶。如果是女孩出生，会得到一芽两叶，这意味着“一家有女百家求”。

三、“满月”

“擂茶剃胎发”是明清时期湘西土家族的一种茶事礼俗。无论男孩女孩，均要在出生后满月当天履行“擂茶剃胎发”仪式。先敬一碗清茶于祖宗牌位前，待茶稍凉，主持仪式的家族长者在整理好五牲福礼盒十全果盘后，就边放茶水，边默念“茶叶清白，头发清白”等祝语，然后才开剃，俗称茶叶开面。剃净后，其胎发须捡拾后，用红布包好，丝线捆扎吊挂在孩子母亲的床檐，直至孩子成大成人。剃完头，主祭的长者便抱孩子拜神“请菩萨”。然后，族人依辈。次叩拜祖宗，这种近乎宗教仪式的活动，又被称为“做全堂羹饭”。最后，小孩拜见亲友长辈，受拜者须回以拜见钱和见面首饰，仪式才算结束。

第七节　节日茶俗

茶饮不仅是亲朋团聚、传递祝福、表达感情的媒介，更演变为我国传统节日的特定文化符号。在湘西传统节日中，就有元宵节猜茶字谜底做茶字对联，清明节以茶祭祀缅怀先人，端午节以茶祝安康，七夕节鹊桥以茶为媒，中秋节月圆以茶怀乡，重阳节以茶益寿，春节欢庆以茶待客等。

一、“赶年节”茶俗

湘西土家族人过年，要过三次。一次是腊月二十四的过小年，二次是腊月二十九的过“赶年”，三是正月初一的过大年。过小年是土家族人自己地道的年节，过大年则是同汉族一起过的年节，大小年却一般，没有太多的讲究和特色。而腊月二十九要过的“赶年”则要“抢年”，也称“抢年节”，要喝“眼屎茶”，吃“眼屎饭”。

到了腊月二十九这一夜，全土家人不准睡觉，要坐等午夜的到来。讲起这吃眼屎饭，并不复杂。通常把白菜、萝卜、豆腐、大块肉煮成一锅。一家人夜半三更，脸也不洗，牙也不刷，各盛一大碗稀里哗啦匆匆忙忙地吃下去，讲究一个快字。因为不洗脸，不刷牙，睡眼惺忪，迷迷糊糊，眼屎一坨一坨地冒出来，故称吃“眼屎饭”。

吃眼屎饭简单，可要喝眼屎茶就要费点手脚，讲点茶道。眼屎茶一是要浓，二要醇，三要敬武神，四要时间长，喝得久。要慢喝到天亮才善罢甘休，喝罢后好生洗把脸，刷刷牙，把眼屎洗丢，欢欢喜喜地迎接新年的到来。

这浓是香茶放得多，醇就是架在火上煮，茶熬罐一直不下火架，热熬热喝，味不够了再加放香茶，眼屎茶味十分浓烈，人越喝越清醒，越喝越来劲，围炉而座，谈笑风生，好不快活！眼屎茶熬好了，第一碗要由家中长者敬奉武神一碗，放在神龛上。然后按大小辈分每人一碗，慢慢地品尝，直到天亮。

土家人腊月二十九过赶年节，喝眼屎茶，吃眼屎饭，它的来历在民间有两种说法：

一种说法是在很久很久以前，朝廷官兵占领了土家寨子，土家人被赶上了山。土家人就终日在山上苦练本领，等待报仇的机会。终于，挨到年底，机会来了。这时朝廷官兵忙着过年，防备松懈。土家人决定趁大年三十朝廷官兵们过年时发动攻击。于是在腊月二十九的夜里，准备出征攻打。是夜，其中有一长者高声喝道：“终夜不睡，为防瞌睡，须以浓茶喝之，持保独醒！”于是，土家燃起篝火，架起鼎罐，熬煮了数罐浓烈的香茶，送于壮士。乡亲们又想到他们这一去不知还有谁能够活着回来过年，于是家家户户又为他们做了一顿萝卜、白菜、豆腐、大块肉合在一起的饭菜，因为要急于出征，所以稀里哗啦地一下子把饭吃完，这就是后来土家人吃眼屎饭为什么要快的缘故。土家人喝了眼屎茶，吃了眼屎饭精神旺盛，打了胜仗，夺回了家园，为纪念这次胜利，以后每年腊月二十九半夜，土家人都要煮一罐眼屎茶、弄顿眼屎饭。久而久之，随着土家人的生活水平的提高，场火越做越大，就形成了现在的“赶年节”盛景。

赶年节的另一种说法是，相传明朝时期，日本倭寇侵犯中国东南沿海一带，朝廷下令要湘西土司王率领土家军前去攻打倭寇。皇帝圣旨传到湘西土司城这天，正好是腊月二十九，第二天就要过年了。为了能早日赶到沿海为国出力，土家军决定放弃过年，立即出发。寨子老人和妇女，想让他们再喝一次家乡的香茶和年饭，于是商量着为他们提前过年。就煮了浓浓的香茶和饭菜，端给即将上前线的壮士，让他们提前吃喝一碗过年茶和过年饭。后来，这批上前线的土家儿郎，全部为国献身，没有一个活着回来。为了纪念他们，土家族世世代代，就留下了这赶年的习俗。现在的土家赶年已十分热闹。二十九晚上守夜，神龛上点燃茶油灯，供上“眼屎茶”，火坑里旺火不熄地继续煎煮眼屎茶，通宵灯火不灭，喝茶吃肉到天亮，围炉长话，闻得雄鸡高唱，鞭炮齐鸣，争先恐后给武侯神拜年，一时整个山寨灯火通明，爆竹齐响，十分热闹。名曰“抢新年”。土家人认为谁抢得“新年”，谁家在新的一年里就吉祥如意，人财兴旺。

二、清明节茶俗

清明节是中国传承两千多年的传统节日，表达的是中国人对自己祖先的敬意与感谢。湘西有“无茶不在丧”的观念，在中华祭祀礼仪中根深蒂固。无论是汉族，还是少数民族，都在较大程度上保留着以茶祭祀祖先神灵的古老风俗。清明时节，扫墓祭奠祖先时，都以“茶、酒、果”等以表达对先祖的缅怀。

茶文篇

第十章

湘西茶文艺作品根植于丰饶的茶文化土壤和茶史古根中，浸透着湘西人民整个的民族意志，弘扬着湘西人民的崇高情操、民族精神以及顺乎于自然的美丽哲学和美丽人生，是湘西美丽山水孕育的文化瑰宝。在湘西，“一首茶歌、一段茶艺、一杯好茶”的湘西茶“盛情”，给外地游人及顾客留下了美好的印象。在茶与文化的交融发展中，湘西不断精益求精地提高茶品质，一代接一代努力经营和发展茶产业，茶文艺也取得了可喜的成绩。

第一节　茶诗楹联

湘西茶诗楹联是湘西茶文化的重要组成部分。随着社会的发展进步，茶不仅带动了经济的发展，还逐渐形成了灿烂夺目的茶诗楹联文化。湘西茶诗楹联文化是茶文化的出现，把人们的精神和智慧带到了更高的境界（图10-1）。

图10-1 重重茶山春色美
（湘西州农业农村局提供）

一、茶诗词

湘西茶山重重，处处诗。绿水青山，人杰地灵。受到得天独厚的自然条件影响，湘西人的灵魂深处充满了诗意，创作了一首首脍炙人口的诗词。

古丈采茶曲

其　一

青云山下采茶坡，访景游人听唱歌。知是培根林叶美，新芽摘比去年多。

其　二

界亭种子*植东坡，垦地培林产利多。今日开荒人不少。千家园里唱茶歌。

其　三

登山遥望碧云天，男女提筐两岸前。雨后兴歌桃水涨，武陵风景自春研。

其　四

灵草春来袅翠烟，欣然高唱入云边。采茶男女知多少，一曲清风众欲仙。

*界亭，在桃源以西。古丈种茶，原系五纯佑（伍纯佑）老先生于三十年前购自界亭而垦植于古丈者。因之古丈茶，今时遍山皆是矣。

上述4首古丈采茶曲出自岳麓书社2012年出版的，由沈瓒（明）编撰、李涌（清）重编、陈心传补编、伍新福校点的《五溪蛮图志》。1931年陈心传在泸溪传道时在一位古书收藏者手中发现了明朝沈瓒撰、清朝泸溪人李涌重编而未竣的《五溪蛮图志》书稿抄本。他在征得珍藏者同意后，将书稿抄录了一套，作了考校重编。他在马颈坳服侍期间深入到古丈、吉首、泸溪等地的苗寨，了解当地的文化习俗，观察民风。他发现《五溪蛮图志》所编写的内容已有出入，于是他以平时在湘西民族地区传教时所作笔记，以自己实地所见所闻的资料为依据，见所载事迹不足之处"增补之"，见其所记风土与"近年异同之"，则"以案语证明之"。并将增补重编稿定为《五溪苗族风土记》，后改为《五溪苗族古今生活集》四卷。2012年由湖湘文库编辑出版委员会整合为《五溪蛮图志》出版。上述4首古丈采茶曲可以看出，在春光明媚的清明时节，古丈县城四周到处是青青茶园，漫山遍野的茶园中，无数采茶男女身背茶篓一边采摘毛尖嫩芽，一边唱着茶歌，可谓撒遍山野尽茶歌。一幅自然美妙的新春采茶图跃然纸上，令人流连忘返。4首古丈采茶曲展示了古丈茶文化的绚丽图景，可与当今何纪光演唱的《挑担茶叶上北京》和宋祖英演唱的《古丈茶歌》遥相呼应。

宝塔诗

泡，

佳妙！

新饮料。

良时客到，

品前夸制造。

谷雨前雀舌噪，

石鼎松风诸佛笑，

一吸神清万方鸣好。

谓伪劣次品牌名休冒，

龙潭茶庄特制商标为号。

（罗幼龄）

清末古丈秀才罗幼龄为刘紫珊所开龙潭茶庄作过一首《宝塔诗》，罗幼龄显然借鉴了元稹《宝塔诗》的格式，并注入了自己的切身体验，因而艺术成就极高。刘紫珊是清末秀才，后投笔从商，被誉为古丈商星。刘紫珊在罗依溪附近有茶园数亩，所产茶叶很有名气。罗幼龄为其所作宝塔诗，对龙潭茶庄的特点以及品茗的风雅，抒发得淋漓尽致。而作为一种宣传广告诗，又如此别具一格，把诗艺和茶艺巧妙地结合为一体，堪称绝妙！

采茶曲

青云山下采茶坡，观景游人听唱歌。知是培根林叶美，新芽摘比去年多。

灵草春水缭翠烟，欣然高唱入云边。采茶男女知多少，一曲春风众欲仙。

（伍际虞）

清末民初，古丈与杨氏齐名的有许氏正味茶园、刘氏龙潭茶庄、伍氏青云茶社等，同行竞秀，素负盛名。这些解甲归田、辞官务农的人士，为了宣传各自产品，在茶文化上大做文章。青云山，城北里许，上建青云寺。乡绅伍际虞，特作竹枝词《采茶曲》。

二、茶　联

茶联是以茶叶为题材的对联，通常见于在茶馆、茶楼等门庭上，茶室、茶艺表演的厅堂内，及其他以茶联谊的场所，用以增加品茗情趣。

湘西人以茶陶情，以茶待客，饮茶成为一种独特的生活方式。这些茶联对茶文化的发展有很重要的意义，它丰富了茶文化的内涵，以一种高雅的艺术形式展现给世人。除茶诗之外，湘西随处都可见到雕刻精美的茶联。这一副副充满诗情画意的茶联，无不给人以美的享受和艺术熏陶。

湘西的茶联可主要分为两类：赞茶联和饮茶联。例如：

（一）赞茶联

时到茶园自然绿，春来芳草依旧苏。

古丈毛尖清香扑鼻驰名遐迩，狮口银芽白毫显露誉天下。

欲把西湖比西子，从来佳茗醉佳人。

旭日腾彩露春色无限好，绿茶傲霜雪江山分外娇。

（二）饮茶联

岭上绿茶香千里，杯中毛尖醉万家。

饮倩云峰交四海朋友，品古丈毛尖结五洲群贤。

青枝吐绿叶，黑锅炒白茶。

昔日溪州立铜柱清茶一壶熄烽火，今朝茶乡夺金杯薄酒几盅迎嘉宾。

美酒千盅成知己，春茶一杯能醉人。

第二节　茶封按语

湘西种茶制茶有着悠久的历史，也孕育了深厚的茶文化。20世纪20年代，传教士陈心传在湘西古丈传教时对古丈茶业进行了实地考察，在其所著的《五溪苗族古今生活集》中辑录了古丈茶商许介眉的《茶封广告》并加按语，这对于研究古丈茶文化具有极高的价值。

一、古丈许介眉《茶封广告》

茶封，即茶叶封装。正味茶园主人许介眉，系清末丁酉（1897年）拔贡，还任过古丈县知事。他精通中医，并亲自种茶，研究制法，并为所产“正味细茶”作广告。民国时期一位名叫陈心传的传教士来到古丈后，为古丈的优质毛尖和丰厚的茶文化所折服。在他增补重编的《五溪苗族古今生活集》中的“土产”中特增补了“古丈茶”一条。并将清末古丈“正味茶园”老板许介眉的《茶封广告》全文辑录并作案语。这也是辑录许介眉《茶封广告》最为完整的记录。

古丈茶

古丈茶，味微苦而甘，性微寒。因其制造出自天然，故能入五脏，大去浮热。又能明目清心，生津止渴，消食下气，和胃醒脾，除内烦，安心神，去痰火，醒昏睡，善解酒食、油腻、烧炙诸毒。更治偶然痰厥气冲、头痛如破，如服药味不效者，煮此茶恣意频饮，吐出胆汁即愈。若以蓄储令陈，同生姜等分浓煎饮之，可治赤白痢。（引自古丈许介眉《茶封广告》）

清朝晚期，古丈人许介眉好茶、会茶、吠茶、咏茶，精通茶道，开设有“正味茶园”，致力于古丈毛尖茶的种植、制作和推广，其制作的毛尖曾得到湘西王陈渠珍“清香扑鼻，异人传法”的赞许，并留下了著名的《茶封广告》。

陈心传在湘西古丈、吉首、泸溪等地传教时，深入到各地苗族村寨，了解当地的民族文化习俗，观察民风，每到一处，他都将当地的民俗民风、物产等详细记录下来，后增补进《五溪苗族古今生活集》中。陈心传在古丈传教时，目睹了古丈县城周边漫山遍野的青青茶园和满城沁人心脾的茶香以及深厚的茶文化底蕴。陈心传所辑录许介眉的《茶封广告》也许就是古丈毛尖最早的茶文化广告了，恐怕也是迄今为止古丈茶做得最好的广告了。整篇广告词仅120字（含标点符号145字），就将特性、功效及药用价值描述的一清二楚。

广告词首先道出“古丈茶，味微苦而甘，性微寒。”寥寥8个字就将古丈茶的特性描述的十分贴切。接着广告词仅用56字：“因其制造出自天然，故能入五脏，大去浮热。又能明目清心，生津止渴，消食下气，和胃醒脾，除内烦，安心神，去痰火，醒昏睡，善解酒食、油腻、烧炙诸毒。”将古丈茶的特殊功效描述得淋漓尽致，跃然纸上。广告词的第三部分用52字“更治偶然痰厥气冲、头痛如破，如服药味不效者，煮此茶恣意频饮，吐出胆汁即愈。若以蓄储令陈，同生姜等分浓煎饮之，可治赤白痢。”更是将古丈茶的药用功效描述得入木三分。使人见此广告有必购古丈茶饮之而后快之感。可见陈心传所辑录的许介眉的《茶封广告》不仅仅是一篇简单的商业广告，而是其中蕴含着古丈深厚的茶文化底蕴；许介眉也并非一般的茶商，而是一位精通茶道的古丈茶文化人。

二、陈心传《茶封广告》按语

陈心传在全文抄录了许介眉的《茶封广告》后，又写下了一篇按语：

古丈茶，出古丈附城数里之四周，乃近三十年来之名产。其茶，碧绿雀舌，味浓耐泡，清香可口。既能消食解腻，又可疗疾安神。尤谷雨前采品。每于饮后，必觉余味泽泽，口齿甘凉，是诚吾湘他茶之所望尘莫及者。闻其茶种，原系来自界亭，然以种以斯土，竟驾乎界亭所产而上之。正所谓“青出于蓝而胜于蓝”者也。今究其茶种，移此变美之原因，实为其土壤及制法之较他处有所殊异者。综观古丈茶园之土壤，多为花岗岩所分解而成之灰黄色土壤，内杂粉石碎片与细砂等甚颗，既不十分粘重，故极适合水与空气之流通。盖宜茶之于此变美也。再考其制法，系先以武火两炒两揉，或三炒三揉，然后以文火频频和动，焙之至于而成。如是，其原质得未走失，故其功用特佳，且较他茶之优美耐泡也。

由上述陈心传所加按语可以看出：一是20世纪20年代，古丈种植茶叶基本还是在古阳镇四周的数里之内，乡村种植茶叶者还未普及，因此，当时古丈茶虽已成为“近三十年来之名产”，但由于种植面积不广，故茶叶产量很有限。二是陈心传通过亲身对古丈茶的品尝，在许介眉《茶封广告》基础上，再一次对古丈茶的特性和功效大加赞赏：“其茶，碧绿雀舌，味浓耐泡，清香可口。既能消食解腻，又可疗疾安神。尤谷雨前采品。每于饮后，必觉余味泽泽，口齿甘凉。”并且称“是诚吾湘他茶之所望尘莫及者”，陈心传曾在湖南各地传教，当品尝过湖南各地茗茶，却独赞古丈茶为湖南各地茶叶“望尘莫及”，这绝非虚言，这说明当时的古丈毛尖在湖南省内是独占鳌头的。三是陈心传对古丈茶种的原产地及引种至古丈后成为优质名茶品种的独特地理生态环境进行了考证。认为古丈茶种“原系来自界亭”。界亭即今沅陵县官庄镇，自古“产茶，其味香清，岁以充贡。”为湖南著名茶叶之乡，其茶种品质优良。据曾继梧等编的《湖南各县调查笔记》记载：“沅陵，又界亭镇产茶，每年出细茶叶亦多，其味清香。”

界亭茶种引进至古丈后，“然以种以斯土，竟驾乎界亭所产而上之”。为何界亭茶种在古丈种植后产出的茶叶却能“青出于蓝而胜于蓝”呢？对此，陈心传进行分析后得出结论认为：“今究其茶种，移此变美之原因，实为其土壤及制法之较他处有所殊异者。综观古丈茶园之土壤，多为花岗岩所分解而成之灰黄色土壤，内杂粉石碎片与细砂等甚颗，既不十分黏重，故极适合水与空气之流通。盖宜茶之于此变美也。”说明古丈特殊的地质土壤结构和自然环境是古丈茶竟优于沅陵界亭茶的主要原因。陈心传还对古丈茶的独特制作方法进行了描述：“再考其制法，系先以武火两炒两揉，或三炒三揉，然后以文火频频和动，焙之至于而成。如是，其原质得未走失，故其功用特佳，且较他茶之优美耐泡也。”这说明古丈茶独特的手工制作方法也是湖南“他茶之所望尘莫及者”的重要原因。

由此可见，陈心传作为一名传教士不但学贯中西，而且对中国茶文化也极为精通和偏爱。他在古丈传教期间，对古丈茶文化也做了深入细致的调查和研究，并将古丈茶与其他名茶对比研究后得出了古丈茶“是诚吾湘他茶之所望尘莫及者”的结论。这一结论是符合实际和恰如其分的。

第三节　茶话俗语

湘西人认为茶是善良和纯洁的象征。许多山水均用茶命名，比如茶岭、茶坡、茶山、茶坪、茶溪、茶洞湾等。在黄金村附近的村寨多带“吉”名：如排吉、夯吉，吉（Gea）本是苗语中茶的发音。在人名或绰号中也有习惯带茶字。如湘西苗家女子被取名为茶花、茶紫、茶春、茶香、香茗、茗玉等。茶大、茶二、茶三、茶狗、茶猪儿之类则用来称呼男孩。这些俗语都是人们在生活实践中积累所得，以这种通俗易懂的语言方式流传开来，展现了劳动人们的勤劳和智慧。

一、茶　话

湘西每一个地方都有属于自己特定的方言词语，都有自己特殊的表达方式。例如，湘西古丈人将“喝茶”叫作“吃茶”。与此类似的还有“吃水”“吃酒”“吃烟”“吃饮料”

等。“民以食为天”，这里将“喝茶”说成“吃茶”，是把“喝茶”放在了与“吃”同等重要的位置。再比如“摘茶叶”，湘西吉首人称作“咔茶”。“咔茶”看似平淡无奇，其实仔细品味，“咔茶”将采茶人的动作、采茶时茶叶“咔咔作响”的情形都生动地表现了。

二、俗　语

俗语指民间流传的通俗语句。包括俚语、谚语及口头常用的成语。湘西茶文化的博大精深和不分俗雅在这些经由湘西人民创作的茶语中体现出来。湘西方言中有关茶的俗语丰富多彩，按其内容和性质来分，大概可以分为三类：茶叶生产、茶叶饮用、以茶喻事。

（一）有关茶叶生产的俗语

要想长久富，多栽茶叶树。（表达了种茶的好处。）

家有一亩茶，养活五口家。（表达了种茶的好处。）

采茶采尖，锄草锄根。（强调了种茶要勤快，锄草、施肥，样样马虎不得。）

一担春茶百担肥。（强调了种茶要勤快，锄草、施肥，样样马虎不得。）

时节过清明，采茶忙不赢。（强调了采茶在清明时节，通常清明前的茶更好，也能卖个好价钱。清明后茶叶长得快，往往采茶人都忙不过来。）

早采三天是个宝，晚采三天变成草。（强调了采茶在清明时节，通常清明前的茶更好，也能卖个好价钱。清明后茶叶长得快，往往采茶人都忙不过来。）

茶叶是棵摇钱树，如同清明收早谷。（强调了采茶在清明时节，通常清明前的茶更好，也能卖个好价钱。清明后茶叶长得快，往往采茶人都忙不过来。）

乡下妹子好如法，十指灵巧会采茶。（“如法”为方言词，有“能干”之意。）

炒茶炒茶，犹如抱娃，看脸行事，见茶说话。（言炒茶如抱娃，说明炒茶是个集技术活，需要功夫。）

家有一亩茶，子孙有钱花。（表达了种茶的好处。）

七挖金，八挖银，九冬十月了人情。（强调了种茶要勤快，锄草、施肥，样样马虎不得。）

（二）有关茶叶饮用的俗语

北泉的水，二龙庵的茶。（强调了茶还需好水冲泡。）

土蔷开花细绒绒，冷水泡茶慢慢浓。（属于经验总结。）

饭后茶消食，酒后茶解醉。（表达了多喝茶的好处。）

多吃萝卜多喝茶，药匠改行拿钉耙。（表达了多喝茶的诸多好处，句中“药匠改行拿钉耙”指药铺都要关了门。)

清晨一杯茶，饿死卖药家。(表达了多喝茶的诸多好处。)

宁可一日无酒，不可一日无茶。(表达了多喝茶的诸多好处。)

粗茶淡饭少喝酒，一定活到九十九等。(表达了多喝茶的好处。)

进屋如到家，先喝古丈茶。(强调古丈人好客，进了屋门，都要以茶水待客。)

待客茶为先，茶好客常来。(强调湘西人好客，进了屋门，都要以茶水待客。)

太阳放霞，等水烧茶。(属于经验总结。)

酒吃头杯，茶吃二杯。(属于经验总结。)

(三)有关以茶喻事的俗语

人一走，茶就凉。(喻人情世故。)

好吃不过茶泡饭，好看不过素打扮。(喻简单、自然的东西最好。)

一个茶壶一个盖，自己堂客自己爱。(喻夫妻关系合拍就好。)

茶壶煮饺子，有货空不出。(喻空有满腹经纶，却不善表达。)

第四节　茶　舞

采茶鼓舞是湘西地区一种常见的舞蹈形式(图10-2)，在大型的庆祝活动中常常可见。在湘西古丈县流行“茶盘舞”，又称“献礼舞”，由四部分组成：首先，盛装打扮的女孩赴椎牛盛会，行动包括梳发、照镜子、拉鞋等。接着是端茶盘，奉茶，献礼，受礼等欢迎舅亲的仪式动作。然后，用喝酒、打鼓、对歌的舞蹈，诉说彼此的衷情。第四是打鼓比赛。最后，以激烈的双人击鼓舞蹈结束。

在湘西凤凰县还有一种茶灯舞。凤凰县茶灯的舞蹈，分“单茶灯”“双茶灯”“茶灯”三种。一般情况下只跳单茶灯，就是“一旦一丑”两人跳，俗称“二人转”，其他人和声伴唱。旦角叫“么妹”，也叫“花妹”，多是男扮女装，扎假辫，包头巾，系花裙，穿短围衣；右手执花折扇，左手执彩巾。茶灯舞都是小型歌舞，没有大型戏班，演员少，或二，或四，多则不过8~12人。男女演员配对，均身着彩色服装，打扮得妖媚多姿，他们同台载歌载舞，表演轻松活泼，热情欢

图10-2　黄金村苗族采茶鼓舞
(保靖县茶叶协会提供)

快，语言通俗易懂，曲调优美动听，又富于乡土气息，深受民众喜爱。特别是在新年元宵节，常形成“茶灯闹元宵”盛景，以歌纵舞，以舞狂歌。

第五节　茶　歌

由于社会化生产，茶叶逐渐成为人们日常生活中的基本内容，一种源于种茶和饮茶这一主体而产生的文化现象，这就是茶歌。湘西茶歌是我国历史较为悠久的民间艺术，是茶叶从生产到饮用过程中延伸出来的茶文化。湘西地区有着悠久的种茶和饮茶历史，而茶歌作为一个活动以茶文化为依托不断发展，从而形成湘西地区独具特色的民间艺术。

采茶歌正是当地居民在采茶时的情感抒发，走进湘西地区的村落、山区处处都可以听到清脆悠扬的采茶歌，例如“采茶曲”“采茶调”“古丈茶歌”“挑担茶叶上北京”“十二月采茶调”。在清朝，湘西采茶歌很盛行。男女青年在表达爱情时多用采茶歌互相答唱。就是一般成年人中用采茶歌互相问答、盘诘和交流各种知识也极为普遍。采茶的女人们，或是姑娘，或是媳妇；抑或漂亮，抑或贤淑。面对着灿烂的春光、葱绿的茶树、劳动中的欣喜，面对群体创作的身心激励，那“不自觉地艺术创作”使得“采茶调”自然地萌发了。这是她们释放自我情感的需要，是当众自我表现、争能斗巧的需要，也是她们女性心灵的完全打开。于是，茶歌便唱边茶山、唱透茶季、唱进人心。

一、茶歌传情

湘西茶歌的内容也有不乏反映农民劳作之苦及农村风土人情的，也有不少是对乡间常见恶习的善意批判和对美好生活的热情讴歌。这些在一定意义上决定了日后成熟采茶戏剧目的题材格范。而茶歌的来源，有的是对明朝民歌的继承和发展；有的是对外面民歌的引入与改造；还有茶农们的即兴创作和改编。

情歌是湘西茶歌的主要内容。湘西地处武陵山腹地，素有“一半山一半水，半分田园半分路”之说。靠山吃山，山区是他们生存和发展的基地。勤劳的湘西人们在山上开垦荒地种茶，以此来维持生计。每逢谷雨季节，劳动人们上山采茶。一般而言，茶树的生长都在一个较为集中的区域，而且采摘期也较短。采茶使得人们在茶园、茶山有了一个接触群体的机会。他们的劳动时间、地点、内容大体一致。这样，茶山便成了人们的天地了。茶季来临了，他们就不约而同地出现在这里。于是，湘西人民的性灵就可以得到充分的发挥，人们的情感可以得到真实的释放。在湘西的茶山上，漫山遍野的青年男女汇集在一起，五颜六色的服饰出现在碧绿青翠的山茶丛中。采茶活动中，这些青年男女，有着饱满的激情，有着满腔的喜悦，借助春风的吹拂，于是“情歌”也就在茶山上响起来了。对于湘西人们而言，采茶的季节就是本地区青年男女谈恋爱的季节，他们会通过互唱茶歌或者对唱茶歌的方式，把对对方的爱深情且大声地唱出来，将自己平日里不敢向对方倾诉的相思和爱慕表达得淋漓尽致且含蓄。

一些茶歌是由青年男女在日常生活中创作，内容多是湘西青年男女借歌传情。如在湘西永顺县，有一首茶歌《冷水泡茶慢慢浓》，歌曲里面唱道：“韭菜开花细绒绒，有心恋郎莫怕穷，若是我俩情意好，冷水泡茶慢慢浓”；在古丈有一首《你歌哪有我歌多》：“不唱茶歌不快活，你歌哪有我歌多。红石林里赛茶会，茶歌塞断西水河。天下茶歌这里多，茶园盖满武陵坡。坡前坡后几百里，万亩茶园二十多。姑娘采茶上高坡，云里雾里飘茶歌。口里唱出雀儿嘴，手采嫩芽装进箩。采得茶叶下山坡，茶叶交给阿哥哥。阿哥制茶是能手，炒出毛尖给党喝。”在吉首有一首《采茶姑娘上山坡》：“采茶姑娘上山坡，思念情郎奴的哥，昨夜约好茶园会，等得阿妹莫奈何。”也有一些具有浓厚生活气息而深受人们喜爱的新编茶歌，如新编茶歌在古丈传唱着：“古丈毛尖尖尖嫩，开水一泡就发芽。女儿喝了亮金嗓，男儿喝了喉咙大，不信你看古丈人，出了多少歌唱家”。

二、“十二月采茶歌”

清朝初期，湘西采茶歌的发展极为迅速，遍及山野村舍，靡然成风。采茶歌，在湘西最早只唱小调，每句仅有四句唱词，如“春日采茶春日长，白白茶花满路旁；大姊回家报二姊，头茶不比晚茶香。”这种小曲生动活泼，委婉动听。采茶歌再经发展，便由采茶小曲组成了“采茶歌联唱”，名曰“十二月采茶歌”。“十二月采茶”是湘西唱的最普遍最广泛的形式，当地人就简称“采茶歌”，所唱内容多是亲人生活之间的描绘。如“正月采茶是新年，姐妹双双进茶园，佃了茶园十二亩。当面写书两交钱。二月采茶”“正月里是新年，借得全仅典茶园。谷前难似雨前贵，雨前半篓值千钱。二月里发新芽，人家都爱吃新茶。个个奉承新到好，新官好坐旧官街。三月里搞茶尖，焙茶天气暖”。

湘西《十二月采茶歌》摘录：

二月采茶茶发芽，姐妹双双去采茶，大姐采多妹采少，不论多少早还家。

三月采茶是清明，娘在房中绣手巾，两头绣出茶花朵，中央绣出采茶人。

四月采茶茶叶黄，三角田中使牛忙，使得牛来茶已老，采得茶来秧又黄。

湘西《十二月采茶歌》摘录：

二月春分去采茶，茶园树下采茶芽，郎采多来奴采少，奴家陪笑对郎话。

三月采茶叶正青，留奴家中绣手巾，两手绣上茶花朵，中间绣出采茶人。

四月采茶叶儿长，郎也忙来奴也忙，奴苦忙时蚕又老，郎苦忙时茶又黄。

流行于湘西吉首、凤凰一带的民歌——《十二月采茶歌》：

正月采茶闹洋洋，客来客往拜新年。客来妹妹忙招待，堂前堂后笑语甜。

二月采茶茶叶发，妹妹提篮上茶山。隔山听见郎唱歌，采茶一天不满篮。

三月采茶茶叶青，妹妹茶下绣手巾。绣个蝴蝶绕茶花，一针丝线二针情。

四月采茶茶叶贵，茶叶树下妹妹忙。摘得茶叶谷秧老，心想得郎帮插秧。

五月采茶野猪多，闯进茶园断茶枝。闯进茶园踩茶地，盼望郎来守茶枝。

六月采茶天气热，妹洗衣服在河边。河水送来郎歌声，河水映出妹笑脸。

七月采茶正立秋，郎妹河上折杨柳。摘片柳叶放河里，郎拉妹手顺河流。

八月采茶谷穗长，风吹稻田翻金浪。风吹谷穗沙沙响，郎话句句比谷香。

九月采茶是重阳，家家酿酒酒满缸。望郎家里多酿酒，酒多客多喜满堂。

十月采茶茶满霜，妹在房中缝衣裳。逢到郎衣加片布，莫让冷风吹破郎。

流行于湘西保靖、古丈一带的民歌——《十二月采茶歌》：

正月呀采呀茶是新年呀，姊妹的双双佃茶园。上佃个茶园十二亩呀，当面那个写字两交钱。

二月呀采呀茶茶发芽呀，姊妹的双双搞细茶。左手个摘茶茶四两呀，右手那个搞茶茶半斤。

三月呀采呀茶是清明呀，姊妹的双双绣手巾。两边个绣起茶花朵呀，中间那个绣起来花心。

四月呀采呀茶茶插秧忙呀，田中之内思牛郎。思得个牛郎秧又老呀，西面那个山上早麦黄。

五月呀采呀茶茶叶固呀，茶树的种下老龙盘。又拿个银钱与土地呀，龙神那个土地保平安。

六月呀采呀茶热洋洋呀，上我的杨柳下栽桑。栽得个桑树妹来采呀，栽得那个杨柳好歇凉。

七月呀采呀茶茶叶稀呀，姊妹的双双坐高机。织的个级罗有用处呀，姊妹那个缝件采茶衣。

八月呀采呀茶花黄呀，风吹的茶花满园香。大奴二姐呀，二姐那个听见传三娘。

九月呀采呀茶是重阳呀，重阳的造酒菊花香。记得那个闰九月呀，过了那个重阳又重阳。

十月呀采呀茶过大江呀，脚踏的船儿走走忙。脚踏个船儿忙忙走呀，卖得那个茶叶回家乡。

十一月末呀茶立了冬呀，十担的茶萝九担空。茶萝个挂在茶树上呀，到了那个明午又相逢。

十二月采呀茶迭一年呀，姊妹的双双收茶钱。你拿个茶钱交与我呀，今年那个过了又明年。

三、古丈茶歌

在古丈，几乎所有的好东西都有一首好歌相伴，自然也会有一首好歌是关于茶的。

古丈的土家族和苗族是一个歌的民族，而古丈又是茶的故乡，因此，茶歌无处不在。春天的茶芽刚刚萌发，就有穿红着绿的阿哥阿妹背起背篓，挎着竹篮，穿过薄雾上山，在高高低低、浓浓密密的茶园里，放开溪水般清澈亮丽的嗓子，对着渐行渐远的白云唱一首，对着嫩绿毛茸的茶芽唱一曲，把火辣辣的茶歌从山地这边甩向山的那边。采茶季节，也是乡村青年男女恋爱的季节，他们通过唱茶歌的方式，把爱深深地唱出来，把自己平日里不敢向对方诉说的相思表达得淋漓尽致。

茶歌出自妹子山水滋润的歌喉，清幽而质朴。每一个音符的婉转，每一句歌词的深意，都在茶园深处从起到落，此起彼伏。这个过程中，一片片鲜嫩柔软的茶叶便从灵巧的玉指间音乐般地倾泻出来，泻到竹篮里，流进背篓里。

古丈茶歌基本上没有固定的歌词，唱的人根据自己的心情填充新鲜的文字。在所有的古丈茶歌中，宋祖英演唱的《古丈茶歌》流传最广。由夏劲风作词、龙伟华作曲，著名歌唱家宋祖英演唱的《古丈茶歌》，可以说是当今最有名的茶歌了。她以清新明快的旋律，将古丈的毛尖茶，唱出了湖南，唱到了海外。

古丈茶歌

绿水青山映彩霞，彩云深处是我家；家家户户小背篓，背上蓝天来采茶。

采不完的悄悄话，采不尽的笑哈哈；采串茶歌天上洒，好像仙女在撒花。

青青茶园一幅画，迷人画卷天边挂；画里弯出石板路，弯向海角和天涯。

春茶尖尖叶儿翠，绿得人心也发芽；天下五洲四海客，逢人都夸古丈茶。

（作词：夏劲风　作曲：龙伟华　原唱：宋祖英）

《古丈茶歌》这首歌曲的歌词形象地描述了古丈采茶人背着小背篓上山采茶的欢快场面，充分地体现了古丈的山水精神，更充分地表达了古丈人民的热情好客。这首《古丈茶歌》随着宋祖英的演唱，传遍了全国，传向了海外。古丈毛尖茶，也随着宋祖英的《古丈茶歌》声名远播，从大山深处的古丈，飘香湖南、飘香海外。

四、挑担茶叶上北京

湘西古丈籍著名歌唱家、音乐教育家何继光，生前曾演唱《挑担茶叶上北京》（词：叶蔚林，曲：白诚仁），创作于1960年的歌曲；在1963年主办的第四届《上海之春》音乐会上，以此歌和《洞庭鱼米之乡》轰动上海乐坛。歌词如下：

挑担茶叶上北京

桑木扁担轻又轻呃，我挑担茶叶出山村，船家问是哪来的客，我湘江边上种茶人。

桑木扁担轻又轻呃，头上喜鹊唱不停，若问喜鹊你唱什么，它说我是幸福人。

桑木扁担轻又轻呃，一路春风出洞庭，船家他问我哪里去，北京城里探亲人。

桑木扁担轻又轻呃，千里送茶情意深。你要问我是哪一个呃，芙蓉国里唱歌人。

五、茶山号子

湘西“茶山号子”艺术是整个茶歌舞艺术中的重要组成部分之一。湘西“茶山号子”艺术的出现，是湘西地区茶叶产地的一种音乐表现形式。

在湘西，不仅有着丰富的茶叶资源，同时在长期的采茶、制茶和饮茶过程中，人们将地域特色和民族文化内涵以及茶文化的具体元素融入其中，形成了具有湘西地区独特风味的音乐艺术。湘西地区“茶山号子”艺术根源作为典型的劳动歌谣，其中描述了出工、收工、休息生活三大部分。

湘西茶山号子大概形成于清朝中期，距今大概有200余年的历史。彼时，湘西人种植和经营大片大片的油茶林，他们在初夏和秋季耕作稻田，而到了冬天则集体挖茶山。挖茶山一是繁重而枯燥，需要大家团结一心、齐心协力；二是当地有着拜神的传统以及豪放的民族性格，因此在挖茶山的过程中，人们就逐渐形成了敲鼓喊号的形式。一方面能够提振士气、凝聚精神，驱赶人们的疲劳。另一方面，这一敲鼓喊号的过程包含了祭拜山神、土地神的环节，符合当地人祈求平安和丰收的传统文化和民族心理。因此，茶山号子很快就流行开来，在清朝中叶得到了迅速发展和成熟。

由于较为封闭的地形地貌和自成一体的地域文化，因此茶山号子形成后，一直盛行于湖南湘西地区，很少被外人所知，颇有“养在深闺人未识”的感觉。直到新中国成立后，茶山号子才被相关部门发掘和整理出来，从山间地头走向了湖南乃至全国的各个舞台上。

第六节　茶　灯

湘西茶灯是湖南的一种民间舞蹈，是由民间歌舞花灯、茶灯、地花鼓和“调子”发展而成，流行于湘西地区，民间习惯称为灯戏、灯舞、花灯、茶灯等（图10–3）。

一、历史起源

图 10-3 茶戏表演（2017 年，向昌元摄）

湘西茶灯的起源有这样的几种说法：其一是起源于唐朝京都民间“灯儿戏”。这种源于对火的崇拜的灯戏，由“积薪而然”“燃油之灯”发展到千姿百态、色彩斑斓的花灯，进而发展为灯节赛会。民间艺人也是在这种灯舞的基础上进而创造出了独具湘西特色的文、武茶灯。第二种说法认为湘西茶灯来源于云南、江西等地的采茶灯，采茶戏的一种形式。采茶戏，亦称茶篮灯、茶灯，属于集体歌舞形式，人数4~10人不等，是广泛流行于盛产茶叶的福建、江西、湖南、安徽、江苏、浙江、广东、广西等地区的一种戏曲类别。第三种说法是源于湘西人民采茶劳作的动作而创作的茶灯舞。茶灯舞是湘西茶农欢庆丰收，赞美生活、歌颂爱情，把自己劳动、生活的喜悦融入年节庆祝的一种民间歌舞，主要在正月间演出，元宵节时是高潮，是民间迎新春、闹元宵的主要节目，是在湘西人民创作的民间小调、劳动山歌、灯舞诸多的基础上，逐渐形成和发展起来的。在湘西颇具特色的茶灯舞之乡——凤凰县水打田乡，据当地的茶灯艺人介绍，该乡的文茶灯就是由劳动山歌和灯舞发展而来的，约在清乾隆年间正式出现，盛行于清朝中晚期，遍及湘黔渝边区土乡苗寨。20世纪50年代，曾进京演出并被搬上电影银幕。

二、凤凰茶灯

湘西凤凰民间流行的茶灯，一般由几个十来岁的儿童扮演，男称“癞花子”，脸画蛤蟆；女谓“灯姑娘”，身着长有裙。固定的舞姿套式，“两手扯油麻”“扯荷包眼”等。到清咸丰、同治年间，阳戏、傩堂戏、辰河高腔、常德汉班已在湘西的一些地方演出，给茶灯带来了一定的影响，于是以歌舞演唱为主的茶灯在内容上有了新的发展，即将民间故事和其他剧种的剧目改编为茶灯戏演唱，如《香莲闯宫》《山伯访友》等。后来出现了阳戏、花鼓与传统花灯的融合，出现了茶灯旋律与戏腔的融合，使灯戏更佳。中华人民共和国成立初期，这种似戏非戏的茶灯，广为流行，在湘西广泛分布。

由于大多数茶灯艺人兼擅长阳戏和傩堂戏的演出，故“茶、阳、傩”同台演出也是湘西戏剧的一大特点。清光绪、宣统年间，湘西各县艺人聚会凤凰县城，组织演出。1920—1930年，湘西戏曲艺人再度聚会凤凰，杂取各戏班、武陵戏的长处，在剧目、表演方面进行改革，增加了戏间情节和道白，如发展了多句对白，20世纪40年代，开始采用大筒（瓮琴）伴奏，烘托气氛。其声腔主要来源于灯腔、民间小调，21世纪的平化班，专业剧团成立与发展，使其剧目大增，音乐也戏曲化了，以曲牌体为主，形成曲牌体、板腔体和结合体三者并存的音乐体制。茶灯真正得到发展还是在中华人民共和国成立以后，在政府关怀下，茶灯戏才受到广泛重视，得到迅速发展，对传统剧目和音乐进行了收集整理，并创作了一批新剧目，参加省、地级汇演，呈现出蓬勃发展的局面。

1957年3月，湘西凤凰茶灯到北京参加演出，由于曲调简洁，节奏明快，表演艺术活泼而优美，还富于浓厚的地方民族特色，因而赢得了首都各界人士的好评。2012年，茶灯被列为第二批湖南省非物质文化遗产；凤凰县水打田乡郭长明入选第二批湖南省非物质文化遗产项目代表性传承人。2013年，《茶灯缘》荣获湖南“欢乐潇湘”大型群众文艺汇演一等奖。2014年，《凤凰茶灯戏》被作为艺术活动优质课，参与了湘西州第七届幼儿教师“我与名师面对面”现场交流活动。

三、文武茶灯

湘西茶灯在形成载歌载舞的形式以后，艺人们经过多年实践，将生活中的各种动作和民间武术加以艺术加工，创造和发展了风格不同的两个流派：文茶灯和武茶灯。其区别是，武茶灯中有不少的武打场面，动作健美刚劲；而文茶灯则没有或很少有武打场面，风格秀丽洒脱。这一流派划分在湘西凤凰县尤为突出，也最具特色，据乡土茶灯老艺人介绍，文茶灯流行于凤凰县东部和北部地区，如木江坪、毛坪、吉信、竿子坪、三拱桥、大田、禾库、米良、腊尔山一带。武茶灯流行于凤凰县南部，如茶田、茨岩、新场、水田、林峰、廖家桥、阿拉、黄合诸多地区。各流派都有众多的传统剧目和一些反映现实生活的创作剧目，充满了泥土的芬芳。

四、茶灯演出

湘西茶灯演出形式大体分为两种：一是有人物故事的“丑、旦剧唱”，被称为地花鼓、竹马灯、打对子和对子茶灯等；二是“联臂踏歌”的集体歌舞，习惯称为“摆灯”和“跳灯”。

在表演艺术、角色行当、舞台美术方面，也很有特色。湘西花灯戏在表演艺术上继承了花灯歌舞的“套子”“圈子”及千姿百态的扇法、幽默风趣的矮桩身段。艺人们在长期的艺术实践中，把各种飞禽走兽、花鸟虫鱼的不同动态，提炼加工出“鹭鸶伸颈”“糖蜂寻花”“蜻蜓点水”“兔子望月”“野猪戏虾”“水牛赶碾”等，艺术地体现在这些“套子”“圈子”中。表演动作活泼风趣，歌舞味很浓，多以表现生活的小喜剧见长。

第七节 茶 道

湘西茶道兴于唐朝，主要讲究五境之美：茶叶、茶水、火候、茶具、环境。茶道以茶艺为载体，依存于茶艺，茶艺重点在“艺”，重在习茶艺术，以期获得审美享受。茶道重点在“道”，旨在通过茶艺修身养性，参悟大道。茶艺的内涵小于茶道，茶道的内涵包容茶艺（图10-4）。湘西茶艺表演一般有12道程序。

图 10-4 茶道传承（凤凰县茶叶办提供）

第一道：点香——焚香除妄念

“焚香除妄念”就是透过点燃这支香，来营造一个安静、祥和、温馨的气氛。古今品茶都讲究要平心静气。俗话说：“泡茶可修身养性，品茶如品味人生”。

第二道：洗杯——冰心去凡尘

“冰心去凡尘”就是用开水再烫一遍本来就干净的玻璃杯，做到茶杯冰清玉洁，一尘不染。茶，致清致洁，是天涵地育的灵物，泡茶要求所用的器皿也务必至清至洁。

第三道：凉汤——玉壶养太和

“玉壶养太和”是把开水壶中的水预先倒入瓷壶中养一会儿，使水温降至80℃左右。绿茶属于芽茶类，因为茶叶细嫩，若用滚烫的开水直接冲泡，会破坏茶芽中的维生素并造成熟汤失味，宜用80℃的开水。

第四道：投茶——清宫迎佳人

“清宫迎佳人”就是用茶匙把茶叶投放到冰清玉洁的玻璃杯中。苏东坡有诗云：“戏作小诗君勿笑，从来佳茗似佳人”。

第五道：润茶——甘露润莲心

“甘露润莲心”就是在开泡前先向杯中注入少许热水，起到润茶的作用。好的五龙云雾茶外观如莲心，人们把茶叶称为“润心莲”。

第六道：冲水——凤凰三点头

冲泡五龙云雾茶时也讲究高冲水，在冲水时水壶有节奏地三起三落，好比是凤凰向客人点头致意。

第七道：泡茶——碧玉沉清江

冲入热水后，茶先是浮在水面上，而后慢慢沉入杯底，我们称之为“碧玉沉清江”。

第八道：奉茶——观音捧玉瓶

佛教传说中观音菩萨场捧着一个白玉净瓶，净瓶中的甘露可消灾祛病，救苦救难。茶艺师把泡好的茶敬奉给客人，此称之为“观音捧玉瓶”，意在祝福好人们一生平安。

第九道：赏茶——春波展旗枪

这道程序是五龙云雾茶茶艺的特色程序。杯中的热水如春波荡漾，在热水的浸泡下，茶芽慢慢地舒展开米，尖尖的叶芽如枪，展开的叶片如旗。一芽一叶地称为旗枪，一芽两叶地称为“雀舌”。在品茶之前先观赏在清碧澄净的茶水中，千姿百态的茶芽在玻璃杯中随波晃动，仿佛生命的绿精灵在舞蹈十分生动幽默。

第十道：闻茶——慧心悟茶香

品茶要一看、二闻、三品味，在欣赏“春波展旗枪”之后，要闻一闻茶香。十八洞绿茶与花垣茶、乌龙茶等品质均佳，它的茶香清幽淡雅，务必用心灵去感悟，才能够闻到那春天的气息，以及清醇悠远、难以言传的生命之香。

第十一道：品茶——淡中品致味

湘西茶的茶汤清纯甘鲜，淡而有味，有的虽然不像红茶那样浓艳醇厚，也不像乌龙茶那样岩韵醉人，但是只要你用心去品。

第十二道：谢茶——自斟乐无穷

品茶有三乐，一曰：独品得神。一个人应对青山绿水或高雅的茶室，透过品茗，心驰宏宇，神交自然，物我两忘，此一乐也；二曰：对品得趣。两个知心朋友相对品茗，或无须多言即心有灵犀一点通，或推心置腹诉衷肠，此亦一乐也；三曰：众品得慧。孔子曰：“三人行有我师”。众人相聚品茶，互相沟通，相互启迪，能够学到许多书本上学不道德知识，这同样是一大乐事。在品了头道茶后，请嘉宾自己泡茶，以便透过实践，从茶事活动中去感受修身养性、品味人生的无穷乐趣。

第八节　散　文

有关湘西茶的散文，从萧离、颜家文、彭学明、向启军这些著名作家的文章里经常能够读到。读得到他们对湘西的爱，对这块土地深深地眷恋之情。如从古丈走出去的著名作家彭学明，在《人民日报》的文艺副刊上发表的散文《茶乡》，对湘西古丈茶的描写仿佛在字里行间都弥漫着一股大自然的清香。

“走进古丈，峰岭是茶，山腰是茶，河谷是茶，狭坪是茶。从北到南，从东到西，远远望去，到处是茶丛茶垛。坪场里、屋后面，坎上坎下，左左右右，都方方溜溜地栽了一排。阳台上的花钵里，小小的几丛绿色，常常是剪了又长，长了又剪的茶叶……有了茶，随便一杯什么水，河里的、井里的、沟里的、池里的，杯里一冲，那茶叶就成了一只醒了的翠鸟，在雾气里缓缓地亮开翅膀，一片一片地舒展挺立，齐刷刷地指向蓝天。这杯水也就或黄或绿，清澈透亮，溶化了大自然的清香甘醇”。

看到这些优美又生动的词句，便想立马奔向茶园深处，捧一手最最新鲜的嫩叶，就仿佛把整个春天捧在手心。彭学明对古丈毛尖的描绘，也可谓入木三分。茶叶变成了自然的精灵，或跳跃或流淌在随便一杯什么水中，却都是最好的滋味。多么想把这人生沏成一杯淡淡的古丈茶，任凭光阴流逝，看云淡风轻；在自己的故事里细细品味，看花开花落。

第九节　报告文学

2019年，首部书写湘西茶产业扶贫的长篇报告文学《古丈守艺人》由湖南人民出版社出版，作者为谢慧。谢慧毕业于中国传媒大学电视与新闻学院，笔名凤凰慧子，湘西人，湖南省作家协会会员，湖南省报告文学学会会员，湖南省散文学会会员，乐途旅游网专栏作家，已出版长篇报告文学《古丈守艺人》，文章发表于《湖南日报》《长沙晚报》《金鹰报》《年轻人》《湖南报告文学》《团结报》等。从2014—2018年，作者谢慧陆续走访了古丈县排茹、梳头溪、盘草、新窝、树栖科、溪流墨、牛角山、龙鼻村等的50多个村寨，采访了近100位相关联的人，书写他们的创业与生活，困惑与思考，以及永不放弃的奋斗精神。《古丈守艺人》是一部书写古丈人民在种茶、制茶、推广茶的过程中实现脱贫致富的长篇报告文学，是一部全面展示湘西茶产业扶贫取得显著成效的精品力作，旨在献礼中国脱贫攻坚的伟大事业，讴歌湘西守艺人坚守传统文化的奋斗精神（图10-5）。全书共分4个章节，意旨丰富、叙说精雅，由28位湘西人物的人生故事组成，这些人物群像里有守护古丈毛尖手工制茶技艺的茶王，有更好地打开了古丈茶销路、扩大茶叶机械化生产的创新创业者，有普通地在古丈茶街售卖茶叶的茶农，还有为了守护老百姓的平安与幸福在自己的

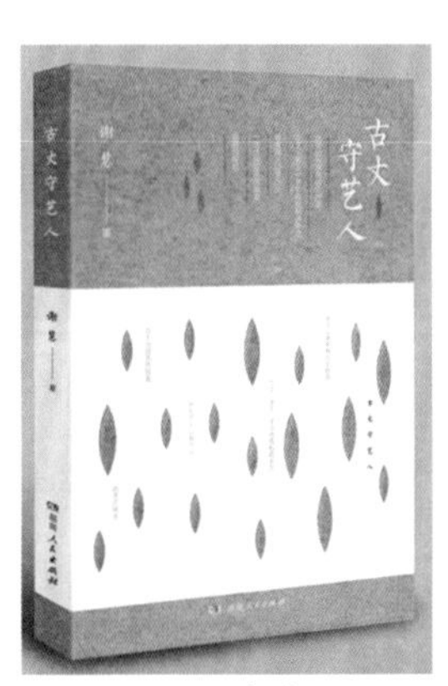

图10-5 谢慧著长篇报告文学《古丈守艺人》（古丈县茶叶办提供）

工作岗位上发光发热的扶贫人。

2020年10月22日，“梦圆2020”脱贫攻坚主题文艺创作颁奖活动在长沙举行，首部书写湘西茶产业扶贫的长篇报告文学《古丈守艺人》获得三等奖。该活动由中共湖南省委宣传部指导，湖南广播电视台、湖南省作协、湖南出版投资控股集团、湖南省扶贫办、湖南日报社、湖南省文联联合主办，湖南卫视承办。

第十节　黄金古茶园文物保护

保靖县黄金村古茶园不仅历史悠久，产出的黄金茶品质优异，而且茶树生长的自然与生态环境也具有独特性。更重要的是这片古茶园至今还具有旺盛的生产能力，并依赖黄金茶使地方各族民众率先实现脱贫。有关部门不断加强重要农业文化遗产的发掘保护，深挖文化内涵，完善保护机制，提高品牌效应。

鉴于保靖县黄金村古茶园农业文化系统的独特性和创造性，21世纪以来，保靖县人民政府先后出台了多项保护政策，取得了一定的成效。其中，最具代表性的保护对策包括如下：

对“黄金1号”“黄金2号”古茶树的持有者启动了保护补贴政策，每年发放保护津贴5000元。

出台并实施禁止砍伐、挖掘、盗卖古茶树的政策命令，并组织有关部门严密监管。

保靖县政府组织茶叶专家，并与湖南省茶叶研究所合作，完成了活态古茶树的植株鉴定工作，编绘了古茶园分布图，为以后的传承与保护奠定了基础。

聘请专家，选优出了“保靖黄金茶1号”“黄金茶2号”等适合本地种植的茶树株系，推广了其品牌，提高了乡民保护的积极性。

参与国内外的各项茶叶评比，为保靖黄金茶赢得了崇高的产品效益和品牌声誉，提升了本农业文化系统的知名度和感召力。

对古茶园展开了科学的育种研究，确立了现代无性育苗的成套技术规范，为优良茶树株系的推广奠定了知识和技术基础（图10-6）。

图10-6 选优适合本地种植的茶树株系并推广（湘西州茶叶协会提供）

将茶叶产业确立为保靖县重点发展产业，并作出了切实可行的发展规划，成功地推广茶园种植面积，提升了优质茶的产量，满足了国内外市场对黄金茶的需求。

为了本农业文化系统的申遗，保靖县政府创设了申遗办公室，协调了各部门的利益，特别是照顾了各族乡民的利益，不仅为申遗创设了直接机构，还为申遗后的保护确立了监管部门，能够为本农业文化系统的保护确立了权责分明、问责有据可查的管理机制，对本农业文化系统的发扬光大，做好了行政管理机构的安排。

保靖县人民政府与吉首大学合作，从民族学和历史学的视角，全方位地研究和探索该农业文化系统的历史价值和历史演化脉络，重新评估了这批古茶树的历史价值、文物价值和生物基因库价值，为该农业体系的申遗，做好了人文科学的资料和理论储备。

对这批古茶树做了全面的登记造册，落实保护人的责任和权益分享，对全部古茶树完成了编目造册。

借助非物质文化遗产传承人的认证和评选机制，评选了茶叶加工传承人的名录，确保本土的传统加工技术传承有人，推广有方。对这批古茶树以及相关的农业设施有形和无形资产，展开了资产试评估，为这片古茶园的全方位资产认定积累了经验，完善了规范。一旦申遗成功，力争做到每一株古茶树都进行资产评估，做到规范的利用和管护。

对古茶园划定核心保护区和过渡区。确定黄金村七片古茶园为核心保护区，过渡区拟划定在保靖县的葫芦镇、吕洞山镇和水田河镇。明确标示需要提供的地图和规格，并说明作出这一划定的基本依据及可行性。

茶旅篇

第十一章

图 11-1 中国最美小城之一——凤凰古城（湘西州茶叶协会提供）

湘西具有一批有国际吸引力的旅游资源，如土家族苗族风情、凤凰古城（图11-1）、王村古镇、里耶秦城、南方长城和黄丝桥古城等。另外，溪州铜柱、乾州古城、猛洞河、沈从文故居和墓地、浦市古镇、德夯苗寨、沱江、奇梁洞、边城茶峒等也具有很强的跨区域吸引力。目前湘西州1市7县茶旅建设，均取得良好成效。湘西茶旅游是以旅游来诠释茶文化，利用茶文化节的持续品牌效应，有力地聚集人气，延伸茶文化的文脉。湘西将茶文化引入茶园建设，结合生态旅游，进行生态环境修复，在山美、水美、茶园美的原生态环境中，把以“色香味形”为主的品茶文化转变为以绿色、健康为主题的茶文化新概念。湘西努力营造具有民族特色的茶文化氛围和旅游环境来吸引外来游客，将茶文化旅游与其他形式的旅游项目有机结合，有效发挥旅游资源整体优势，打造茶文化游、生态游、休闲度假游等旅游品牌。湘西茶旅线路在总体上大致可分为两条线路：一是土家源头探茶趣。此路线经过的县市有永顺县、古丈县、龙山县，依托古丈、永顺等地的茶园基础和古丈毛尖的盛名，以及永顺、古丈、龙山等县浓郁的土家民俗资源和深厚的历史文化资源，围绕红石林、墨流溪有机茶、梳头溪茶园风情小镇、坐龙峡、芙蓉镇、猛洞河、老司城、惹巴拉和里耶等核心景点，以境内多条高速公路和西水河、猛洞河为发展轴，形成东接张怀地区，西连巴蜀川渝的茶文化特色风情游线路。一条是黄金茶乡访边城。这条路线贯穿花垣县、吉首市、保靖县、凤凰县等县市范围，依托湘西黄金茶的产地文化资源和当地的原生苗族民俗资源，以及《边城》文学所创造的神秘乡土文化资源，以花垣边城茶峒、吉首万亩黄金茶谷、矮寨大桥、凤凰古城、乾州古城、保靖吕洞山茶山景区、黄金村黄金茶原产地为资源核心，以包茂高速为发展轴，开展北接重庆，南接怀化和贵州铜仁的黄金茶文化游。

第一节　古丈县茶旅区

古丈县地处武陵山之腹地，西水之畔，位于张家界—吉首—凤凰黄金旅游线上。古丈山清水秀，林木绿化率73.32%。1958年，定为湖南省林业县；2019年7月，被中国气象服务协会评选为“中国天然氧吧”。现全县尚无规模化工厂，素有“茶叶之乡”“林业之乡”“歌舞之乡”“举重之乡”称谓。古丈境内沟壑纵横，山奇水秀（图11–2），林茂竹翠，民风淳朴，历史文化积淀非常丰厚，生态旅游资源独具特色。县内共有四大风景名胜区：①栖凤湖景区小岛星罗棋布，湖岸迂回曲折，湖面碧波荡漾，烟波浩渺，鱼跃鸢飞，风光旖旎，为湖南省风景名胜区；②坐龙峡景区为一条全长3.5km的深山大峡谷，属典型的喀斯特地貌，瀑布、溪河、悬崖密布，山峻水险，阴风飒飒，令人望而生畏，经专家实地考证，认定其为“中南第一谷”；③红石林景区有“武陵第一奇观”之美誉，进入石林，但见火红石峰参差林立，或如楼台，或如亭阁，或似巨人，或如怪兽，或似卧椅，千姿百态，犹如置身一座放大的盆景，该景区现为国家地质公园；④高望界景区位于古丈县城东北部（图11–3），海拔1146m，境内有0.47万hm^2原始次森林，有国家保护的珙桐、水杉等树种及金钱豹、麝、红腹角雉等珍稀野生动物。此外，土司王故城会溪坪及千年溪州古茶、苗疆边墙北方终点站旦武营、土家古民居老司岩、苗家民居岩排溪、九龙洞苗家岩洞葬、白鹤湾战国楚墓群、断龙山社巴堂、王家寨石塔、河蓬穿洞、白岩天桥山、仙门山，都是令游客流连忘返的自然景观和人文景观。

图 11–2 古丈青竹山茶旅区（古丈茶叶协会提供）

图 11–3 高望山有机茶园风光（古丈县茶叶办提供）

茶乡古丈“四日游”线路如下：

第一天：古丈县城——穿越墨戎苗寨（品味苗乡风情）——登临牛角山茶园（赏茶品茶）——探幽梳头溪茶谷——游览竹溪湾茶文化主题公园——休闲茶文化一条街。

第二天：古丈县城——高望界国家级自然保护区（望日出，畅游森林氧吧）——走高望山有机茶园——摄岩排溪千年古梯田、明清古建筑。

第三天：高望界——栖凤湖（泛舟栖凤湖）——了解寒武纪金钉子——走玩红石林（中国最红的石林，寻找5000年海底世界）——上杜家坡（观看酉水画廊、眺望芙蓉镇）。

第四天：探坐龙峡（中南第一大峡谷）——爬张家坡（体验原生态）——访老司岩（保存最完整的明清古建筑）——憩青竹山庄。

一、茶旅规划

古丈县根据景区自然结构的完整性、景点组合的段落性、景观特色的差异性、游线组合的合理性、保护管理的方便性、开发利用的可能性等因素，将整个风景名胜区划分为栖凤湖、红石林、坐龙溪、高望界、天桥山五大景区。古丈县按照“茶园景区化、茶旅一体化”思路，坚持“以茶促旅、以旅带茶、茶旅互济”，全面提升茶旅融合效益。旅游开发了红石林、坐龙峡、夯吾苗寨、墨戎苗寨、栖凤湖、高望界、穿洞、鬼溪、翁草，加大和落实中国传统村落和民族特色村旅游开发基础建设。依托“百年世博中国名茶”品牌和栖凤湖、红石林、坐龙峡、高望界等生态、民俗文化资源，打造以茶旅融合为特色的生态康养基地。

（一）茶区景区一体化

围绕红石林、坐龙峡、栖凤湖、高望界、天桥山等一批知名度高的核心景区开发，合理布局茶产业，科学植入茶文化，推动茶区围绕景区调结构、出产品，景区依托茶区出特色、提品质。整合茶叶专业村寨、传统村落、特色民族村寨、特色旅游名村等优势资源，积极开发茶旅农家游、生态游、田园游、民俗游等特色项目，茶旅产业融合初见成效。

（二）茶旅产业一体化

以打造“武陵茶都”为目标，在茶叶街规划建设茶叶博物馆，在新城区规划实施茶叶休闲广场、茶叶主题公园、茶叶交易中心、茶乡旅游接待中心等项目建设。按照“一廊四带”布局，着力建设“白叶一号”示范基地、百里生态有机茶廊、十里茶园休闲观光带、高标准茶叶产业示范带、茶叶旅游示范带、高山云雾有机茶产业带，努力打造茶旅精品游线。坚持政府主导、企业跟进，推动茶旅企业强强联手、整体促销，加大茶旅市场开发，在国道、省道沿线开设旅游接待销售网点，不断提高茶旅品牌知名度和影响力。

（三）茶旅文化一体化

充分挖掘茶文化、民族文化，通过州县茶文化研究协会、民族文化研究单位、高等院校等组织，依托古丈茶文化一条街、茶博馆、茶文化主题公园等项目建设，加强对古丈茶文化的系统研究。注重茶文化的保护和传承，坚持茶事活动和旅游宣传造势相结合，通过举办春茶开采仪式、茶艺表演、斗茶会、春茶品鉴会等节庆活动，努力提高茶文化的吸引力和感染力，形成古丈茶旅融合强大的吸引力、影响力和竞争力。

二、红石林景区

红石林景区位于红石林镇和断龙山镇境内，国家地质公园，由红石林岩溶地貌景区和峡谷地貌景区以及暗河、湖泊、瀑布、洞穴地貌景区组成，面积约10km^2。目前是全球唯一在寒武纪形成的红色碳酸盐岩石林景区，石林随天气、温度、湿度的变化而变换色彩，构成了形态多样、色彩斑斓、层次分明、美妙神奇、绚丽壮观的地质地貌景观。

三、高望界自然保护区

高望界自然保护区位于高峰镇，古丈县产茶源地之一，1958年创建高望界是国有林场，现为国家级自然保护区，北临酉水河，最低海拔170m，最高海拔1146m。总面积20万亩，森林面积15.3万亩，森林覆盖率88.4%，年平均气温12.5℃，小气候明显。现已发现木本植物100科863种，国家挂牌保护树种30余种。伫立于顶堂瞭望塔，四周山色尽收眼底。南睹茫茫青山秀，北瞰栖凤水色碧。由于植被茂密，山势高峻，地形陡峭，因而溪流众多，有大溪、金龙溪、黑洞溪、葛竹溪等主要溪流注入酉水河。各条溪流又由众小溪汇集而成，溪中有溪，溪溪相连。沿溪而行，可见枯树倒挂倚绝壁，飞瀑直流惊游鱼。实为人们观光、避暑、狩猎、寻幽、探奇之佳境，让游客亲身感受到森林的自然性、观赏性、多样性、复杂性和持续性。

四、栖凤湖风景区

栖凤湖风景区位于古阳镇北部的酉水流域，湖南省级风景名胜区，古丈县产茶源地之一，总面积431km^2，其中水面25km^2；有全岛19个、半岛21个、小溪17条；主要景点68处（图11-4）。湖内小岛星罗棋布，岸线迂回曲折。湖面碧波荡漾，鱼跃莺飞，沿湖山峦叠翠、茶果飘香，加上流泉小溪自高山林间银链式流入湖中，可谓风光旖旎。画家黄永玉、龙清廉曾泛

图11-4 栖凤湖茶旅（古丈县茶叶协会提供）

舟于此，题就“青山似画，碧水如诗”的妙笔；散文家萧离蹈波湖中，发出“山水迷离”之咏叹；来自北京等地的专家考察后称之为“湘西颐和园”。特别是每当夏日来临，别处是炎炎酷暑，湖畔却是山风送爽、气候宜人，令人流连忘返。栖凤湖茶园基地位于美丽的省级风景名胜区栖凤湖畔，依山傍水，自然风光独特，茶园在山腰，在栖凤湖倒影，是很多摄影爱好者取景拍摄圣地，2006年大型电视连续剧《血色湘西》就是在此取景。栖凤湖茶园基地是一幅绚烂的水彩画，是一首婉约的抒情诗，是一曲优美的流行歌。因此，当您在此畅游茶园时，可以忘记时间，游山玩水，放飞心情，寻找乡愁，享受宁静，拥抱美丽。

五、天桥山景区

天桥山景区位于古阳镇，海拔847m，山势陡耸，岩峰奇险，是宗教旅游胜地，山上曾经道教和佛教并存，为湘西宗教之独具特色。相传一游人预测桥高，抛下巨石后，倦怠入睡，待黄粱梦醒，方闻巨石坠地之声。天桥山景区面积达30km^2，其特色概括为险、奇、美、野四个字。有青山、有天桥、有仙门，有飞瀑，有秀水，有奇洞，堪称天桥山七有。古丈籍著名记者、散文家萧离曾在《丹青引》一文中提到了天桥山的“桥奇”“雾美”。

六、穿洞景区

穿洞景区位于古阳镇河蓬村。峡谷天然而成，每年农历七月七日，进行一年一度的苗家穿洞鹊桥歌会，赛歌、跳舞，通宵达旦，与牛郎织女共度七夕。邻边方圆两公里之内，水山清静，谷幽村稀，山壁高悬，植被丰茂，景点胜多。

七、夯吾苗寨

夯吾苗寨为苗语，汉语翻译为“峡谷溪边美丽的苗寨”。此苗寨位于默戎镇毛坪村，村里习俗特异，苗族服饰自成体系。利用知青茶场开发出牛角山茶叶观光园，也为古丈毛尖茶主产基地之一。茶园观光，茶叶出售为景区支柱。

八、墨戎苗寨

墨戎苗寨位于墨戎镇龙鼻嘴村，全村由13个苗寨组成，有17个村民小组，共1018户5568人。位于吉首、古丈、保靖三县（市）交界处，距州府吉首20km，距古丈县城22km，距张家界130km，距凤凰古城80km。该村处于张家界至凤凰这一“黄金通道”上，焦柳铁路、龙吉高速公路、省道S229公路穿寨而过，交通便利。

“墨戎”为苗语，意为“有龙的地方”。墨戎苗寨的苗族风情、苗族文化艺术丰富，被湖南省有关厅局和国家有关部委分别授予“苗族花鼓之乡”“民族团结示范点”“湖南省少数民族特色村寨”“湖南省特色旅游名村”“中国少数民族特色村寨”“中国传统村落”“中国非物质文化遗产传承基地”“中国民间文化艺术之乡”“国家3A级旅游景区”。村寨内第二产业以种植茶叶为名，其中的“古丈毛尖”闻名海内外，大力发展茶叶产业，以“旅游兴村，茶叶富民”的指导原则，为旅游业的发展奠定了基础。苗寨创新模式，坚持公司化运作，积极探索实行“公司运作+合作社+村民入股”的发展运营模式，村民以劳动力、资金、土地、特色民居建筑、茶果园等方式入股实现利益分配分红。2013年墨戎苗寨成立了“湘西默戎苗寨乡村旅游有限责任公司”，组建苗族“四方鼓舞”“苗族银饰手工锻造工艺基地”“乌傩绝技”“苗族山歌”“苗族跳舞”等民间艺术表演队，通过神秘的苗族民俗表演以及独具风味的“长龙宴”吸引游客。据统计，墨戎苗寨2017年游客接待量突破72万人次，旅游收入接近1亿元。2014—2017年全村累计脱贫133户，共计553人，贫困发生率降至0.91%。2017年实现贫困村退出；2018年旅游收入1.5亿，村集体经济160万元；2020年，旅游收入过2亿元。墨戎苗寨采取“合作社+农户+基地”的模式，新建茶园80hm^2，人均拥有茶园0.07hm^2。在墨戎苗寨的商品销售点，充分利用品牌优势，将古丈毛尖茶等销售给客户。

九、翁草苗寨

翁草苗寨为默戎镇翁草村，土地总面积539.39hm^2，其中旱地355亩、水田440亩。翁草村平均海拔600m，是一个纯苗山村，全村共有6个村民小组一个大自然寨182户约802人，2017年列入中央财政支持范围的中国传统村落名单，2019年被定为湖南电视台综艺节目《向往的生活》拍摄地。

翁草村为山间盆地，山水环绕。“翁草”其实是苗语“五草”的变音，而最开始是指“五槽”，即“五马奔槽”。这“五马”分别指代的是环绕山村的五座大山：贤山（都鲁贤）、仁山（仁背背）、孝山（伴笑脸）、醉山（高醉巴）和明山（布则明），括号里面的为苗语音译。寨中五寨纵横，分别为石家寨、顶头寨（毕格然）、仁舞（上河）、金斗容（对面寨）、打容然（在中间），五寨居中之处称为“大塘”，当地人叫作“马陇塘”。其中的“马”指的是那五座山，有一条小溪将马陇塘一分为二，名曰“涧溪”，是“中间溪”的意思，也就是“五马奔槽”的“马槽”所在。

村内姓氏比较单一，可划分为四类：龙、陇、石、施，随着时代的演变，最后只留下两个姓氏，龙、陇皆为“龙”，石和施都为“石”。

由于是依山而居，村内平地资源有限，老村部前的空地是村内最大公共空间，凡村内集会活动，皆在此举行。翁草村的风雨桥名为“万年桥”，据说修建于清朝末期。务农归来的村民经过时，都会在走廊两边的座位上休息片刻，与同在桥内休息的街坊邻里闲话家常，好不惬意。淳朴的民风、未经雕琢的山水和田园式的生活体验是翁草村最宝贵的部分。这种慢节奏的生活体验让人身心放松，心驰神往。翁草村2017年才对外通车，之前一直都处于较封闭状态，并没有自己的旅游产业。

2018年7月，浙江省安吉县黄杜村向湘西古丈县翁草、夯娄、新窝3个贫困村捐赠了150万株共有750亩规模的“白叶一号”茶苗。翁草村500亩茶叶基地一片葱茏，气势恢宏。翁草村农户自主脱贫发展产业的意愿日益强烈，“茶旅结合”发展方向越来越清晰。现翁草村白茶长势良好，“茶旅结合”效果初步显现把“茶旅结合”产业作为重中之重来抓，利用后发优势，将翁草打造成“茶旅结合”示范村。

十、坐龙峡景区

坐龙峡景区位于红石林镇，国家地质公园、国家森林公园，总面积23.7km^2，森林覆盖率84.2%。峡长3.5km，宽处不足丈余，窄处仅容一人通过；谷内绝壁重叠，溪瀑横悬，崖树斜逸，异草遍被。峡谷有7条干瀑和38潭，集奇峡、清溪、深潭于一体，呈现雄、奇、险、秀、美的特征。坐龙峡是九龙盘、老龙角等珍稀药材产地，为采药者所喜之地。据记载，康熙御医七代传人李浩然采药遍游西藏、云南、四川等地之名山大川，而所见之景观奇绝无冠于此者，连四川万岩谷也不能与之媲美，堪称天下第一谷。

第二节　保靖县茶旅区

保靖县打造茶旅线路，特色鲜明。保靖位于张家界—凤凰的黄金旅游线上，连接芙蓉镇与里耶的酉水河航道位于保靖境内，张花高速大大缩短与客源市场交通距离，使保靖与周边景区景点连为一体，已经融入湖南长沙4小时生活圈，6小时内可到达武陵山片区各地。保靖有丰富的景点资源，吕洞山景区（图11-5）有华中最大的少数民族原生态古村落群，其中核心区金、木、水、火、土五行古苗寨尤为神奇；经我国科学鉴定最古老的茶树——黄金古茶树成为驰名中外的黄金古茶园的典型代表，400多年的古茶树被专家和文物部门誉为“可以喝的文物”；吕洞山下迤逦多姿的自然山水、瀑布群、苗疆边墙、峡谷、原生态猕猴群等景点令人叫绝；多姿多彩、奇异独特的原生态苗族风情、习俗、技艺、巫傩文化、建筑、美食（以长桌宴、百虫宴为典型）；首八峒景区坐拥“芙蓉镇—里耶秦城”酉水航道、白云山国家级自然保护区、汉代四方古城及魏家寨西汉古城两处国家级文保单位、土家族发源的圣地——首八峒八部大王庙遗址、碗米坡平湖、酉溪公园、酉水国家湿地公园（试点）等景点。

图 11-5 保靖县神奇美丽的吕洞山（胡克强摄）

保靖有酉水船工号子、苗族鼓舞等7个国家级非遗资源，有土家族山歌、土家族铜铃舞、保靖酱油制作技艺、黄金古茶制作技艺等省、州级非遗资源。有荣获“东南第一功”的明朝抗倭英雄彭荩臣、国文教师袁吉六先生、与李大钊同时就义的革命家姚彦、中共早期优秀党员米世珍、《娘》的作者——当代著名作家彭学明、中国科学院院士彭司勋、奥运冠军杨霞等名人，一代文学大师沈从文曾在这里工作并学习历史。保靖有保靖苗画、苗绣、土家织锦、木雕、陶瓷、松花皮蛋、桃花虫等大量特产。

一、黄金村茶旅

黄金村作为黄金茶的发源地，依托距离湘西州政府所在地吉首市（距离约30km）和距离国家知名旅游景区、全国非物质文化遗产核心保护区的吕洞山近（距离约20km）的交通优势，利用“百里黄金茶谷”建设的新契机，通过“上级引导、政府搭台、干部帮扶、党员带动、群众自主”的方式，将保靖黄金茶产业发展为本村的支柱性产业。同时，该村还致力于传统产业与新兴旅游业联姻、着力推动茶旅结合现代旅游新模式，保靖黄金茶“茶王争霸赛”、保靖黄金茶古茶树、苗族民俗文化表演等一系列文化品牌效应凸显，历经十年快速发展，黄金村已成功建设成保靖县“一村一品+茶旅融合”示范村。目前，黄金村成为具有一定典型性、示范性的特色文化产业发展村寨，村中七片黄金古茶园也成了湖南省农业旅游示范点。

黄金村位于吉首市马颈坳镇隘口村、林农村、几比村接壤处与同镇排吉村、排纽村、茶坪村相邻，于2016年7月进行了建制并村，由该地区原黄金村、排吉村、傍海村及黄陂村的上下贝土组组成。全村占地总面积18.1km^2，其中林地面积27023.7亩，茶园占地面积达到22000亩，既是保靖黄金茶的原产地也是主产区。村内黄金茶种植历史悠久，茶文化浓厚，素有“一两黄金一两茶”美誉。黄金村是一个传统的苗族村寨，这里的茶树种植、茶叶制作、茶习俗都是当地苗族适应和改造当地生态环境，选择而形成的，与当地苗族文化相契合的经验和成果。因此，这里的茶旅游资源具有独特性和唯一性。这种特性为发展以黄金茶为基础的茶文化旅游奠定了基础。

每年4月，黄金村里都会聚集很多苗族男女，他们身着苗族服饰，背着竹篓，在这里参加黄金斗茶会。祭古茶、采古茶、讲古茶、制古茶、煮古茶，是黄金村千百年来延续下来的风俗文明。4月是黄金茶的采摘季，黄金村3万多亩茶园都在长出新芽，人们在"古茶树王"前，摆着祭台，苗族法师"巴代雄"身着黑色巴代服，左手持着绺巾，嘴里念着祈福词，带领大家一起敬茶神，献茶枝，齐声高呼"茶发芽，大家一起采茶芽"。祈求神灵保佑茶事顺利，希冀茶叶茂盛丰收。祭完古茶，茶农们便分别走进七大古茶园中，采摘新芽，短短40min，多个队伍都会满载而归，把采来的新芽放在比赛现场，让大家点评。古法制茶要经过采青、摊青、杀青、二次杀青、揉捻、造型、烘干7道工序，才能制成干茶。古法手工制茶州级传承人向天全说："古法制茶讲究火候，选用柴火起温，用灰来控制温度，炒茶力度要得当，每一次的位置都有讲究，最后要用80℃高温慢慢焙干，这样的茶才最好喝。"在黄金斗茶会现场，七大古茶园代表队分别请出古法制茶高手、古法泡茶茶艺师参与比赛，专家评委在现场评选出"最美制茶师""最美茶艺师""最美讲茶人"。村内现有苗族鼓舞表演队30人15面鼓。每到重要的节日或者客人到来，村里就会敲响《撼山鼓》《迎宾鼓》等以示庆祝和欢迎。黄金村当地村民还保留着与黄金茶有关的习俗，诸如祭祀茶树神、挡门茶、打茶鼓、等特色的风俗习惯。

良好的生态环境，造就了黄金村景色宜人、环境优美的美名。黄金村黄金茶历史悠久，"古茶树群"不仅给当地村民留下了宝贵的物质财富，同时也造就了黄金村悠久的、独特的少数民族茶文化。客商和游客来到黄金村，不仅可以看到绿油油的茶树，闻到沁人心扉的茶香，还可以看到栽种于明万历年间，有着400多年历史的"茶树王"，漫山遍野的茶树有很多都是用它作母本扦插繁育出来的，都是它的子子孙孙。在这样一个少数民族风情独特的村寨，苗人们世代居住繁衍，茶树也世代生长不息，这样的文化传承和民族底蕴，使黄金村的少数民族茶文化极为珍稀。

二、国茶村茶旅

葫芦镇国茶村位于保靖县最南端、吕洞山的正东方，与古丈默戎镇龙鼻村和保靖县黄金村毗邻，距张家界至凤凰的旅游干线1828线仅6km，于2016年由原阿着村、茶坪村、堂朗村、排扭村组建而成，是奥运冠军向艳梅的家乡。村内产业资源和人文资源丰富且不可复制，全村有1万余亩的连片保靖黄金茶园（其中有200亩单纵野生茶园），有4个保存完好的苗族古村落，还有历史文化厚重的雄戎古窑（《保靖县志》记载，新中国成立后中南陶都首家陶瓷厂即建在今天的堂朗苗寨）和七星古井及大片古树。国茶村横亘在海拔650m左右的武陵山脉，置身茶园里可环360°观周边山脉，黄金村的万亩茶园和四十八湾村的千亩原始次森林尽收眼底，还可眺望吕洞圣山，是观云雾和日出日落的好地方。随着茶客和摄影爱好者不断涌入，乡村游概念逐渐兴起，作为保靖黄金茶的万亩示范园之一的国茶村，荣获2019年湘西州乡村旅游示范村称号，正式开启保靖县的茶旅模式。

保靖县葫芦镇国茶村是保靖黄金茶核心产地，村中茶园达13000亩，可采面积达11000亩。全村496户1937人，可说是家家有茶，户户增收。按一亩茶园年增收入5000元计算，全村仅春茶总产值便达到5500万元。国茶村借助区域发展优势，全力打造“一村一品”。现拥有保靖黄金茶万亩精品示范园1个，千亩示范基地2个，百亩示范园10个，保靖黄金茶专业合作社18家、家庭农场5家，省级示范合作社5家，州级示范合作社1家，每个村民小组均建立有贫困户参加的合作社、互助组；形成“合作社+贫困户+基地+线上线下”的多种合作方式，建立农产品保底收购、委托帮扶、股份合作、资产收益、就近就业、直接帮扶等多种利益联结模式与帮扶机制。国茶村还培养了一大批年轻的茶产业队伍（茶艺师、评茶员、制茶师），造就了一批线上线下的销售队伍。

2018年、2019年保靖黄金茶茶王争霸赛，2020年保靖黄金茶“斗茶会”均在国茶村举办，茶文化得到提升，“国茶”品牌逐渐形成。2019年，农民人均收入达到19200元，其中保靖黄金茶带来的收入14000余元。2019年可采摘面积8300亩，春茶亩产值逾6200元，全村春茶总产值5146万元，户平黄金茶产业收益11.28万元，人均产值2.596万元，产业扶贫成效显著。国茶村4个村民小组5个自然寨98.6%的农户种植黄金茶，50亩以上大户31户。2020年，春茶鲜叶呈现供不应求态势，商品率100%，围绕产业扶贫，建有茶叶专业合作社7个、茶叶加工厂5个，各类电商、微商63个，网销占33%，持续增长的经济效益成为全县产业扶贫示范点。

国茶村围绕产业脱贫、文化强村、旅游富民，着力打造集观茶、采茶、制茶、品茶、悟茶、垂钓、露营等为一体的“田园综合体”，打造生态游、富氧游、茶园游、民宿游等特色乡村游，走出一条茶旅文一体化发展之路。当前，该村已完成七星广场、陶艺古窑、七口古井、茶社、茶园游步栈道、万千百亩精品茶叶示范园六大景区建设；持续完善茶艺多功能中心、陶艺制作体验馆、山泉直饮水景观、百亩农田田埂等景区功能；南大门国茶标志性茶壶、古黄金茶炼油坊、大米玉米水磨坊、乡村民宿群、手工制茶体验馆、露营生活体验区基础设施建设推进实施，以文化铸旅游之魂，让产区变景区，树立茶文化高地，走一条可推广可复制可持续的乡村振兴之路。国茶村，正由茶叶产区变成茶旅景区，一座茶文化的高地正在这里崛起。

三、吕洞山茶旅

图 11-6 保靖县吕洞山镇夯吉苗寨茶旅风光（保靖县扶贫办提供）

吕洞山茶旅景区，位于湖南省湘西州保靖县南部，总面积128km^2，基本人口约为15500人，其中苗族人数约为15087人。其核心景区面积有83.76km^2，主要位于夯沙乡境内。景区内的苗祖圣山——吕洞山，位于核心景区的中心地带，巍峨耸立在这片土地之上，如同山神般地守护着这里。此外还有华中最大的原生态古苗寨村落群（图11-6），有“张家界的山，九寨沟的水、吕洞山的苗寨格外美”之誉。境内有五行苗寨、黄金村古茶园、大烽冲爱情谷、金落河风光带、木芽无蚊村、国文教师袁吉六先生故居、白溪峡、苗疆边墙等标志性景区景点。这里人文气质浓厚，百虫宴、长桌宴等苗家美食闻名遐迩，苗族鼓舞、苗画等国家级非物质文化遗产源远流长。吕洞山旅游地文化空间处于湘西州旅游圈的黄金地带上，在发展上具有得天独厚的区位优势。

入吕洞山景区，开眼不能离开山，因为山是这片土地的根脉，滋润着这一方水土，养育着这一方百姓。整个吕洞山景区便是存在于一座座群峰之间，它们相互簇拥，连绵起伏。山中绿色植被覆盖率在这里高达90%以上，宛如一道天然的绿色屏障，将吕洞山和外界的喧嚣隔绝开来。非但如此，进入吕洞山景区以及每个景点之间的公路也都是盘绕在群山之间，颇有一番“翻越数座山，便有一处景”之意。

在这片景区山势中，阿公山和阿婆山当之无愧是其中的王者，被誉为“苗祖圣山”。这得益于大自然鬼斧神工般的手艺，赐予它如此神奇的面貌。其中阿公山海拔1227m，峰顶巨岩壁立，突兀摩天，有双洞如“吕”横贯山体，故得是名。阿婆山位于阿公山右侧，海拔近1300m，站立两山之上登临送目，层峦叠嶂，迤逦峥嵘，荡胸夺目，蔚为大观。除此之外，在吕洞山景区内还有许多其他风景秀丽、独具一格的山峰景点，例如布瓦壁、驼峰、龙潭象鼻山、夯相猴儿桌、夯沙牛角山、望天坡、大九冲一线天等。它们如同一颗颗灿烂的珍珠，散落在吕洞山景区的各处，和吕洞山交相辉映，一起构成吕洞山景区自然景观最重要的那部分，并且时刻准备着，用自己的婀娜身姿，迎接着每一位游客的到来。

由瀑布成流水，吕洞山作为雄山之中的旅游景区，毫无疑问存在着若干条河流，例如大九冲、猴儿冲、玉为冲等，然而这中间最让人印象深刻的还是贯穿夯沙火寨的吕洞溪。群山耸立之地，巍巍群山之中，定有阵阵流水从中倾泻而出，形成可大可小的瀑布。吕洞山景区的瀑布景观在数量上具有一定的规模。如雷公洞瀑布之水从悬崖天生石洞中飞泻而下，宛如一条蛟龙，甚是壮观。其中比较出名的有大烽冲爱情谷内的指环瀑布、驼峰瀑布以及苗妙瀑布。这三处瀑布均在一条观光线路上，它们都是从幽静的深山之中俯冲直下，银色的水帘彰显出其高贵、典雅的气质。湘西地区峡谷众多，而且多集中在苗族区域，其中吕洞山系的峡谷最为奇特壮观，这里拥有夯沙、德夯、水田、葫芦四大峡谷群。云雾景观，也是吕洞山景区内一道十分具有观赏性的景色。与黄山、庐山等名山云雾相比，这里的云雾具有高山峡谷的风姿，多属辐射雾和上坡雾，云雾期每年达到280多天（图11-7）。

图 11-7 吕洞山茶旅区苗家采茶阿妹（湘西州茶叶协会提供）

葫芦镇作为吕洞山景区东北的一处游客集散地，周边有多处旅游景点，其中黄金村便是最具盛名的一处，该村的万亩茶谷和茶岭村的万亩茶岭是吕洞山景区里两处重要的旅游资源，同时也是出产黄金茶最多的两处地方。但是黄金茶的原产地还是来自黄金村，村中有至今400多年的古茶母树，此树经过长期自然选择和人工选择形成有性群体品种。吕洞山茶旅景区的黄金茶具有显著特质，被业内专家誉为“黄金比例、茶树品种的资源宝库、山区农民致富的绿色金矿”。为何该处如此适合种植黄金茶？通过细细分析，可以得出原因如下：吕洞山地区山多地广，长年云雾缭绕，雨水充沛；这里夏无酷暑，冬无严寒，土地肥沃，植被茂盛。正是这样优美独特的生态环境培育出了黄金茶。据科学检测表明，黄金茶富含茶多酚、氨基酸、维生素等多种人体健康必需成分，经常饮用可以有效延缓衰老、降脂减肥、养颜养心，其最好的品种市面价格已经达到数千元一斤，目前被公认为中国最好的绿茶之一。

第三节　花垣县茶旅区

花垣县位于湘、黔、渝三省（直辖市）接壤处的湖南西部边陲，自古以来有西南门户之称。境内层峦叠翠，溪流纵横，风光迷人。湘西五大古镇之一的边城茶峒，古朴清秀，因沈从文笔下的《边城》而驰名中外；花垣“八景”文笔峰，直逼苍穹，倒写蓝天一张纸；石栏杆，石林竞秀，百态千姿；大小龙洞，绝壁挂瀑，飞珠喷玉；祝融洞、芈山洞，内藏锦绣，幽深神秘。大自然在这里营造了一处处美丽诱人的游览佳境。这里人文景观独特，民风淳朴厚重。花垣县十八洞村拥有莲台山、高明山、十八洞峡谷等生态山水资源，生态山水资源特色互补。

在十八洞大峡谷溪河两岸，种植有数百亩黄金茶。十八洞村依托丰富的民俗资源、良好的生态环境，重点发展精准扶贫教育线、民俗风情体验线与山水风光游览线三条线。基本形成以十八洞精准扶贫展览厅、红色景点考察、十八洞大峡谷、传统苗家民居、莲台山和高明山写生绘画、影视拍摄、民宿体验、美食体验为主题的文化产业，以农家茶旅、苗家歌舞、民间体育竞技、民间艺术团队演艺为主题的文化娱乐产业，以捉鱼、摘野果、垂钓、有机植物基地观光等为主题的农业休闲文化，使十八洞村的乡村旅游蓬勃发展。

一、十八洞村茶旅

十八洞村属湖南省湘西土家族苗族自治州花垣县双龙镇，明万历年间始建户舍。村名源于村内丰富的溶洞群，现辖4个自然寨6个村民小组，是纯苗族聚居区。十八洞村平均海拔700m，属低山区，呈低山深谷地貌，海拔高处1059m，最低点435m，南北走向，气候适宜、溪河交错、四季分明、土地肥沃，是理想的宜居之地。

十八洞村生态田园、溶洞峡谷、山地森林相融一体，各有千秋。其中十八洞峡谷是典型的喀斯特地貌峡谷，有如来神掌、鬼洞、天洞、黄马岩、天生桥、夯街梯田、夜郎野人谷等地质景点，峡谷景色优美，被称为“小张家界”。十八洞村溶洞洞连洞、洞中洞，错综复杂、神秘莫测，核心溶洞——夜郎十八洞尤为著名。

图 11-8 十八洞村红色展厅（代尚锐摄）

十八洞村境莲台山高耸挺拔，像观音坐莲，拥有丰富的原始次森林和杉木场，森林阡陌纵横，郁郁葱葱，是一座天然的氧吧，更是理想的避暑胜地。村境苗族文化特征鲜明，保存着原生态峡谷，自然、人文资源极其丰富。随着乡村旅游业的推进，村内拥有“全国乡村旅游示范村”“全国文明村”“全国民族团结进步创建示范村”“全国先进基层党组织”“全国少数民族特色村寨”“中国传统村落”“中国美丽休闲乡村”“全国青少年教育基地”“全国乡村旅游重点村名录”等国字号品牌（图11-8）。十八洞大峡谷贯穿于高明山、莲台山群山峻岭之间，青山溪水弯弯曲曲环绕村中，将竹子寨、梨子寨、飞虫寨、当戎寨四个苗寨串接，形成美妙的山水画卷。这里环境优美，气候舒适，空气清新，大气质量常年为国家一级标准，是度假休闲的理想之地。

20世纪90年代，十八洞村作为典型的贫困村，这里的劳动力大多外出务工，留在村中的村民多是老人和小孩。以往苗歌唱道“三沟两岔穷疙瘩，每天红薯苞谷粑；想要吃顿大米饭，除非生病有娃娃……翻山越岭十八洞，洞洞藏着酸和痛。”真实地反映了精准扶贫之前这里的贫困生活。2013年11月3日，习近平总书记来到十八洞苗寨调研，与苗族同胞促膝谈心，首次提出“精准扶贫”的重要思想。十八洞成为全国新一轮“精准扶贫”工作的“摇篮”，全国的精准扶贫从这里出发。2014年以来，十八洞村的乡村游、猕猴桃种植、苗绣等产业风生水起。昔日贫穷落后的十八洞如今鼓声阵阵、美酒飘香、苗歌飞扬，成为全国脱贫攻坚典型。苗歌唱道“山青青，路宽敞，十八洞的今天变了样”如今，一个全新的小康十八洞村呈现在眼前（图11–9）。

图 11–9 十八洞村竹子寨茶旅风光（代尚锐摄）

十八洞村是一个历史悠久的农耕之村。精准扶贫以来，仍保留着传统的种植和耕作方式，种田不施化肥，庄家治虫防病不用农药，苗家织锦传统技艺广泛流传等。农耕产品品质生态绿色、安全，备受市场大众喜爱。2014年，推进种植扶贫。根据全村4个村寨6个村民小组所处不同地理位置和发展规划，进行不同项目种植。当戎寨、飞虫寨打造农旅产业区，种植百亩黄桃、药材、油茶、茶叶、烤烟等。在梨子寨、竹子寨种植小面积盆景、油菜、果树等。针对村内产业实际，实施不同程度奖助政策。采取村部引导、部门扶持、大户带动的措施，由原来小打小闹走向规模种植、订单种植，形成农业旅游合一的农村休闲观光产业。其中在张刀公路进村主干道东侧高狮子处、高明山中部、梨子寨和竹子寨的游步道结合处等处，有机蔬菜、水稻、桃树、迷迭香、中草药、黄金茶等，形成一片绿色梯田。十八洞村绿色梯田似“翡翠宝石”镶嵌在山野之中，翠绿迷人眼，有的似绿色波浪，一浪逐一浪，风景独好，美丽如画。

二、边城茶旅

边城镇原名茶洞镇，2005年由茶洞镇、大河坪乡合并后更名为边城镇。全镇辖19个行政村和2个社区，194个村（居）民小组。东邻本县花垣镇，东北接保靖县毛沟镇，南连本县的猫儿乡、民乐镇，西同贵州省松桃县迓驾镇、重庆市秀山县洪安镇接壤，北与重庆市秀山县峨溶乡隔河相望。

边城镇位于湘、黔、渝三省（市）边陲交界处，长渝高速公路、319国道穿镇而过，是我国中南地区入川渝、通往大西南的咽喉要地，素有“一脚踏三省”之称，距县城25km，距支柳铁路吉首站75km、渝怀铁路秀山站41.2km，贵州铜仁凤凰机场97.5km，交通十分便利。

边城镇物产丰富，种植业以茶叶、稻谷、玉米、红苕、油菜为主，养殖业以养猪、养牛、养羊、养鸭为主，以柑橘、柚子等为主的水果业亦十分丰富。边城镇文化底蕴深厚，2000年冬至2001年春，发掘发现距今3万多年前的旧石器遗址，挖掘出斧、罐、骨针、网坠等石器近千件。充分说明了茶洞早在旧石器时代就已有人类活动。因其水陆交通发达，商埠林立，经济繁荣，曾被誉为“小南京”，是湘西州四大名镇之一。清水江贯穿全境，由南向北流。全镇山清水秀，民风朴实，民俗文化丰厚。1934年，文坛巨匠沈从文先生途经茶洞，有感而发，以诗般的笔墨写就美到极致的著名小说《边城》，描绘边城的山水、人情、风俗之美，勾画出田园牧歌般的边城风貌，为后世留下了一首美丽的抒情诗，一曲浪漫主义的牧歌和一个古老而神秘的梦。边城也由此声名鹊起，享誉海内外，吸引着国内外无数文人骚客前来观光采风。1997年，为迎接香港回归祖国，边城文化名人张忠献制作长99节的边城巨龙，创造了吉尼斯纪录，荣获文化部颁发的山花奖。随着旅游业的发展，边城镇加快景区建设，已建成国家级3A级景区，旅游已逐渐成为新的经济增长点。至2020年，边城镇完成翠翠岛、橡胶坝、中国百家书画园、《边城》小说碑林、十万年人类活动遗址展馆、名联坊、青石板大堤、沿河吊脚楼整修、三条青石板大道等旅游景观的修建。

边城镇在周围的山坡上，打造以茶叶种植为风情主题的自然情调，“茶旅融合”效果良好。在边城，当地人常说：“坐客一杯茶，站客难打发”，这说的是饮茶。饮茶是边城老辈人一大爱好，边城人饮茶以当地产绿茶为主。边城绿茶有清明茶、谷雨茶，这种茶在当地叫细茶，好的也叫白毛尖。一般人爱喝粗茶，粗茶有四种：一是寄生茶，是寄生在大树枝上的大叶茶片晒干后泡水当茶喝，茶水成淡红黄色。二是棒棒茶，此茶是将茶叶杆和叶片用柴刀垛成短节焙干后泡茶喝，茶水呈淡红色，茶香味浓。三是颗颗茶，此茶是将茶树的果子晒干后泡的茶。四是糊米茶，此茶是将黏米炒成焦黄色，饮用时用布包好放进茶杯里用开水冲泡，色呈深黄红色。有人就是用这茶招待过渡的客人。还有一种是将救兵粮叶子晒干做茶，这种茶饮用起来又是另外一番风味。边城人喝茶只为解渴防暑，吃粗茶成了他们的喜爱。而白毛尖之类的高档茶多用来接待客人。

边城茶园坪村位于边城镇南部，168户802人，苗族占总人口的75%。杂居着土家族和汉族。以往这里漫山遍野到处都长满了野生的油茶树，生活在这里的人们把山上的油茶籽采摘下来榨成茶油，除了自用以外，剩下的拿到市场出售。油茶品质极好，就连附近贵州和四川的人们也纷纷慕名而来购买茶油。由于这里拥有天然的适合茶油生长的自然环境，加上这里茶油树木的特征，于是人们就把这里取名为“茶园坪村”。

第四节　吉首市茶旅区

吉首市山川绮丽，风情独特，拥有德夯苗寨、乾州古城、矮寨公路奇观和特大悬索桥等一批优质旅游资源。拥有一批国家级和省级非物质文化遗产名录项目，形成了具有浓郁地方特色的“东歌、西鼓、南戏、北狮、中春”的民族文化格局。吉首市处于张家界—凤凰黄金旅游线的中间节点，具有发展茶旅文化极为有利的条件。吉首境内旅游资源丰富，湘西黄金茶文化源远流长。近年来吉首市委、市政府按照“以茶促旅，以旅兴茶”的发展思路，充分挖掘吉首深厚的历史文化底蕴和丰富的旅游资源，同时创新发展乡村旅游，实施茶旅融合特色项目，重点打造十条“黄金茶谷”，培育出一批观光茶谷、醉美茶乡、休闲茶庄，生态茶谷游成为旅游新亮点（图11-10）。

图 11-10　吉首茶旅活动（吉首市茶叶办提供）

一、隘口茶旅

隘口村自然资源条件好。水资源丰富，马颈坳镇最大的河流——司马河贯穿全村，全年水流不断，水质较好。地理条件优越，全村三面环山，靠山傍水，居民居住与茶叶种植都在中间较为平坦的地势，当地人对隘口村有卧虎藏龙之说。植被丰富，树木多以成林，品种丰富，芳香类植物与观赏类植物众多，如马尾松、香樟、桂花、银杏、玉兰和栾树等当地植物，多搭配低矮的杜鹃、山茶等灌木及金银花等藤本植物构成良好的生态环境，四季季相明显，风景秀美，且不易造成山体滑坡、洪涝等自然灾害。此外，村中还有几棵上百年的名木古树。

隘口村位于吉首市马颈坳镇西北部，东与榔木村相交，西与林农村相接，南与溪马社区相连，北与保靖县葫芦镇毗邻，距吉首市区20km。村道宽6m，接省道1828线，交通较为便利。全年雨量充沛，空气质量良好，是湖南省茶产业中的优质茶产区。全村总面积955.9hm^2，三面环山，中间为平地。

2015年，建成1100m^{2}茶叶加工厂，年加工茶叶超5000kg，产值达1200万元。2016年，隘口苗疆茶谷被评为“全国首批十条茶乡特色旅游线路”；2017年，入选湘西州乡村振兴、先行先试的示范区，并被授予“美丽乡村”称号。隘口村黄金茶产品持有绿色食品认证和“SC认证”，多次荣获国际、国家级、省级和地区级茶博会金奖。2019年，被评为中国传统村落、湖南省民族团结进步示范村。隘口村位于北纬30°的武陵山脉腹地，身处茶树生长“黄金腰带”。土壤酸碱适中，有机质含量丰富，重金属铅、汞、镉含量低，富硒带、微生物发酵带。有关土样对应茶样的成分分析显示，茶叶氨基酸、茶多酚、咖啡碱、水浸出物等含量较高。

隘口村历史人文资源底蕴丰富。民族文化多彩，隘口村为苗族、土家族、汉族杂居的行政村，不同民族在服装文化、语言文化、建筑文化以及生活习俗、民族节日文化都有所差异，使得隘口村各类民族文化丰富。多年来，隘口村三个民族取其文化之精华、和谐相处，整个村落生活氛围融洽。历史景点众多，隘口村有苗疆边墙、隘门关、十里沙滩、桃花源、铁索桥、白虎洞等10余处旅游景观（图11-11）。

图 11-11 隘口茶旅风光（吉首市茶叶办提供）

隘口村茶旅游览路线：隘口村部展览馆（了解湘西黄金茶文化历史）——最美茶院——夫妻树祈福——南长城遗址——茶马古道——梅花山茶园观景台——圣山观景台——洗心湖——编钟出土处——怡心茶轩（欣赏茶艺）——湘西黄金茶茶鼓——民族团结台——金月湾（观看瀑布、司马河）——明清时期茶交易遗址——尚古旺茶园——点将台——苗疆茶厂参观制茶——采茶。

隘口村全力打造“茶旅小镇”，依托丰富的茶文化，发展少数民族茶文化，通过多年种植黄金茶产业，把民族文化，如茶与服饰、茶与宗教、茶与祭祖、茶与故事、饮茶习俗、民族茶具等内容融合在一起。结合隘口村旅游资源的分布情况、民族特色，合理开发茶旅游项目，将隘口村茶产业与乡村景观提质带动旅游。

发展的总体布局定为“一心二线三区”，具体如下：

一心——一个核心：茶产业基地综合服务中心，即茶叶生产、采摘、茶产品包装、销售、传统茶文化传播、茶文物展示、茶厂参观、科研学习一条链的发展核心。

二线——两条精品旅游路线：美丽乡村观光游览路线与历史遗迹旅游发展路线。即分为两线，一条是隘口村本身的观光旅游，如参观乡村民居民俗、田园风光、宗教文化、建筑形式以及优美的乡村聚落风光。一条是历史精品旅游线路，如苗疆边墙、隘门关、十里沙滩、铁索吊桥、桃花源、隘口村交易遗址以及茶马古道等历史景点。

三区——三大生态旅游分区：黄金茶园体验区、生态文化游览区、休闲民宿度假区，即把隘口村分为三大区域，每个区域服务的人群不同，让来到此地游览的人都能感受少数民族融合的乡村传统的生活氛围、民风民俗，更加了解隘口村的发展历史。

现隘口村种植黄金茶共有1.6万亩，延伸茶叶产业链，挖掘茶文化、茶历史，讲茶故事，发展茶旅游、茶观光、茶休闲、茶体验等新业态，成为隘口村发展的重点。山下，利用交通便利的优势，办“茶小院”，发展餐饮业，品茶餐；围绕万亩茶园，开发采摘体验、研学等旅游项目；利用夯落自然寨位置高、视线好、水源充足的优势，打造民宿同时发展水库、瀑布等景点。隘口，现正大力建设“茶旅小镇”，全面推进乡村振兴开展，不久的将来，美丽隘口这张名片就会飞向全国各地。

二、矮寨茶旅

矮寨镇位于吉首市西19km处，辖区总面积93.3km^2，人口1.3万人，系苗族人口为主的聚居镇，也是一个具有浓厚的苗族风情的村寨。矮寨镇以旅游产业为主导，农业主产水稻和玉米，桃花虾和刺绣织锦驰名中外。传统文体活动包括百狮会、苗族鼓舞、篝火晚会等。德夯风景区为最主要旅游景区。矮寨镇的交通比较便利，是湘西通往重庆、四川、贵州等地的必经通道，同时也是319国道、209国道和吉茶高速公路的重合线。

矮寨镇境内青山碧水、空气新鲜、民风质朴。境内主要生活着苗族和土家族等众多少数民族，同时也是古代巴楚文化的聚居地和传播地，发展至今已经拥有3300多年悠久历史。镇域内文化内涵深厚、民族特色鲜明。矮寨自然山水风光秀美，环境宜人，空气清爽，交通便利，靠近湘西首府吉首市，一直是附近城市居民节假日休闲游玩的胜地。矮寨景区旅游经济十分丰富，境内有国家级著名景区——德夯民俗风情园。该风景区汇集了大量苗族文化，景区内设置了苗街、苗歌、苗寨、苗鼓、苗文化习俗、苗乡自然风光等于一体的民族风情茶旅景区。矮寨镇内的吉茶高速公路矮寨悬索桥是我国乃至亚洲垂直距离最高的桥梁，该桥高330m，跨1188m，是建筑史上一个杰作（图11-12）；境内的德夯地质公园是国家重点风景名胜区，是纯地质形态的公园。矮寨地处云贵高原与武陵山脉相交所形成的武陵大峡谷的中段，有大量的形态各异的地质形态，也是湘西州第一大天然地质公园；矮寨公路，是湘川公路修建时最险要的一段，具有极高的历史价值；同时，还有中国第一座立交桥的中国公路奇观，也是国内张家界—猛洞河—吉首—凤凰大湘西旅游黄金线的中心名镇，是国家西南地区新兴的旅游热点地带，被誉为武陵山区明珠城镇。

图 11-12 矮寨大桥（吉首市扶贫办提供）

矮寨景区是吉首市苗族聚居最多的地区，当地的苗寨以及苗族文化保存最为完整，苗族习俗最浓郁的地区。当地的苗族还保留着最原始的行苗礼、穿苗衣、带苗族头饰、唱苗歌，跳苗舞等文化表现形式。著名的苗歌曲调《苗乡明月》以其自然、奔放的气势，优美动听的旋律而广为流传。2002年，国家民委将德夯村命名为“中国西南第一苗寨”。苗族舞蹈《先锋舞》《苗家乐》《绺巾舞》《舞牛》等也源自于此。这些民族文化的景观和自然景观都是矮寨镇发展茶旅文化的重要资源。矮寨镇内的野生经济动物品种也很繁多，野生经济植物和药用植物就涵盖了189个科，品种达到700多个，是一个活生生的动植物宝库。

矮寨镇利用自身的自然景观，始终保持着原生态的环境优势，空气清新，环境质量好，茶叶田园风光比比皆是。矮寨镇已经形成“张家界—猛洞河—吉首（矮寨镇）—凤凰大湘西”旅游黄金线著名景区，其在区域内的茶旅地理区位比较明显优势。矮寨镇利用人文资源、自然资源以及发挥旅游资源的集聚效应，实现民族特色旅游的聚集效应，具有较强的资源优势，茶旅开发极具潜力。

三、河溪茶旅

河溪古镇位于吉首市东南15km处，是吉首东南门户。河溪古镇自古是湘、鄂、渝、黔四省（直辖市）边区水陆要津，是土家族发祥地之一，是湘西武陵山脉的一颗璀璨明珠。这里气候温和、溪流纵横、水源充足、山川秀美，地理条件十分优越。赛龙舟、钢火烧龙是极具观赏性文化项目。这里是文化古镇，风情独特，古迹交错，千年醋香飘全镇。这里有独特的地域文化，人文底蕴深厚，有繁荣的码头商旅足迹、神秘的特殊文字符号、神奇的传说掌故、古老的衙门渊源、丰富的民俗活动。

河溪，是一个水码头，是一座用“船荡来的老镇”。峒河、沱江、司马河、万溶江，四条河流相汇于此，温润细腻的河水，把这座老镇洗濯得莹润饱满而富有弹性。

图 11-13 河溪古镇茶旅产品神仙谷（三溪谷）黄金茶（代尚锐摄）

河溪镇水陆纵横，交通便利，有着丰富的历史文化内涵。境内物产丰富，其中葡萄、茶叶、黑木耳、香醋、果醋及酵素饮料等绿色健康食品享誉八方。河溪镇楠木溪贡茶历史悠久（图11-13）；丰裕隆、楠木君等茶叶专业合作社产权明晰，组织健全，技艺精湛。丰裕隆茶业与湖南省红十字会合作，成立吉首市红十字会分会，先后被评为市、州、省级合作示范社，2012年被认定为湖南省巾帼现代农业科技示范基地。

图 11-14 河溪古镇茶旅产品楠木溪贡茶（代尚锐摄）

河溪镇以云雾茶谷和楠木溪贡茶园为核心，目前定植茶叶面积4823亩，2021年计划发展1200亩，三年内形成万亩茶园。楠木溪贡茶自嘉庆二年进贡皇室，至今仍以贡茶技艺标准制茶（图11-14）。云雾茶源自云谷寺禅茶，云谷寺始建于明朝，清道光十二年重建，位于河溪古镇烟山。云谷寺品茗悟禅传统延续至今，云雾禅茶一味，凡俗心性复静。茶香溢出历史、文化，是河溪茶叶产业发展的核心竞争力。河溪镇计划在五年内构建一条茶叶产业发展重心轴，推进茶旅融合发展。从现代云雾茶谷穿越到嘉庆年间楠木溪贡茶园，实现古今对话。打造云雾茶谷——楠木溪养生驿站和写生艺栈，以点带面，盘活库区旅游资源，转型升级呈现立体式开发格局，水上生态游、岸上住民宿、山上产业化，实现农旅产业全面发展。

四、己略茶旅

己略乡位于湖南省吉首市西北部，“己略”为苗语，“己”意为背笼，“略”意为当地有口大水井似背笼形状，依苗族谐音定名。己略南连峒河，西傍德夯，北靠吕洞山，东接司马河。全乡辖龙舞、结联、夯坨、联林、简台、己略及联林7个行政村，66个村民小组，2226户8315人。己略乡总面积79km^2，物产丰富，特色产业兴起，依托山区特点，走“种养结合、循环发展”的生态经济之路，全乡大力发展黄金茶、油茶、稻花鱼、蜂蜜等特色种养业，而黄金茶已经成为村民脱贫致富的一项支柱产业。

己略乡黄金茶种植重点区域为夯坨村。夯坨村依据地理位置分上夯坨和下夯坨，下夯坨位于山脚，上夯坨在植被茂盛、生态环境良好的山顶，富有神奇传说色彩的“阿婆山”屹立其中。传统民居80栋，上百年的民居有50余栋，古树有100余颗。夯坨村自2014年开始大规模种植黄金茶。如今，全村累计种植黄金茶面积1371亩，可采摘面积约800亩，成立有两家茶叶专业合作社和一个茶叶加工作坊。2020年，该村春茶采摘约15000斤，生产干茶3000多斤，实现村民增收约70万元。

己略乡有己略河、龙舞河两条主要水系和43条小溪，生态环境优美、自然风光秀丽，茶园就分布在两条主要水系两岸的峡谷中。2020年，全乡已开发黄金茶面积约8000亩，可采面积2600余亩，年产值1000余万元，惠及全乡80%以上农户。置身于一片片绿油油的茶园，放眼望去，绿树丛林、蓝天白云、虫鱼鸟兽，犹如置身世外桃源。

五、马颈坳茶旅

马颈坳镇位于吉首市北部，地处司马河上游，与市辖太平、吉首、己略乡，保靖县夯沙镇和古丈县默戎镇为邻。东西相距25km，南北相距18km，总面积91.16km^2。距市区11km，系三县交汇处，是吉首市的北大门。马颈坳镇南部丘陵，土层较厚，多山坡田，阳光充足，水利条件较好，有利于茶叶生长。马颈坳镇隘口村，视野所及，满是茶树，是有名的湘西茶旅区。

湘西黄金茶博览园选址于吉首市马颈坳镇榔木村（图11–15），总用地面积64.3万m^2。总投资4.6亿元，占地969.6亩。园区以茶叶基地生产为基础、以茶叶加工贸易为延伸、以茶旅融合为提升的，集种植、加工、观光、品鉴、交易、文化旅游六位一体现代化湘西黄金茶园综合体，联动吉首十大黄金茶谷，共同打造湘西茶旅游的首站，以全产业链融合来打造吉首未来茶旅的名片。2019年10月28日，湘西黄金茶博览园项目启动仪式暨太平洋

图11–15 榔木村的湘西黄金茶博览园（吉首市茶叶办提供）

建设产业扶贫湘西万亩黄金茶基地授牌仪式在吉首市马颈坳镇隘口村举行；2021年4月试加工生产，计划2023年全面完成项目建设。项目年加工100t黄金茶，带动茶园种植5万亩以上，实现年产值8000万元以上。同时利用旅游黄金线路的辐射带动，园区年可吸引10万~20万人次到园区购物、参观、体验、住宿及餐饮等，预计带来近2000万旅游综合收入。

第五节　凤凰县茶旅区

凤凰作为历史文化名城，是国家4A级旅游景区。凤凰县历史悠久，文化底蕴浓厚，是西南地区现存文物古迹最多的县市之一。凤凰县有国家级地质公园，以岩溶峡谷、峰林、溶洞、瀑布构造形成的综合地质遗迹景观。境内有唐朝垂拱年间的黄丝桥古城、华夏第二洞奇梁洞、飞檐斗拱的古建筑朝阳宫、沈从文故居，还有南华山森林公园和两头羊自然保护区。著名的景点有香薰山谷，是湘西地区首屈一指的薰衣草休闲观光体验园，被称为凤凰的“普罗旺斯”，是集种植、生产、婚纱摄影、旅游休闲为一体的绿色生态农业体验园。老家寨景区距凤凰古城22km，交通十分便利，是旅游部门开发乡村旅游，精心打造的样板古苗寨。飞水谷景区是凤凰纯苗文化的标志性景点。苗人谷，因为拥有鬼斧神工的自然景观和保存完好的古老苗寨，而被国内外专家学者公认为中国“苗族活化石”。苗人谷由平湖泛舟、苗王洞、早岗苗寨等多个景点组成。凤凰县城凭借浓郁的民族文化、古朴的历史风貌、俊秀的自然风光、辈出的名人英才而一枝独秀，被誉为是“中国最美丽的小城”。近年来，凤凰县依托万亩精品园、千亩标准园、百亩示范园基地建设（图11-16），辐射带动柑橘、猕猴桃、优质稻、无公害蔬菜、茶叶、药材等产业协调发展，到处是一片绿色田园，生机勃勃，茶旅风光迷人（图11-17）。

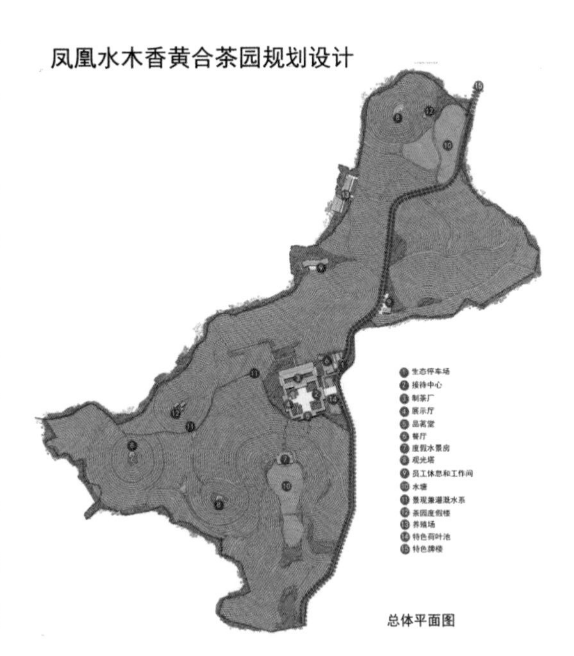

图11-16　凤凰水木香茶园规划设计
（凤凰县茶叶办提供）

图 11-17 凤凰古城茶旅风光（凤凰扶贫办提供）

一、凤凰古城茶旅

凤凰古城作为历史文化名城，是国家4A级旅游景区。凤凰古城建于清康熙四十三年（1704年），经历了300多年的历史沧桑和岁月风雨，留下了众多的历史文化遗迹。古城依山傍水，清澈的沱江穿城而过，红石砂岩的古虹桥、锈迹斑斑的老城门、古色古香的吊脚楼在月光的照射下倒映在沱江河里闪烁荡漾，如古典与自然两相忘的和谐乐章，被誉为是“中国最美丽的小城”。2002年，凤凰古城被国务院命名为第101座国家级历史文化名城。

凤凰古城“满城风光、满城文物”，有诸多美不胜收的人文景点，如熊希龄故居、北门城楼、东门城楼、连接两城楼的城墙、虹桥、万名塔、文昌阁等。有让人叹为观止的文物古建筑68处，古遗址116处，明清时期特色民居120多栋，各种庙祠馆阁30多座，是中国西南现存文物建筑最多的县（市）之一；城内还有古色古香的石板街道200多条；美丽的沱江与风情万种的吊脚楼完美融合。凤凰古城使人悠然自得，在古城里气定神闲地随便逛逛，到处可见古玩茶楼，可进行凤凰各种茶品鉴。如果有空，上楼坐一坐，听婉转的民歌，看清幽地沱江这样的恬淡是喧嚣的都市生活很难企及的。

二、南长城茶旅

沈从文在《凤子》《凤凰》《我所生长的地方》等作品中，多次描绘过凤凰的边城：“将那个粗糙而坚实巨大的圆城作为中心，向四面散开，围绕了这边疆偏地的孤城，约有五百余苗寨……七百多座碉堡，二百左右的营汛。碉堡各用大石作成，位置在山顶头，随了山岭脉络蜿蜒各处；营汛各位置在驿路上，布置得极有秩序。这些东西是在一百八十年前，按照一种精密的计划，各保持到相当距离，在周围附近三县数百里内，平均分配下来，解决了退守一隅常作暴动的边地苗族叛变的”。沈从文描写的这道边墙，实际上是在明朝南长城的基础上重建的清朝南长城。

据考证，清南长城起于凤乾交界之木林坪老营盘蜿蜒曲折南行，经竿子坪、旧司坪、晒金塘游击营、沟田、洞口哨、得胜营、鼓水井、靖疆营、大坡屯、油菜塘、清溪哨、黄土坳、四方井等汛堡屯卡，再偏西行，而止于长宜哨汛地的四路口近关碉。全线汛堡19座，屯卡33座，修筑碉堡、哨台共200多座，每座相距平均约200m。除与墙壕相衔接的汛堡屯卡和哨外，沿边墙线前后、内外，还安置有为数众多的汛堡屯卡和碉哨，互为犄角。这道长城历史上称为湘西“边墙”，现多称湘西南长城。

凤凰发现的苗疆长城始建于明万历年间（1573—1620年），全长190km。北起湘西古丈县的喜鹊营，南到贵州铜仁境内的黄会营，其中大部分从凤凰县境内贯穿而过。大致经过新凤凰营、阿拉营、古双营、得胜营、镇溪营、振武营。城墙高约3m、底宽2m、墙顶端宽1m，绕山跨水大部分建在险岭的山脊上。凤凰黄丝桥古城是一个大的屯兵营。古城呈长方形是我国保存最完整的石头城。城始建于唐垂拱三年（687年），宋、元、明、清历代均加以改造修葺是国内至今保存最好的一座石头城堡。古城城墙高5.6m、厚2.9m、宽2.4m，东西长153m、南北长190m、周长686m，占地面积2900m^2。筑城所用石料皆采石灰岩的青光石最小的也有1000余斤。

黄丝桥古城当初曾是南方长城防御体系中一个重要的屯兵站，是历代统治者防止西部苗民生衅的前哨阵地，而现在住满了迁徙而来的苗汉百姓。虽然外面依然构造坚固壁垒森严，城里却是鸡鸣狗吠生机盎然。看城外良田绿水，斜阳夕照，炊烟袅袅。沿南长城一路走到黄丝桥，一派田园茶旅风光，分外诱人。

凤凰在廖家桥镇八斗丘村重点打造茶旅融合产业园，2020年建有凤凰苗乡手工茶传承基地。该项目属南长城与凤凰之窗结合部，离4A级凤凰古城景区10km，20min车程，离3A级景区南方长城直线距离500m，距廖家桥镇（工业园区）高速出口仅5min车程、铜仁凤凰机场20km、凤凰高铁站25km；处于凤凰乡村游南线景点线路中“南方长城”节点上。

南长城茶旅在主题思想上，以宣传茶文化为主线，融入凤凰农耕文化，在体验中传承和消费；总体布局上，园区以凤凰传统自然村寨风貌，辅以现代园林的一些设计手法，园区占地400亩，以黄色夯土墙老房子为中心，展示农村原居住民传统文化习俗，推动凤凰茶旅融合建设；功能区分上，茶园观赏采摘区、茶文化传承学习展馆、手工茶传承制作体验区、茶文化主题餐厅、茶文化特色民宿、乡村民俗文化体验区、生态停车场、亲子休闲乐园、丛林帐篷拓展区等九个区域，分别起到展示乡村民俗，宣传茶文化，提供休闲娱乐活动，满足游客游玩体验基本需求，实现玩在茶园、学在茶园、吃在茶庄、住在茶庄。基础配套设施上，有观景亭、指示牌、停车场、洗手间、果皮箱、桌椅、医务室、农产品交易场所，指示牌各处都有分布，指示牌不能只有方向，还要有定位；停车场有2个，分别在村口和村里，大型客车停村口；果皮箱和座椅随处分布。茶园设计上，茶园种植选种黄金茶，茶园边栽上桃树，紫薇花，桂花等植物美化茶园，茶园按有机茶园标准管理，不能喷农药，施有机肥，定期修剪，让茶园与大自然融为一体。

三、菖蒲塘茶旅

凤凰县菖蒲塘村由菖蒲塘村、马王塘村、长坳村、樱桃坳村四个自然寨合并而成。丘陵与平坝相间，气候与土壤适合水果生长。菖蒲塘村距凤凰县城7km，距铜仁凤凰机场20km，凤大二级路、省道308穿境而过。全村总面积12870亩，水果种植面积达6250亩。全村有15个自然寨，分为23个村民小组，由菖蒲塘、马王塘、长坳、樱桃坳四个自然寨合并而成，共有710户3035人。

菖蒲塘村是一个以土家族为主的少数民族聚居村，也是廖家桥镇水果种植面积最大的行政村。该村先后被评为湖南省新农村建设示范村、湖南省美丽乡村示范村、省级先进基层党组织。

菖蒲塘村以发展壮大果业为依托，走上了一条农村美、农业兴、农民富的新路子。该村精品果园与村境内的飞水谷建有一条茶旅观光道，行走在美丽如画的茶旅观光带上，只见一片片猕猴桃园、柚子园、茶园镶满山坡和田园，一直从坡脚延伸至坡顶，人未进村，便闻到一股淡淡的水果清香、茶香，沁人心脾。

第六节 永顺县茶旅区

永顺县茶历史文化底蕴深厚，是古老的茶乡。中华人民共和国成立后，由于政府重视，永顺县茶叶生产发展较快，特别是20世纪70年代，全县茶叶种植面积曾一度达到1333hm^2，建立了4个红碎茶加工厂，几十个村级或乡办茶场。1986年开始，对部分中、低档产茶园进行低改，高标准新扩高产良种茶园，并着手名优绿茶研制，到1994年，全县新扩茶园200

图 11-18 永顺毛坝乡东山村莓茶野生古茶园茶旅风光（永顺县茶叶协会提供）

多公顷。1995年，县农业局成立了茶叶研究所，专门从事优质绿茶生产技术的研究和推广。2000年以来，着重打造霉茶品牌（图11-18）。永顺县依托丰富的茶叶资源，大力发展茶旅文化资源。永顺县茶旅文化资源十分丰富，有千年土司故都——老司城，有原始次生林——小溪，有国家级文物——溪洲铜柱，有天下第一漂—猛洞河漂流，有全国红色旅游胜地——塔卧，有国家森林公园——不二门等，文化及旅游资源为永顺县茶叶市场的发展奠定了基础。多年的研制和开发，“永农翠”“猛洞毛尖”分别获第六届、第七届“湘茶杯”金奖，“溪洲莓茶”已被国家质量技术监督总局列为“国家地理标志保护产品”。目前，永顺县茶叶品牌较多，绿茶有“永农翠”“猛洞毛尖”“猛洞春”“久香毛尖”“猛洞春毫”等，莓茶有“溪洲莓茶”“金顺莓茶”“山珍莓茶”等。永顺县旅游景点多、产业品牌多、茶叶厂家多，为发展茶旅奠定了良好基础。

一、芙蓉镇茶旅

20世纪80年代一部电影造就了中国电影史上两个有名的电影演员——刘晓庆、姜文，这部电影就是《芙蓉镇》。电影《芙蓉镇》也让位于永顺县内一个原本叫王村的小镇，因电影在此拍摄而名扬天下，更名为——芙蓉镇。这个因一部电影而得名，小小的傍水小镇，于是就出现在中国旅游版图中，从此引来了一批又一批来寻找电影中依稀记忆痕迹的旅游者。

芙蓉镇虽因电影而更名，实际上它是一座具有两千年历史的古镇，位于酉水之滨，距县城51km。原为西汉酉阳县治所，得酉水舟楫之便，上通川黔，下达洞庭，自古为永顺通商口岸，素有“楚蜀通津”之称。享有酉阳雄镇、湘西“四大名镇”、“小南京”之美誉。据史截：后晋天福四年（939年），溪州刺史彭士愁与当时占据湖南的楚王马希范发生溪州之战。彭士愁战败后于后晋天福五年（940年）与马希范议和，把战争的经过和议和的条款，镌刻于铜柱之上。铜柱重五千斤，高丈二尺，入土六心，形为八面，中空，内实钜钱，柱端覆盖铜顶，铭誓状于铜柱之上，立于会溪，宋天禧二年（1018年）重立时，又镌刻了一些土官衔名。清中叶，柱上铜顶被盗，沉于江心，柱内铜钱亦被人偷去殆尽。清光绪十一年（1885年），永顺府知府张曾敫建亭保护。

民国年间，亭子被毁，但铜柱依然精纯光润，八面所镌颜、柳体阴文，虽经千载风雨洗刷，霜雪蚀磨，仍清晰如初。溪州铜柱是研究土家族古代历史的重要文献，被土家族人们视为神物。

瀑布是芙蓉镇首屈一指的天然美景，任何到芙蓉镇的人都必到瀑布。芙蓉镇三面环水，瀑布穿镇而过，别有洞天。这是湘西最大最壮观的一道瀑布，高60m，宽40m，分两级从悬崖上倾泻而下，声势浩大，方圆十里都可听见。春夏水涨，急流直下，飞虹相映，五彩纷呈。“挂在瀑布上的千年古镇”由此得名。在集镇上有此瀑布者在全国并不多见，瀑布旁的“土王行宫”更是芙蓉镇的一大亮点。这里是当年富甲一方的土王所选择建造避暑山庄的地方，一夫当关，万夫莫开。行宫侧面是悬崖峭壁，宫前溪水长流，飞瀑直泻，震耳欲聋，气势蓬勃。

土王行宫在瀑布映衬下有“水帘洞”“檐下飞瀑”等自然景观；有唐伯虎、沈从文等文人留下的诗词墨宝；有歌星宋祖英拍摄《家乡有条猛洞河》《小背篓》MTV的歌台；有刘晓庆在此游泳、品茶观瀑的茶楼；有《乌龙山剿匪记》等多部影视剧外景拍摄场景，的确是休闲游览的人间仙境。

芙蓉镇（王村）虽是历经千年沧桑，历史悠久的古镇今天依然古风犹存，依然是那么迷人。四周是茶山绿水，镇区内曲折幽深的大街小巷，以青石板铺就的五里长街，处处是茶楼小店，融自然景色与古朴的民族风情为一体，一派美丽的茶旅风光。2020年10月12日，中国·永顺莓茶文化节暨“莓美与共·美莓同行”永顺莓茶斗茶会在湖南省湘西州永顺县芙蓉镇举行。活动开展了观茶、品茶、斗茶、评茶、话茶、销茶等茶文化系列活动，深入挖掘永顺莓茶的茶文化内涵，推介永顺莓茶国家地理标志品牌，促进茶旅深度融合，助力脱贫攻坚乡村振兴。

二、塔卧镇红色茶旅

塔卧位于永顺县东北部，因镇政府驻地大小山形似宝塔横卧此地，后被人民称为塔卧，故此而得名。塔卧历来是永顺县的历史文化重镇，更是湘西的百将摇篮、红色圣地。

1934—1935年，第二次国内革命战争时期，贺龙、任弼时、萧克、王震、关向应等老一辈无产阶级革命家以塔卧为中心创建了湘鄂川黔革命根据地，从根据地的创建到现在，留下了许多红色遗址、红军标语和流传于世的歌谣、故事、传说等大量丰富的革命文物和资源。早在2001年，湘鄂川黔革命根据地旧址就被列为全国爱国主义教育示范基地，2006年又被国务院核定为第六批全国重点文物保护单位。塔卧完整保存湘鄂川黔省委、省革委、省军区、红军学校、医院、兵工厂等十大革命文物旧址、遗址；有全国爱国主义教育示范基地、全国100个红色旅游经典景区之一、全国30条红色旅游精品线路之一、全国红色旅游小镇、全国重点文物保护单位、国家级烈士陵园纪念设施、国家国防教育示范基地、全国森林文化小镇等多个国字号品牌，省级文明乡镇、历史文化名镇、经典文化村镇、红色旅游景区等多个省级品牌。

“当兵就要当红军，处处工农都欢迎。会做工的有工做，会耕田的有田耕。当兵就要当红军，工农配合打敌人。消灭反动国民党，民主革命要完成。”在这首革命歌谣的传唱地永顺县塔卧镇，人们看到了巍然矗立的革命烈士纪念塔，也看到了漫山尽绿的茶叶。

塔卧镇生态环境良好，山清水秀，空气清新，四季分明，气候宜人，全镇森林茂密，溪水绕镇。近年来，塔卧镇紧紧依托县委县政府统一部署，在现有老区旅游产业基础之上，以主打黄金茶和油茶产业为核心，积极创建农业特色产业示范园区，力求促进区域经济快速发展。目前，全镇已建成黄金茶基地5700亩，油茶基地15300亩，分别分布在三家田、仓坪、蟠龙、广荣等多个村，茶旅格局初步形成。到春天，春阳早照，那早起的勤劳质朴的土家人，为了赶制外地客商定制的清明茶，探雾寻路，在云雾缭绕的山间采摘青翠如玉的“溪州莓茶”和“猛洞春毫”，一片迷人的茶旅田园风光。近年来，革命老区百姓在党和政府的大力支持下，找准了茶叶致富的路子，让昔日因交通不便、资源匮乏等制约发展的革命老区，逐渐由“红色老区”发展为“绿色老区、生态老区、富裕老区”。

三、老司城茶旅

老司城，位于湖南省湘西州永顺县东南19.5km的灵溪河畔，史籍称“福石城”，民间称“老司城”，地处永顺县灵溪镇司城村。1986年，老司城遗址发现于第二次全国文物普查中；2001年，被国务院确定为第六批全国重点文物保护单位；2010年，被国家文物局公布列为首批国家考古遗址公园立项名单；2015年，与湖北唐崖土司城遗址和贵州海龙屯遗址一起被列入“世界遗产名录”。老司城遗址，是中国土司文化和土司建筑的代表，是西南少数民族地区保存最为完整的军事性城堡遗址。老司城遗址处于武陵山山脉中段的黑山山脉，群峰环绕，风景秀丽。背枕三星山，左玉女峰，右羊角峰，前有银山枯六峰拱抱，层峦叠嶂，灵溪河蜿蜒而过，区域内森林茂密，动植物种类丰富。其中最著名的自然景观被称为“灵溪十景”，即福石乔木、雅意甘泉、绣屏拱座、玉笋参天、石桥仙渡、翠窟晴岚、羊峰毓秀、龙洞钟灵、榔溪夜月、铜柱秋风。老司城选址独到，十分重视山、水、城的自然交融，周边群峰环绕，势如“万马归朝”，灵溪河将古城护围，形成天然的护城河。

老司城遗址，是一座镶嵌在茶山绿水间的古老文化宝藏，集秀美生态、军事防御、交通需要等多种功能于一体，按照“五行”修建宫殿建筑，这都充分体现出老司城尊重自然、顺应自然、依托自然的理念，同时也助于老司城实现安定有序发展。这都是老司城自然资源独到的艺术价值，对于现代造园艺术、生态庄园的建设有一定的启示和借鉴意义。此外，天然山水也具有重要的审美价值，这一价值是茶旅发展的必要基础。

四、双凤村茶旅

双凤，自李唐建村，历2000多年，是一个典型的土家族民族寨。双凤村位于永顺县灵溪镇，处于县城西南方向处九龙山上的凹地中，2015年底撤乡并镇由永顺县大坝乡并入城关镇灵溪镇，距离县城25km，距离世界非物质文化遗产老司城遗址40km，距张家界90km，距离湘西州州府吉首120km，距离省会长沙约500km。双凤村坐落在海拔680m的山冈上，最高处海拔750m，最低处海拔300m，反映了"长期以来土家村落散处溪谷、所居之地必择高峻"的居住特色，完整保存了古老的土家族民族风俗和我国上千年的土家族历史文化。由于居住地偏僻，与外界交流少，成了具有独特传统民族文化内涵的一处独立空间。

双凤村内山峰突兀，坡陡沟深，山峦起伏。全村人口除了从外村嫁到双凤村的少数汉族、苗族妇女以外，其他均为土家族，以彭、田两姓为主。村民淳朴、忠厚，日出而作、日落而息。双凤村是现在保存最为完整的中国土家族传统民族文化村落之一，其原始的土家族民族文化特点，为土家族成为单一的民族提供了大量丰富的素材。双凤村位于崇山峻岭之中，山峰壁立、树木茂密，自然风景极佳。近年来，随着"乡村游"的兴起，双凤村逐渐吸引一批外地游客前来旅游观光。在双凤本土逐渐有群众开始以民俗表演、贩卖手工艺品、土家民居参观等为生，极大地缓解了村里的就业压力，也为双凤经济带来了一定的发展。得益于完整的民俗文化和全村的少数民族特色民居保护，双凤村受到了不少民俗专家学者的青睐。

近年来，双凤村不断被湖南省政府、中国民族文化管理局、国家文物局等单位冠以一系列的荣誉。2014年9月，永顺县芙蓉镇（原名王村）、灵溪镇司城村与双凤村一起被选入首批"中国少数民族特色村寨"。村民以种植业为主，主产水稻、玉米、红薯、马铃薯等，村内除了种植粮食保证村民口粮以外，还种了一项重要经济作物——茶叶。双凤村位于亚热带季风气候区，海拔800多米，气候温和，光照充足，空气湿润，土壤略显酸性，微生物含量较高，因此适合茶树的生长。村落中的近千亩茶园分布于崇山峻岭中。

双凤村地理位置偏僻，坐落于崇山峻岭之中，这构成了双凤村土家族的基本生活环境。村寨多居于坡坎上，远山如黛、近峰青幽、绿树环绕，掩映于苍松翠柏之中，景色宜人，原始生活环境保留完好，一片茶园风光，又被誉为"中国土家第一村"，是值得一去的茶旅风景区。

第七节　龙山县茶旅区

龙山自然风光神奇，民族风情浓郁，历史文化厚重，旅游资源禀赋良好，是湖南省最早公布的旅游资源重点县。靛房镇被文化部（原）授予“中国民间艺术之乡”，农车、坡脚、苗儿滩是省级民间艺术之乡。土家织锦老艺人叶玉翠为中国工艺美术大师。捞车河村等村进入国家乡村旅游扶贫重点村名单。洗车古镇、捞车河古寨、惹巴拉等地有原始古朴的明清古镇，原始古朴的“茅古斯”“摆手舞”，让人印象深刻。里耶古城、“南方空中草原”八面山、“中国土家第一寨”惹巴拉、洛塔石林、“国家地质公园”乌龙山、茨岩塘湘鄂川黔革命根据地、佛教圣地太平山等旅游景区文化底蕴厚重、自然风光秀美，里耶—乌龙山风景名胜区获评国家级风景名胜区。2020年，全县完成茶叶种植面积3万多亩，品种以黄金茶为主及部分浙江白茶，到2022年，全县将新建茶叶基地12万亩，成为湘西茶旅观光线上的一道亮丽的风景线。

一、茨岩塘茶旅

茨岩塘，湘西龙山县的一个小镇。第二次国内革命战争时期，茨岩塘是中国共产党领导下的红色苏区湘鄂川黔革命根据地的中心。1934年，任弼时、贺龙、关向应、王震、萧克等革命前辈创建的湘鄂川黔革命根据地共历时393天，其中在龙山县257天，历时最长、影响最大。红二、红六军团以龙山为指挥中心，取得了忠堡战役、围攻龙山城、夜战象鼻岭、激战招头寨、板栗园战斗、芭蕉坨战斗等重大胜利，粉碎了敌人的“围剿”，吸引国民党30余万兵力，有力策应中央红军胜利长征，被任弼时同志称为“中国南部苏维埃运动发展中最重要的柱石”。

茨岩塘为一山间台地，四周群山耸立，为龙山通桑植、永顺古道必经之地。镇北2km处，两山对峙间一峡谷关隘，名望乡台，奇峰挺拔，刀切绝壁间一飞瀑悬挂，水声轰轰，乃一夫当关、万夫莫开之险隘。在茨岩塘，还保持着中共湘鄂川黔省委、省革命委员会旧址。离茨岩塘镇不远处，有红二、六军团兵工厂旧址，红二、六军团医院旧址，当时的县委书记方献宇烈士墓，县城建有烈士陵园和革命烈士纪念塔。这些，都是向广大人民群众特别是青少年进行革命传统教育的基地。

湖南省龙山县茨岩塘镇位于武陵山腹地，平均海拔850m，境内群山耸立，峰峦起伏，风光旖旎，适合种植茶叶。茨岩塘人民经过几十年艰苦奋斗，这里的烤烟、百合和高山反季蔬菜、茶叶等远销海内外。先后荣获了全国爱国主义教育示范基地、国家级烈士纪念设施地、全国重点文物保护单位、国家国防教育示范基地、湖南省未成年人思想道德建设先进基地、湖南省“潇湘红八景”等称号，于2019年12月成功创建为国家AAA级旅游景区。茨岩塘红色茶旅风光特色鲜明，现在每天到红军旧址参观的游客络绎不绝。

二、惹巴拉茶旅

惹巴拉古村位于龙山县中南部的苗儿滩镇境内，地处洗车河与靛房河交汇处，历史文脉悠久、山水格局明朗，洗车河与靛房河交汇后统称为捞车（太阳）河，三河交织后状如“人”形，若视捞车为一点，三河一寨构成了一个“太”字。村落古民居以摆手堂为中心，按照中国传统风水“五位四灵”的模式布局，充分体现古人“天人合一”的建筑理念和人与自然和谐统一的生存理念。

村内历史建筑由块面与线条构成，简洁明朗、中心突出、规划严整、布局严谨，大多青砖青瓦色彩清淡而朴素。整个古村呈“八卦”形状。三山套三河，三河绕三寨，一桥通三域，是捞车古村的总体格局。从整体布局来看，巷道、荷塘、沟渠构成了村落的基本元素，摆手堂、冲天楼等公共建筑成为村落中最重要的公共活动中心，接待中心以及沿捞车河风光带是人们日常交往的活动空间。在八百余年的土司统治时期，灿若云霞的土家织锦，成为中国“四大名锦”（即广西壮锦、云南云锦、四川蜀锦、湘西土家织锦）之一，被誉为“土家织锦之乡”，是土家织锦发源地，享誉中外，拥有着灿烂的物质文化遗产和非物质文化遗产。

惹巴拉村属于龙山县，是商周文化遗址的一部分，也是原生态土家文化保存最为完善最有活力的区域，被民俗学家誉为“土家族原生态文化的天然博物馆”“中国土家第一寨”。全村共29.23km^2，477户，总人口1908人，其中土家族占95%，以传统的捕鱼和农耕为主。惹巴拉位于青山怀抱之间，山寨掩映在古木丛中，碧绿清澈的捞车河静静流过，田园木屋错落，一片茶旅风光，是一个如世外桃源般的茶旅好去处。2013年精准扶贫开始后，惹巴拉的茶旅发展走上快车道。惹巴拉是国家乡村旅游扶贫重点村，先后获得“中国传统村落”“全国历史文化名村”“全国特色景观旅游名村”“乡村旅游扶贫示范村”等荣誉，于2016年11月成功创建为国家AAA级旅游景区。

三、乌龙山大峡谷

乌龙山大峡谷位于里耶—乌龙山国家风景名胜区，有“世界溶洞博物馆”之称。峡谷内原始次森林构成天然氧吧，星罗棋布的惹迷洞、风洞、飞虎洞等溶洞形成“中国第一洞穴群”。乌龙山大峡谷自然景观主要有河流、峡谷、溶洞和天坑等，其人文景观主要是土家村寨和土家、民俗文化。乌龙山大峡谷起于洗洛止于里耶，贯穿龙山南北，全长

108km。峡谷沿途的植被较好，可见大片原始次森林。两岸石壁颜色黑白相间，看似杂乱，实则有律，恰如泼墨画。两岸大小瀑布，不计其数。在飞虎洞上下6km地段，两岸翠竹，延绵不断，微风吹过，就像是一群多情的少女，在伟岸的群峰面前，羞答答、娇滴滴、意绵绵，婀娜多姿，风韵尽显。被誉为“世界溶洞博物馆”，被国画大师黄永玉赞曰“龙山二千二百洞，洞洞奇瑰不可知”，四季如春的大峡谷被称为“神州八奇”的“恒温地带”，飞虎洞内粉红色、蓝色“盲鱼”“盲蝌蚪”等珍稀动物，于2016年11月成功创建为国家AAA级旅游景区。

四、太平山景区茶旅

距离湘西龙山县城8km的太平山，古往今来，一直是佛教传承的洁净圣地。也是一座悬崖峭壁、拔地而起的“孤山堡”，独自屹立在乌龙山大山脉怀抱。源于大自然鬼斧神工，孤峰独秀，四季云雾缭绕峰峦，雄伟壮观。太平山孤峰凌空，雄奇险峻，景区内以松月塔、息影洞、观音寺、登天梯等景点为核心，是佛教名山。始建于东晋隆安帝二年，被民主革命家章太炎盛赞“太平山层峦叠翠，殿阁凌云，风景优美，不亚于庐山雁荡”。全国政协原副主席、中国佛教协会原会长赵朴初为太平山题写山名。太平山属丹霞地貌，环山而绕的猛洞河风景宜人，名寺古刹与自然风光融为一体，构成一幅神奇美丽的画卷，于2019年12月成功创建为国家AAA级旅游景区。

五、洛塔石林茶旅

洛塔石林是乌龙山国家地质公园核心景区，有“岩溶地质百科全书”之称。景区内石林丛生、溶洞密布、阴河交错、瀑泉飞泻。有灵洞天窗群、八仙洞天池、楠竹石林、杉湾石林、溪沟石林、猛西大峡谷等地质奇观，是中国地质科学院岩溶科研基地，我国唯一的“溶洼堵漏建库”杰作，被誉为“中国南方裸露型岩溶的典型代表”、岩溶地质的“百科全书”。

六、八面山茶旅

八面山位于龙山县里耶镇，距离里耶古城19km，与重庆市酉阳县、秀山县接壤。八面山总面积约52km^2，为典型高山台地，南北长、东西宽，四周悬崖峭壁，像条大船。山顶起伏有致，地势开阔，呈小丘陵状，平均海拔1200余米，最高峰1414.5m，夏季平均气温20℃，冬季平均气温-10℃。八面山以其雄伟险峻而成为湘渝边界的天然屏障，山上奇峰、溶洞、绝壁、天坑、天桥、云山、雾海等星罗棋布，独具特色，险峻秀美，鬼斧神工，有杯子岩、自生桥、大小岩门、燕子洞、刀背岭、睡美人及草场风光，牧草丰肥，有“南方空中草原”之美誉。

七、里耶古城茶旅

里耶战国秦汉古城遗址位于酉水河西岸，遗址呈长方形，南北长210m，东西宽107m。古城始建于战国时楚国，后被秦人攻占，秦亡后汉代沿用。这座古城曾是秦楚争霸的战略要冲，是秦政权建立后洞庭郡治所，同时亦为屯兵重镇，是通达和震慑西南之桥头堡。据里耶秦简载，洞庭郡迁陵县在秦始皇三十二年（公元前215年）时有55534户，共30多万人口。这座古城曾历经战国、秦、汉三朝，其作坊、古井和房基等遗迹基本保存完整，是我国迄今发现唯一一座秦城遗址。2002年11月22日，里耶古城遗址被国务院特批为“全国重点文物保护单位”。

里耶古城有全国唯一的秦代古城遗址、秦简博物馆。2002年出土的37400余枚秦简，被誉为“21世纪最为重大的考古发现”，享有“北有西安兵马俑，南有里耶秦简牍”美誉。里耶明清古街区位于里耶古城遗址南面，酉水之西，是千里酉水流域码头古镇的典范集镇。

街区主要包括中孚街、埠平街、万寿街、辟疆街等“七街六巷五行”。古街核心占地总面积约8.99hm^2，街巷总长3500多米，现存较好的民居有910多栋，建筑面积超31940m^2。因酉水便利，早在清雍正以前就已形成商贸墟场，成为湘鄂川边区贸易中心和物资集散地。街区内茶馆酒楼、油榨坊、染坊、印钞坊等作坊众多，商会、福音堂、船工会、汉剧社等组织云集。古街建筑风格以当地土家族建筑为基调，同时融合赣、苏、皖、浙以及海外等建筑风格，形成里耶多元独特的建筑特色。先后获得“国家考古遗址公园”“中国历史文化名镇”“全国重点文物保护单位”“全国特色景观旅游名镇”“全国文明村镇”“全国宜居小镇”等国字号品牌，于2018年12月成功创建为国家4A级旅游景区。

里耶古城临江而建，紧靠酉水。酉水穿山而过，静静地滋养着两岸肥沃的土地。里耶因酉水而生，也因酉水而旺，酉水河在流经里耶之后，从沅陵汇入沅江直到洞庭。近年来，里耶全力做好茶文化、秦文化、土家原生态文化结合文章，里耶酉水沿线生态区一片茶旅风光，是值得一看的好去处。

第八节　泸溪县茶旅区

泸溪县历史古老悠久，自然风光秀丽，人文景观众多，民俗风情独特，文化底蕴深厚，不仅是中国盘瓠文化的发源地，是东方戏曲活化石辰河高腔目连戏的保存地，还是屈原流放期间的栖身地，沈从文解读上古悬棺之谜的笔耕地，沅水风景胜地，中国最年轻的“氧吧”县城。加之又地处全省新近规划的桃花源—沅陵—吉首—凤凰—张家界黄金旅游线路的中点，水陆交通极为便利，与周边景区可形成相互依托和照应之势，因而具有发展茶旅融合得天独厚的条件。根据泸溪县旅游资源的特点，县委、县政府决定以盘瓠文化为龙头，以屈原文化和沈从文文化为依托，以“三点”（武溪、白沙、浦市）“一线”（沅水风光带）区域内的人文和自然景观为载体，以景区景点建设为重点，形成特色，打造品牌，大力发展以休闲度假为主的民族文化旅游，逐步形成上接吉首、凤凰、张家界，下接沅陵、桃花源的文化旅游黄金线路（图11–19）。

图 11–19 泸溪县浦市云雾桑茶业基地（泸溪县茶业协会提供）

一、浦市茶旅

沈从文先生的一支妙笔，曾写尽湘西的山山水水，身为湘西四大古镇之一的浦市，更是得到了他特别的偏爱。对这个伫立于沅江之滨的古镇，他写道：“廿日到地浦市，可是个大地方，数十年前极有名，在市镇对河的一个大庙，比北京碧云寺还好看。地方山峰与人家皆雅致得很。”

浦市历史文化悠久，由于水路交通发达，历史上浦市商贸、文化极其繁荣，有“小南京”之称。据史料记述，自明清时期至民国年间，在这不到2km^{2}的古镇里，3条以红石板铺设的商贸古街绵延数里，各色商号林立、古居遍布其间；有六座古戏楼、十三省会馆、二十多座货运码头、四十五条巷弄、五十多家风火墙窨子屋、七十二座寺庙道观、九十多个作坊。建有水运码头23座，曾有千船游走沅江的盛况。古镇还保留了老茶馆、老药铺、剃头铺、酱油坊等多家传统作坊，极具旅游吸引力。

浦市古镇西北山峦重叠，中部丘陵起伏，沅水清澈见底，动植物种类繁多，生态环境极为优越，流经浦市古镇的沅江风光带，水势平缓，如同仙女落入凡间的缎带；江边的山峦则高低起伏，绿树成荫，仿佛是一幅美丽的山水画卷。古镇拥有十里画壁、马嘴岩、辛女峰、仙人洞等40多处自然景观。历代文人墨客千里迢迢来此寻觅仙境、吟诗作画，留下了无数美丽的传说。浦市古镇地理位置极为重要，为历代兵家必争之地。汉朝伏波将军马援曾在此领兵征讨过南蛮；南宋时期，古镇作为军队集聚地正式确立军事机构。明清之际，这里更成为军事战备要津。浦市近郊的岩门康家古堡寨，距今已有600多年历史，占地约2万多平方米，整体态势和布局细节带有明显的军事防御色彩。此外，红二、红六军团革命活动主要根据地、贺龙元帅的祖籍地高山坪村贺家寨也被开辟为红色旅游线路。目前，浦市打造的沅江古商贸文化之旅、特色村寨体验之旅和生态茶文化之旅等特色旅游线路为浦市古镇的旅游发展注入了新的内涵，茶旅融合发展形势大好（图11-20）。

图11-20 茶园遐思（湘西州茶叶协会提供）

二、马王溪茶旅

马王溪村位于湖南省泸溪县浦市文化古镇，地处山地、平原交汇带，依山傍水，生态旅游资源丰富。

马王溪村距浦市古镇4km，村背靠代朝山，代朝山上有一座真武殿，据说是宋朝岳飞麾下大将谭子兴所建。

马王溪村具有丰富的茶旅生态观光旅游资源和开发潜力，先后建成马王溪村柑橘精品园、苗圃标准园、山地观光果园、生态休闲观光农业基地等。近年来，结合村庄的优势和独特的地理条件，重点建设千亩生态休闲观光农业基地示范园区，形成了四季有瓜果、水陆共发展的科学布局。在园区发展中，立足于旅游观光，注重规模控制，以满足观光采摘为主。近几年，村里大力发展茶旅融合发展，推进乡村旅游。村庄一年四季掩映在花的海里、醉在果的香里，村寨成了自然山水大花园、绿色产品的茶旅大庄园（图11-21）。

图 11-21 浦市茶旅风光（邓可摄）

制
机
贫
扶
新
创

第十二章 湘西茶科技与行业组织

湘西茶叶事业的发展，离不开先进的栽培技术和管理，离不开茶科技与行业组织的推动。湘西州依法登记成立的茶科技与行业组织，是党和政府联系茶叶科技工作者的桥梁和纽带，是政府发展茶叶科技事业的重要社会力量。他们积极促进茶叶科学技术的繁荣和学科发展，推动茶叶科技的普及与推广，推进茶叶科技人才的成长和提高，着力于科技与茶产业结合，为湘西茶叶事业的发展作出了贡献。

第一节　栽培技术和管理

一、新茶园建设和幼龄茶园管理技术

（一）茶苗定植

① **深翻土地：**深度60cm以上，稻田应打破犁底层，以防积水。

② **开排水沟：**平地或易积水地块须先开好排水沟，包括纵沟、横沟和围沟，排水沟一般深约40cm，宽约30cm。围沟须比纵横沟深，田块须破田埂，以利于排水。

③ **开沟施底肥：**沿划好的线路开深15~20cm的施肥沟，每条施肥沟相距150cm，在沟内撒施底肥，若栽植的是带土移栽的穴盘苗或营养钵苗，底肥以选用复合肥较好，每亩用量50~80kg；若栽植的是大田裸根苗，底肥以选用菜枯等有机肥较好，每亩用量150~200kg。

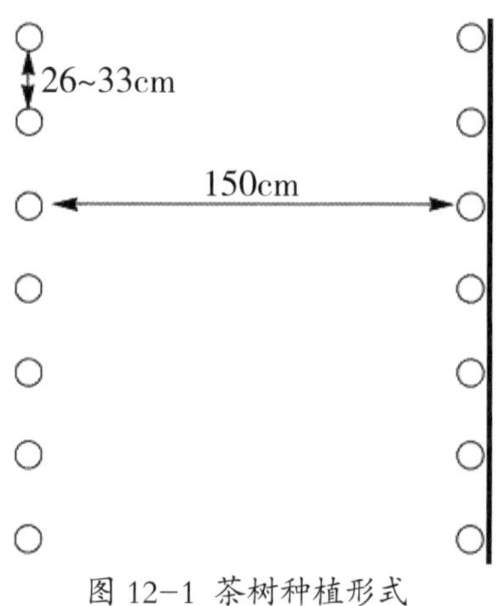

图 12-1　茶树种植形式
（湘西州农科院茶叶研究所提供）

④ **起垄整厢：**沿施肥沟覆土整厢，厢面宽约60cm，高约15cm。

⑤ **盖地膜或防草布：**地膜以选用厚度约1.2丝、宽度80cm的银灰双色薄膜较好，盖膜时银色面朝上，黑色面朝下。如盖防草布应提前在中央开好十字孔或圆孔，孔径约10cm，孔距30cm。将整理好的厢面用地膜或防草布覆盖好，四周用锄头取土压实，不留缝隙。

⑥ **定植茶苗：**一般建议按单行双株进行栽植。行距150cm，穴距26~33cm，每穴2株，两株苗相隔2~3cm，每亩栽2500~2750株（图12-1）。用打孔器或锄头等工具将茶苗定植好。定植裸根苗尽量打泥浆，要栽深、踩紧，栽好后按离地12~15cm高度及时进行修剪。

⑦ **苗木起运和存放要求：**起苗、运苗过程中要确保苗木质量，应尽量避开晴热时段起运苗，运苗时苗木码堆不能过厚，运输途中不能受风吹，运送至目的地后要竖立摆放，条件允许的情况下尽量存放在室内，如露天存放尽量搭荫棚防晒并盖遮阳网防风。

（二）茶园管理

1. 勤除杂草

茶苗周围杂草要除早除小，新建园建议扯草时用一只手按住杂草周围土壤，另一只手扯草，以防止扯草时使茶苗根系松动。行间杂草建议用割草机割，以提高效率，减少用工成本。茶树兜周围杂草建议每月除一次，行间杂草以不盖过茶树为宜。

2. 勤施薄肥

新建园若栽植的是带土移栽的容器苗，可在定植15天后进行追肥，追肥可用硫酸钾复合肥，每亩用量8~9kg（每个种植孔约3g），施肥点须距离树干8~10cm。新建园若栽植的是大田裸根苗，应在定植后3~5个月待茶苗形成一定新根系后进行追肥。如在7—9月干旱季节，建议结合抗旱作业冲施水溶性复合肥1∶200倍液，施肥宜在阴天或晴天的早晚进行，也可结合病虫害防治时喷施叶面肥。

其他幼龄茶园追肥应根据茶树春、夏、秋梢萌发时段提早一个月进行，可选用硫酸钾复合肥，每亩15~20kg。每年9—11月施基肥，可选用菜枯等有机肥，每亩用量150~200kg。追肥建议结合除草进行，每次除草后进行追肥效果较好。

3. 防病治虫

幼龄茶树抵抗力弱，管理中应做好病虫害防治，虫害主要有小绿叶蝉、螨类、茶毛虫等，病害主要有茶炭疽病、茶圆赤星病、茶云纹叶枯病等。建议适时观察病虫害发生情况，每年4—5月、9—10月要特别加强病虫害防治，以防病虫害影响幼龄茶树生长。化学农药可选用高效氯氰菊酯、哒螨灵、多菌灵等，生物及有机农药可选用茶皂素、苦参碱、短稳杆菌、矿物油等。

4. 防涝抗旱

雨季时应及时清理茶园排水沟，以防积水。干旱季节应做好茶园抗旱工作，如连续数天未降雨，应根据土壤墒情适时进行灌溉。

5. 定型修剪（图12-2）

要培养良好的树型，茶树一般要经过三次定型修剪，第一次定型修剪在定植时或定植前在苗圃中进行，修剪高度为离地12~15cm，苗圃中修剪高度为20cm。第二次定型

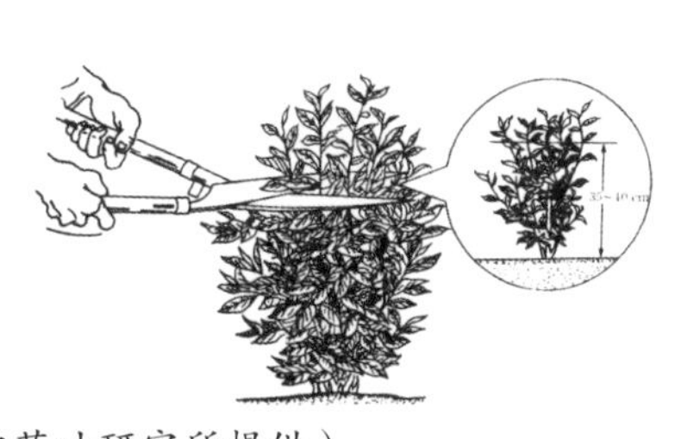

图12-2 茶树定型修剪示意图（湘西州农科院茶叶研究所提供）

图 12-3 茶园风光（石可君摄）

修剪在第一次定型修剪后茶树离地高度达40cm时进行，剪口高度为25~30cm。第一、二次定型修剪是关系到一、二级骨干枝是否合理的问题，工作必须细致，除了用整枝剪逐株逐枝修剪外，还要选择剪口下的侧芽朝向，保留向行间伸展的侧芽，以利于今后侧枝行间扩展，形成披张的树形。另外，要注意修剪后留下的小桩不能过长，以减少小桩对养分消耗。第三次定型修剪是在第二次剪口基础上提高10~15cm。

定型修剪主要以保留成熟的骨干枝为主，骨干枝成熟度不够时一般不修剪。对幼年茶树主要在于培养骨架、促进分枝、扩大树冠为目的。如进行打顶采摘必须坚持“以养为主、以采为辅、打顶护边、采高养低、多留少采、轻采养蓬”的原则，以保护茶蓬快速生长，提早成园（图12–3）。

6. 茶园防冻

每年12月至翌年2月，结合茶园海拔高度和往年冬季天气情况，根据天气预报做好茶树防寒防冻措施，如铺草覆盖等，并定期检查茶树越冬情况，如发生冻害，要在低温冰冻天气结束后及时修剪掉冻坏部分。

7. 适时揭膜

覆膜栽培能起到保水控草的作用，但必须保证茶树树干周围直径约10cm的圆孔区域能透气透水，建园时采取覆膜措施的茶园不能让薄膜在茶园中老化腐烂，应根据薄膜损坏程度适时揭膜并回收清理干净，以防薄膜老化后污染茶园，建议盖膜时间最长不超过一年半。

二、湘西黄金茶栽培

在栽培地理环境上，吉首黄金茶种植海拔高度为180~500m，呈阶梯状散布于市内司马河峡谷两岸山坡上，500m以上为山林，形成独特的山溪小气候。由于水汽充沛，容易出现山区辐射雾，太阳光经过大雾形成漫射光，适宜茶叶树生长。主产区有马颈坳镇隘口村，自成独特的小溪谷气候。矮寨、河溪、丹青、太平四镇地形属中低山丘陵；镇区溪河密布，沟渠纵横，多河谷坪坝，境内土壤系紫色砂土和红壤（图12–4）。

在栽培技术特点上，吉首黄金茶每年4、5、7、8、11月份进行修剪，茶树高度为

0.8~1.0m。栽种茶树株间距0.5m，行间距1.0~1.5m，污染隔离带为200m左右；每年10月1—16日，11月10—20日施有机肥、农家肥，施肥小渠0.2~0.3m，距根距离0.4m，1亩施肥约0.5~1.0t。茶叶树间种少量的桂花、桃树、橘子树、梨子树、杉树。

图 12-4 茶农茶田观察学习
（吉首市茶叶办提供）

三、保靖黄金茶传统栽培

保靖黄金茶茶树的栽培技术主要是涉及繁殖、种植两个方面。这些技术经过长期的实践检验，是科学有效的技术手段（图12-5）。

（一）繁殖技术

20世纪90年代中期以前，保靖黄金茶一直是通过茶树种子进行繁殖。黄金茶属于异花传粉的树种，而且黄金茶雌性花朵的柱头短，在接受异花传粉时它的柱头常常被花药掩盖而不能受孕，因此茶树种子的产量少，又因为茶树种子育苗的成活率不高，茶树的规模化种植和茶叶产量受到限制。但是这恰恰降低了茶树相互之间传递病虫源的概率，所以在一定程度上减少了病虫害。

图 12-5 保靖黄金茶栽培示范基地
（保靖县茶叶办提供）

当然，这对于当今现代市场的经营来说有些不相适应。但是这种技术背后的深入内涵却可以为我们现今学习，即保持茶园茶树的一定限额，不要种植过多地茶树以免土地承载不下而引发各种生态问题。

（二）种植技术

多种茶树品种混合种植，传统的古茶园里面的茶树并非一种或几种，而是高达108个品种，这些不同的茶树相伴相生，从茶树本身来看即已经孕育了多样性的特点。非矮化种植，简而言之，指的是保靖古茶园的茶树是任其自由生长，并非像现代茶园经营模式的矮化种植。这样做的好处在于使得古茶园的茶树更接近于天然野生茶树，拥有特殊的质感。时常修剪，古茶园的茶树不是矮化种植的标准经营模式，不需要制定相同的产茶标准。并且古茶园的茶树多是古茶树，第一次种植成活之后，便任其自由生长，而往往会一直存活高达几百年且继续延续生命。当在影响整体茶园发展时适时的对其修剪保持其活力，使之继续能产茶。这种方式可以减少多次重新栽培所耗费的人力物力，也减少了对土地肥力的损耗。同时，地域的特点使得保靖地区传统小规模的种植，从而能让害虫缺少繁殖、扩散的条件，某些害虫只适合在某一类茶树上生存，如此一来就使病虫害的扩展规模较小，更是有利于病虫害的防治，减少了病虫害对茶园的影响。

四、保靖黄金茶品种选育

1993年开始，湖南省茶叶研究所和保靖县农业局对该地区茶树资源进行考察，发掘了黄金茶这座资源宝库，并对其进行收集、保存和创新利用研究，在收集特色黄金茶资源基础上，采用系统育种方法，选育出特早生高氨基酸优质绿茶新品种保靖黄金茶种。目前在黄金村被广泛种植的黄金茶品种，主要为已通过农业登记认证的黄金茶1号、2号、168号及群体等品种系列，以上品种均选育自黄金村的2057株黄金茶古茶树，并通过短穗扦插技术实现规模化繁殖，扩大种植范围。

（一）保靖黄金茶1号

该茶树品种植株属灌木型，树姿半开展，分枝角度为50.2°左右，叶片为长椭圆形，叶脉有12对，锯齿33对，叶瓣上斜着生。芽叶为黄绿色，茸毛中等，持嫩性强。中叶类，芽数型。发芽特早，发芽密度大、整齐。品比试验区一芽一叶期比对照种福鼎大白茶早15天左右。内含物丰富，在常规条件下，春茶中的水浸出物含41.04%，氨基酸、茶多酚和咖啡碱分别占7.47%、18.40%和4.29%。

（二）保靖黄金茶2号

该茶树品种属于灌木型，特殊早生，中叶型。树的姿态为，整体呈半开散型，而分枝则是中等密度，芽叶黄绿色，茸毛中等，持嫩性强。内含物较多，其中含量最多的是氨基酸，此茶为第一批为一芽二叶，其中水浸出含38.59%±2.63%，氨基酸、茶多酚和咖啡碱各占5.44%±0.42%、17.45%±3.09%和3.85%±0.73%。

（三）保靖黄金茶168号

该茶树品种属于灌木型，中叶型，生芽比较早。茶树整体姿势呈现半开散型，分枝之间的角度为36.1°左右，分支密度中等，芽叶绿色，茸毛中等，新梢持嫩性强，一芽二叶，叶片呈长椭圆形，叶色绿，叶脉13对左右，锯齿36对左右。内含物丰富，春季第一批一芽一叶水浸出物38.42%，氨基酸4.86%，茶多酚18.73%，咖啡碱4.08%。

五、雪茶种植技术

（一）环境选择

① **土壤：**酸性土壤，pH值在4.5~5.5。

② **气候：**平均日照、降水量、气温、湿度适宜。

③ **海拔：**300~1300m。

（二）炼山整地

① **时间选择：**秋季、冬季。

② **清表翻耕：**先清除土地表面杂草，再人工或机械翻耕，土要打碎拓细，保持表面平整。

③ **起垄开沟：**1.5m起垄，1m成型，沟宽50cm，沟深20~30cm，围沟保证宽60cm，深40~50cm。

④ **施肥盖膜：**起好垄后，待下雨让土充分湿透后施基肥（160斤/亩）再盖膜（1卷/亩）。

（三）扦　插

① **扦插时间：**11月至翌年2月。

② **苗木选择：**选择粗壮木质化的枝条。

③ **成活率要求：**扦插成活率达80%以上。

④ **扦插总量：**每亩扦插4000株左右。

⑤ **株距与行距：**株距30cm，行距40cm。

⑥ **扦插要求：**扦插条必须有3~4颗芽，地下有一颗芽，地上必须有两颗芽，扦插完每一个苗木条要用手压紧，利于枝条与土壤紧密结合，扦插时必须用其他工具引孔，避免枝条受到损伤。

（四）田间管理

① **施肥：**只能施农家肥和有机肥，严禁施化肥。

② **除草：**扦插后，田间有草必除，严禁使用除草剂。

③ **疏水：**田间有水必疏，严禁田间积水。

六、“十八洞黄金茶”管理

“十八洞黄金茶”管理技术要求如下：一是苗木选择。采用无性繁殖的方式进行育苗，种苗必须选用无病虫害、生长健壮、根系正常的二年生无性系茶苗。二是茶树种植。定植时间分别为初冬季节和早春。三是定植密度。单条播为每公顷苗数≤7.5万株；双条播：每公顷苗数≤9万株。四是树冠培养。幼龄茶园进行3~4次定型修剪；成龄投产茶园轻修剪，一般每年或隔年进行一全要求；农药、化肥等的使用符合NY/5018—2001《无公害食品茶叶生产技术规范》，不得污染环境。五是合理施肥。施肥以有机肥为主，每年每公顷不少于2500kg；追肥不少于3次；秋冬季结合深耕施基肥环境、安全食品茶叶生产技术规范，不得污染环境。六是采摘时间和标准。采摘期为春季。采摘标准为一芽一叶开展。鲜叶质量要求芽叶完整，鲜嫩匀净。七是鲜叶运输。必须用清洁、透气良好的盛具装盛，不得紧压，注意保质保鲜，合理贮存。

七、泸溪白茶田间管理

（一）田间施肥管理

为了保证茶叶的白化程度，应当有一套实用的施肥手段。在挖基坑和定植的阶段就要重视施肥过程种植前15天，每亩地施基肥1000kg，并用150kg钾肥做底肥，并将土壤深翻45cm左右，开好排水沟，做好土地平整，并保证茶树移栽时不直接碰到肥料以防烧苗；在秋冬季节再次施基肥，使用复合肥料赶在新梢生长前分批追施氮肥和磷钾肥，以促进根系生长。特别是在采摘之后，需要每30天施一次肥，持续施5次，以加快叶片的生长。同时为了防止叶片由于营养不良而出现萎蔫的现象，要每亩施用0.5%~1.0%的尿素水溶液50~100kg作为叶面肥。

（二）病虫害防治

茶树的病虫害较少，然而一旦出现病害会十分严重。白茶的病虫害多发季节在夏季和秋季，多发赤星病、白绢丝病和黑刺粉虱、叶螨、叶蝉、和尺蠖等病害。病害类可以使用多菌灵等农药；虫类病害可以按照相关的虫害解决办法来处理。

（三）茶树修剪

幼龄茶树的顶端长势快，然而茶树的高度要求不高。茶树的目标高度可以限制在70~75cm，高度比的控制要限制在1∶4；主枝最高不能超过14cm，第二次定型修剪要再提升10~12cm，并以此类推，以防止由于茶树长势过旺而使根系不发达或是主干过弱。特别注意的是，修建的枝丫应当已经达到木质化或半木质化才能修剪。特别是在第一次和第三次修剪的时候，梳枝过程特别重要。

（四）白化程度

实际上，白茶的白化程度是可以人为调整的。白茶的颜色越白，其氨基酸含量越高，但是白化程度太大反而会影响口感，且氨基酸含量反而降低。因此，控制白化程度是安吉白茶种植的重点。

（五）合理采摘

茶叶的幼龄期采摘要做到多留少采，特别是在第6次定型修剪时，要保留好丰产树冠。在茶树蓬面每平方米有10~15个标准芽时即可进行采摘。在采摘时要分批采摘、多次采摘，要做到早采、嫩采、净采，保证芽叶成朵，一芽一叶，去掉老叶碎叶，并将晴采叶与雨采叶分开、上午叶和下午叶分开。安吉白茶属于绿茶，因此在采摘完成后要及时平铺晾晒，待水分有一定的蒸发后再直接进行炒制以保证茶叶的质量，并降低炒茶所耗的时间，以节约成本。

第二节　茶叶科研机构与成果

一、吉首大学茶叶科学研究所与成果

吉首大学茶叶科学研究所是一个依托吉首大学食品科学与工程学科，专业从事茶叶和类茶植物科研、教学、技术开发与应用推广工作的综合性研究机构。研究所现有主要研究人员15人，其中教授（含研究员）9人，副教授（含高级工程师）5人，讲师1人；3人曾在国外学习或进修1年以上，4人入选湖南省121人才工程，5人获湖南省青年骨干教师，2人获湖南省技术创新先进个人。

该研究所以武陵山地区丰富的茶叶和类茶植物（代用茶）资源为研究对象，以提升产业加工技术水平和高值化利用为研究目标，致力于解决该领域产业化发展的共性关键技术问题。主要研究工作：茶叶及类茶植物（代用茶）高值化生产关键技术研究，茶叶及类茶植物（代用茶）产品工程技术研究，茶叶及代用茶应用及精深加工产品工程技术研究；探索茶叶和类茶植物功能因子及功能作用机制；开展茶叶及类茶植物活性成分分离纯化和产业化制备关键技术，制茶工艺关键技术，新产品与精深加工途径，产品质量与技术标准，以及资源高值化利用整体技术的研究。在推进茶叶及代用茶产业发展中形成原始创新技术，实现茶叶及类茶植物资源利用的高效化，促进学科发展和产业科技进步。

近年来，该研究所成员先后承担国家自然科学基金、国家科技支撑计划、湖南省自然科学基金等国家、省部级项目及地方和企业委托的科研课题100多项，各类科研经费共计1000多万元；发表学术论文300余篇（其中SCI、EI收录论文近百篇），出版专著和教材10余部；累计申报国家发明专利200余项，其中已获授权发明专利100余项，并有多项成果进行了转让和技术推广；获得湖南省科技进步二等奖2项，省自然科学二等奖1项，省科技进步三等奖及其他各级科技成果奖10余项。

二、湘西州农业科学研究院茶叶研究所与成果

湘西州农科院茶叶研究所以应用研究为主，着重解决全州茶叶生产中的关键性技术问题。重点开展茶树种质资源与品种选育创新及茶树优质、高效、生态栽培，茶叶加工与利用等方面的研究、开发。通过技术示范、基地建设、技术咨询与技术服务等形式，为全州茶产业发展提供科技成果、良种茶苗和技术支撑。

该研究所现有研究人员5人，其中本科以上茶叶专业技术人员3人，高级职称1人，中级职称1人，研究生1人。承担了省级项目“湖南省现代茶叶产业技术体系湘西试验站”和“湖南特异茶树资源评价利用与茶类品种优化示范项目”，与湖南省茶叶研究所联合申报创建了“湖南省茶树品种与种苗工程技术研究中心”。近年来，该所研究推广的茶苗快繁技术和覆膜栽培快速成园技术在湘西州应用范围广，成效显著，在全省创造了较强影响力。登记的“茶树‘两段法’育苗及覆膜栽培技术研究与应用”科技成果转化效益好（图12-6、图12-7），每年繁育茶叶穴盘苗及营养钵苗3000万株以上，示范带动县市新建高标准覆膜栽培基地10万亩以上。

（一）进行黄金茶育苗技术创新

该研究所成功研究出茶苗快繁技术，将穴盘扦插与大田育苗技术相结合，使穴盘扦插育苗摆脱了必须依赖设施大棚才能完成的约束，大大拓宽了穴盘育苗的应用范围，将茶苗繁育周期由12个月缩短至6个月，实现了一年繁育两季苗，繁育的茶苗根系发达，移栽成活率达到90%以上。

基于茶树“两段法”育苗及覆膜栽培技术研究与应用

科技成果推广应用证明

彭云、田小华、涂洪强等人针对湖南省湘西州黄金茶品种传统育苗和栽培技术存在育苗周期长、茶苗移栽成活率低、新建茶园成园迟、投产前生产成本过高等问题，研究出了“‘两段法’育苗+覆膜栽培”技术成果。2016年至2020年，该技术成果在我市推广应用约1万亩，其中“两段法”育苗技术推广了600万余株穴盘苗和营养钵苗，种植面积约3000亩；覆膜栽培技术推广了约1万亩。穴盘苗和营养钵苗具有移栽成活率高，长势快等优点，成活率在90%以上，1.5～2年成园。覆膜栽培技术具有保水保肥，抑制杂草生长等优点，通过覆膜栽培，新建茶园除草效率提高约300%，每亩茶园每年可减少除草人工成本400～450元。“两段法”育苗及覆膜栽培技术模式在吉首市推广有明显的提高茶苗质量、移栽成活率、增强生长势和降低生产成本的效果。

吉首市茶叶产业发[illegible]工作领导[illegible]办公室

2020年7月2[illegible]日

图12-6 相关技术研究与应用科技成果推广应用证明一（湘西州农科院茶叶研究所提供）

基于茶树“两段法”育苗及覆膜栽培技术研究与应用

科技成果推广应用证明

彭云、田小华、向德斌等人针对湖南省湘西州保靖黄金茶品种传统育苗和栽培技术存在育苗周期长、茶苗移栽成活率低、新建茶园成园迟、投产前生产成本过高等问题，研究出了“‘两段法’育苗+覆膜栽培”技术成果。2017年至2020年，该技术成果在我县推广应用约5000亩，其中“两段法”育苗技术推广了100万余株穴盘苗和营养钵苗，种植面积约500亩；覆膜栽培技术推广了约5000亩。穴盘苗和营养钵苗具有移栽成活率高，长势快等优点，成活率在90%以上，1.5～2年成园。覆膜栽培技术具有保水保肥，抑制杂草生长等优点，通过覆膜栽培，新建茶园除草效率提高约300%，每亩茶园每年可减少除草人工成本400～450元。“两段法”育苗及覆膜栽培技术模式在古丈县推广有明显的提高茶苗质量、移栽成活率、增强生长势和降低生产成本的效果。

古丈县农业农村局

2020年7月22日

图12-7 相关技术研究与应用科技成果推广应用证明二（湘西州农科院茶叶研究所提供）

（二）进行“两段法”繁育营养钵大苗技术创新

该研究所将穴盘扦插育苗与营养钵培育相结合，培育出的一年生、两年生营养钵大苗能够达到当年栽当年采茶的效果。培育的黄金茶营养钵大苗被选定为中国唯一绿茶品种进入2021迪拜世博会进行展示，使黄金茶真正走向世界。

（三）进行茶苗覆膜栽培技术创新

在湘西州累计推广起垄覆膜栽培技术10万亩以上，覆膜栽培起到了保温、保湿、防涝、抑制杂草生长的作用，使幼龄茶园除草效率提高3倍，除草成本每亩降低500~600元，促进茶树加快生长，成园时间比传统技术提早了1~2年，每亩能多收入1800~2000元，示范带动效果十分明显。

（四）积极开展技术培训服务茶农

通过培训将茶苗覆膜栽培技术大面积示范推广，并协助湖南省茶产业技术体系首席专家完成了黄金红茶加工工艺定型，近年来累计开展茶叶种植及加工培训和技术指导100余次，培训茶农近2000人次，大大提高了全州茶行业从业人员整体技能水平，对促进茶产业转型升级和提质增效发挥了积极作用。

（五）加强基础科研和技术总结工作

近年来共申请国家发明专利2项，登记湖南省科技成果一项，联合申报湖南省丰收奖1项，省农科院科技兴农奖1项，申请茶树新品种保护权1个，发布穴盘育苗和覆膜栽培技术省级团体标准2个，发表专业论文3篇。

第三节　茶行业组织

一、大湘西茶产业发展促进会

湖南省大湘西茶产业发展促进会，是根据湖南省人民政府批准，湖南省发展和改革委员会、湖南省农业委员会联合印发的《关于加快大湘西地区茶叶公共品牌建设的实施方案》文件精神，由湖南省茶业龙头企业、高校、科研院所、行业机构共同发起，经湖南省民政厅核准登记的非营利性社会团体法人。本促进会成立于2016年1月，目前共有会员单位82家。

促进会宗旨是以市场为导向，以品牌为引领，以企业为主体，以科技文化为支撑，打造以“生态、安全、有机、优质”为内涵的“潇湘”大湘西茶产业集群品牌，提高“潇湘”品牌市场占有率和企业竞争力，做大做强大湘西地区茶叶产业，带动茶农增收致富，达到精准扶贫，实现湖南茶业健康、高效、可持续发展。

二、湘西州茶叶协会

湘西州茶叶协会成立于2016年6月2日，主要负责茶叶行业调查研究、组织茶叶技能开发培训、提供茶文化推广、行业自律、交流及咨询等服务的社会组织，办公地址位于湘西州民政局办公大楼8层。该协会有会长单位1个，副会长单位4个，常务理事单位15个，设专职秘书长1人，办公室人员2人，会员单位370个，协会会长由湖南省茶业协会常务理事潘春新同志担任。

协会的宗旨为：坚持党的全面领导、遵守国家法律法令和方针政策，全心全意为茶农、茶企、茶叶工作者和会员服务。维护本行业的合法权益，为各级政府制定发展茶产业政策当好参谋和助手，为促进茶产业的发展发挥桥梁纽带作用。

协会自成立以来，多次获得省级、州级荣誉。其中2019年州茶协被湖南省茶业协会、湖南省茶叶学会、湖南省大湘西茶业促进会、湖南省茶叶研究所授予“湖南省千亿茶产业建设先进单位”；被中共湘西州委统战部、湘西州工商业联合会、湘西州扶贫开发办授予湘西州“千企联村”精准脱贫行动示范单位。

三、古丈县茶业协会

古丈县茶业协会成立于2003年6月18日，是由古丈县茶企、茶人、茶叶经销商与茶文化有关的个人和爱好者等联合发起成立，经古丈县民政局批准登记，具有独立法人的行业性非营利性社会组织。2016年9月10日，协会进行了新一届负责人换届选举工作，由向功平同志担任协会会长，候燕华同志担任协会理事，张远忠同志担任协会副会长，向春辉同志担任协会秘书长，共有会员单位38家，会员147人。协会成立以来一直以提高古丈茶产业经营效益和茶农经济收入为目标，以增强茶叶市场竞争力为核心，推进茶产业规模化、标准化、有机化建设进程。

四、保靖黄金茶产业发展协会

保靖黄金茶产业发展协会成立于2018年8月，协会组织机构健全，共有黄金茶企业会员单位78家，其中省级示范合作社5家，州级示范合作社12家。协会本着抱团发展，共创共赢的理念，发挥组织的承上启下，抱团取暖，做好政府和茶企茶农之间桥梁等职能作用，规划产业方向（图12-8）。在县委、县

图 12-8 保靖“茶王”争霸赛
（保靖县茶叶办提供）

政府力推产业发展，助力整县脱贫的方针政策下，协会积极地发挥了主导作用。2020年，保靖黄金茶产业发展协会企业单位共有黄金茶产业基地8万余亩。厂房72栋，规模化加工流水线58条，对外门店35个。拥有鸿福公司5000t黑茶加工厂1栋，综合性绿茶红茶黑茶标准化加工厂12栋。

五、永顺县茶叶协会

为使永顺县莓茶行业健康、有序发展，使永顺莓茶行业迅速发展壮大，2020年3月，在永顺县农业农村局的指导下，由永顺县经济建设投资有限公司、永顺县大丰生态农业开发有限公司、永顺县四方莓生态茶叶有限公司、永顺县经投农业综合开发有限公司、永顺县半山生态农业发展有限公司、湘西昭荣生态茶业有限公司6家公司牵头，成立了永顺县茶叶协会。

目前协会已有会员205人，协会全体会员莓茶种植面积8万亩，绿茶种植面积2万亩，2020年协会全体会员年产值达2.4亿元。协会的主要工作是：打造永顺莓茶等知名品牌、弘扬少数民族茶叶文化、帮助企业实现生产流程化、管理规范化、产品品牌化等。协会策划有“永顺莓茶”区域公共品牌的建立与永顺莓茶的营销模式，已完成公共品牌系列包装图样的设计和永顺莓茶营销方案。

六、花垣县茶叶协会

花垣县茶叶协会成立于2020年8月18日，是由全县从事茶叶及与茶叶产业相关的生产、加工、流通、管理、科研、教学等经济组织自愿结成的行业性、地方性、非营利性的社会组织，办公地址位于湘西州国家农业科技园区内。该协会共有会员及会员单位45个，其中：理事及理事单位19个，副会长单位6个，会长单位1个，设专职秘书长1人，办公室人员2人。协会会长由花垣五龙农业开发有限公司董事长龙清泉同志担任。

七、泸溪县茶业协会

泸溪县茶业协会于2018年成立，致力于宣传茶文化及有关茶产业的政策；以服务为根本，遵守宪法、法律法规，协调会员的生产经营活动，维护茶业行业的合法权益；维护市场秩序，规范商业企业经营行为，建立健全行业自律机制；提高行业整体素质，为会员单位提供技术培训和咨询服务。泸溪县茶业协会在弘扬茶文化与推动茶经济发展中，凝聚力不断加强，社会影响力不断扩大。协会拥有会员80余人，会长1人、理事4人、副会长2人、秘书长1人。泸溪县茶业协会成立以来，一直以提高经营效益和农民经济收入为目标，以增强全县茶叶市场竞争力为核心，推进规模化、标准化茶叶生产加工基地建设，实行无公害化生产，大力发展绿色、有机茶叶。

八、凤凰县茶叶协会

凤凰县茶叶协会于2019年成立，由国家高级制茶师、凤凰古法手工制茶传承人姚花平女士首任凤凰县茶叶协会会长，拥有会员近70人。县茶叶协会结合天下凤凰茶业有限公司旗下的“凤凰苗乡、手工茶传承基地”为平台，组织号召县乡镇企业会员单位联合各茶叶合作社，共同努力塑造了一个与区域农民共建共享的“凤凰手工茶之乡”。通过公司平台带动农民发展，实行统一生产标准，集中统筹统销，形成种植、加工、销售一体化的经营格局，解决农民加工无技术、产品无标准、销售无市场的难题，造就凤凰县苗乡特色“茶旅文化村镇”。同时借助“凤凰历史文化名城”的旅游优势实现全域旅游“体验式销售”，促进特色茶叶农产品与城乡消费无缝对接，形成产销良性循环可持续发展。

九、吉首市茶业协会

吉首市茶业协会成立于2014年8月，拥有会员163家，个人会员2453人。协会自成立以来，坚持“发挥行业中介职能、服务吉首茶叶事业”的宗旨，在维护行业合法权益、制订行业规划、反映行业诉求、提出政策建议、组织人员培训、提供市场信息、规范自律行为、开拓茶叶市场、发展茶叶经济等方面开展了卓有成效的工作。在全体会员的努力下，目前，全市共有茶园面积12.5万亩。其中，500亩以上规模基地53个，可采茶园面积8.3万亩。2020年干茶产量达1500t，实现综合产值8.7亿元。已建成年加工能力200t以上的高标准绿茶、红茶智能生产线3条，建成规模化茶叶加工厂43家。有国家级示范合作社1家、省级龙头企业1家、州级龙头企业5家。同时，通过大力引导协会茶企、合作社参加全国名优茶评比活动，先后斩获“中茶杯”“中绿杯”“亚太茶茗”“潇湘杯”“茶祖神农杯”等金奖百余项，实现奖杯、口碑“双丰收”。

参考文献

[1] 董鸿勋.古丈坪厅志：卷十一[M].1970（清光绪三十三年）.

[2] 田兵.苗族古歌[M].贵阳：贵州人民出版社，1979.

[3] 中国环境监测总站.中国土壤元素背景值[M].北京：中国环境科学出版社，1990.

[4] 杨庭硕.民族、文化与生境[M].贵阳：贵州人民出版社，1992.

[5] 花垣县地方志编纂委员会.《花垣县志》[M].生活·读书·新知三联书店，1993.

[6] 陈彬藩.中国茶文化经典[M].北京：光明日报出版社，1999.

[7] 湘西土家族苗族自治州地方志编纂委员会.湘西州志[M].长沙：湖南人民出版社，1999.

[8] 许允文，朱跃进.有机茶生产技术指南[M].北京：中国农业出版社，2001.

[9] 阮葵生.茶余客话：卷二十二[M].上海：上海古籍出版社，2001

[10] 吴晓东.苗族图腾与神话[M].北京：社会科学文献出版社，2002.

[11] 陈文华.长江流域茶文化[M].武汉：湖北教育出版社，2004.

[12] 杨江帆，管曦，等.茶叶经济管理学[M].北京：中国农业出版社，2004.

[13] 湖南省保靖县档案馆.保靖县档案史料[M].北京：中国档案出版社，2006.

[14] 陆羽.茶经[M].萧晴，编译.北京：中国市场出版社，2006.

[15] 陈素娥.诗性的湘西：湘西审美文化阐释[M].北京：民族出版社，2006.

[16] 曹文成.魅力湘茶[M].长沙：湖南科学技术出版社，2007.

[17] 傅角.湖南地理志[M].长沙：湖南教育出版社，2008.

[18] 石启贵，等.湘西苗族实地调查报告[M].长沙：湖南人民出版社，2008.

[19] 湖南省食品药品监督管理局.湖南省中药材标准：2019 年版 [M].长沙：湖南科学技术出版社，2019.

[20] 李忠友，伍秉纯.古丈茶经[M].北京：中央民族大学出版社，2009.

[21] 黄仲先.中国古代茶文化研究[M].北京：科学出版社，2010.

[22] 丁文.中华茶典[M].陕西：陕西人民出版社，2010.

[23] 桑田忠亲.茶道的历史[M].汪平，等译.南京：南京大学出版社，2011.

[24] 唐镜.湘西读本[M].长沙：湖南人民出版社，2011.

[25] 吉首市地方志编纂委员会.吉首市志：1989—2005[M].北京：方志出版社，2012.

[26] 王梦石，叶庆.中国茶文化教程[M].北京：高等教育出版社.2012.

[27] 陆群.湘西原始宗教艺术研究[M].北京：民族出版社，2012.

[28] 花垣县地方志编纂委员会.花垣县志[M].北京：方志出版社，2014.

[29] 武吉海.探访·湘西传统村落[M].长沙：湖南美术出版社2015.

[30] 田爱华.湘西苗族银饰审美文化研究[M].广州：华南理工大学出版社，2015.

[31] 向津清.古溪州土家族民间传说故事[M].北京：中央民族大学出版社，2017.

[32] 周亚辉.湘西传统工艺与民族文化[M].成都：西南交通大学出版社，2018.

[33] 黎星辉，施兆鹏，李觅路，等.湘西土家茶文化拾零[J].福建茶叶，2001（3）：48.

[34] 傅建华.湘西古丈茶事茶俗撷萃[J].农业考古，2002（4）：84–88.

[35] 彭继光.湘西苗寨黄金茶[J].茶叶通讯，2005（1）：44–45.

[36] 印代武，谭正初，向勇平.古丈茶文化及其在茶产业建设中的应用[C]// 中华茶祖神农文化论坛论文集，2008.

[37] 龚永新.产业融合对茶文化产业形成的影响：兼论茶文化产业的分类[J].广东茶业，2009（2）：17–20.

[38] 沈仁春.古丈茶文化及其在茶产业建设中的应用[J].茶叶通讯，2009，36（2）：51–53.

[39] 张伟.发挥国家地理标志保护作用打造湖湘“质量名片”[J].湖南农业科学，2011（22）：57–60.

[40] 黄仲先，李赛君，蒋洵.湖南武陵山区茶史考略[J].贵州茶叶，2011，38（3）：23–25.

[41] 刘年元，罗金波.保靖县黄金茶产业建设成效与发展对策[J].湖南林业科，2013（2）：73–76.

[42] 刘子宙.对落实《武陵山片区区域发展与扶贫攻坚规划》的思考：以湘西州地方经济发展为例[J].金融经济（理论版），2013（14）：196–198.

[43] 龚敬.关于加快古丈县茶叶产业发展的对策及建议[C].湖南省茶叶学会学术年会，2014.

[44] 孙雅琴.保靖黄金茶的潜力与崛起[J].现代商业，2014（36）：118–120.

[45] 伍育琦.湘西茶文化旅游资源开发探析[J].湖南税务高等专科学校学报，2014（6）：40–42.

[46] 彭利平. 保靖黄金茶病虫害发生情况与绿色防治[J]. 湖南农业科学，2015（2）：26–28.

[47] 包小村. 保靖黄金茶新品种选育与示范推广[J]. 科技成果管理与研究，2015（12）：53–54.

[48] 姜雨荷. 宋祖英的茶缘[J]. 健身科学，2015（5）：31–31.

[49] 向玉娥. 浅论古丈方言俗语与茶文化之间的关系[J]. 文艺生活·文海艺苑，2016（3）：85–85.

[50] 张宝元. 古丈毛尖制茶工艺的调查报告：兼论苗族文化在其间充当的角色[J]. 原生态民族文化学刊，2016（3）：150–156.

[51] 马爱平. "三区"科技人员扶贫记：王润龙：铺茶香黄金路致富湘西茶农[J]. 中国科技财富，2017（2）：24–25.

[52] 章发盛，石艳，张学英，等. 湘西州吕洞山区土壤和茶叶含硒量的初步调查[J]. 食品安全导刊，2017（1）：78–81.

[53] 曹琼茜. 大湘西地区茶旅一体化发展的路径与模式研究[J]. 现代营销.2017（12）：205–207.

[54] 童杰文，张向娜，潘联云，论茶文化对湘西茶产业发展的推动作用及策略[J]. 茶叶通讯，2017，44（1）：56–59.

[55] 余莲. 高品质茉莉花茶的加工工艺技术[J]. 中国茶叶，2017（3）.

[56] 龙涛. 古丈地区茶歌的音韵美探析[J]. 福建茶叶，2017，39（8）：404–405.

[57] 郑福维，张丹丹，肖健，等. 湘西黄金茶移栽地理环境和气候条件GIS分析研究[J]. 商品与质量，2018（40）：91–92，96.

[58] 杨睿，岁誉雅. 论保靖古茶园传统农作方式的价值及推广措施[J]. 农村经济与科技，2018，29（21）：65–67.

[59] 李子怡. 黄金村古茶园的历史文化生态研究[D]. 吉首：吉首大学，2018.

[60] 郑恒. 大湘西苗族茶文化研究[D]. 长沙：湖南农业大学，2018.

[61] 李佳敏. 精准扶贫背景下文化扶贫与地区茶叶产业融合发展探析[J]. 福建茶叶，2018.

[62] 石晓薇，尹建强. 茶产业发展视角下的隘口村景观提质规划探究[J]. 南方农业，2018，12（27）：117–118.

[63] 顾雪，郑福维，米楚阳，等. 湘西保靖黄金茶农业气候资源分析[J]. 安徽农业科学，2018，46（32）：153–156.

[64] 陈彰彦. 茶旅产业发展现状与对策研究：以湖南省古丈县为例[J]. 农家科技，2018（10）：15.

[65] 李文艳. 浅论安吉白茶种植技术[J]. 农家科技，2019（3）：63.

[66] 夏永华. 湘西州茶叶种植的气候条件分析[J]. 农家科技，2019（3）：39.

[67] 田梦宇，张莹. 湘西茶叶产业发展分析：以保靖县黄金茶为例[J]. 商情，2019（16）：44–45.

[68] 肖燕萍，欧阳胜. 四个全域背景下湘西茶文化与创意产业融合发展路径探析[J]. 农业考古，2019，165（5）：100–103.

[69] 陈萍，李湘玲. 湘西州茶叶产业资产收益扶贫实践及对策[J]. 市场论坛，2019，179（2）：22–24.

[70] 王蝶，余海云，秦廷发，等. 关于加快推进吉首市茶产业发展的思考[J]. 茶叶通讯，2019.

[71] 章发盛，张学英，秦志荣，等. 凤凰雪茶产业发展现状及对策分析[J]. 农业与技术，2020（15）：158–159.

[72] 林智芬，林芍君，张子权. 浅析古丈县有机茶产业发展现状、问题及建议[J]. 南方农机，2020（15）：20–21.

附录一

湘西州茶产业发展大事记

1906年，《古丈坪厅志》载："茶之利大矣哉。古丈坪厅之茶，清香馥郁，有洞庭君山之胜，夫界亭之品。"

1929年，古丈"绿香园"毛尖茶参加南京国民政府举办的西湖博览会，获得金奖。是年，参加法国国际博览会，荣获国际名茶奖，从此开创了古丈毛尖品牌的先河。

1980年，古丈毛尖以78美元/斤的价行销香港市场，在国际市场上古丈绿茶批量出口吨价达7800美元。

1994年，张湘生农艺师受保靖县农业局委派到堂朗乡（今葫芦镇）黄金村，对保靖黄金茶进行短穗扦插繁殖实验研究，当年扦插0.25hm^2。

1996年春，宋祖英自筹资金，把中央电视台和长沙电视台的一班人请到了古丈，她以满山的茶叶和采茶姑娘为背景，深情地演唱了《古丈茶歌》。从此，"绿水青山映彩霞，彩云深处是我家，家家户户小背篓，背上蓝天来采茶"的歌声便传遍了全国，传向了海外，古丈毛尖茶也就借着宋祖英的歌声走出了湘西，走出了湖南，走向了海外。

2009年，保靖黄金茶古茶园被列为湖南省第九批省级文物保护单位，成为全国第二个"仍在生存的古老植物并具有相当价值的植物作为文物保护对象"，是活着的文物，并划定了保护范围和建设控制地带。

2009年，在成都召开的第五届中国茶业经济年会上，湘西州古丈、保靖两县凭借各自的茶叶品牌——古丈毛尖和保靖黄金茶的独特品种优势，被中国茶叶流通协会授予"全国百强重点产茶县"荣誉称号。

2013年，吉首市确立了以"湘西黄金茶"为茶叶产业公共品牌，并投入大量人力、物力、财力开始进行农产品地理标志、地理证明商标注册工作。同时，列支专项资金用于品牌打造和宣传，举办"湘西黄金茶"品茶节和推介会、参加茶博会、参与名茶评比活动等。

2016年，湖南省文化厅公示的116项第四批省级非物质文化遗产代表性项目名录名单中，湘西“黄金古茶制作技艺”等23项非物质文化遗产上榜！“一两黄金一两茶”，“保靖黄金茶”是保靖县古老、珍稀的地方茶树品种资源，具有“高氨基酸、高茶多酚、高水浸出物”“香、绿、爽、浓”的品质特点。黄金古茶采用独特的制作技艺，所制产品滋味醇爽、浓而不苦，耐冲泡。

2017年，湘西州茶叶面积28.57万亩，可采摘面积16.89万亩，产量3999t，绿茶产量3391t，其中古丈县13.65万亩，3168t；保靖县7.5万亩，产量502t；吉首市4.28万亩，产量125t；全州茶叶综合产值突破10亿元，达12.75亿元。

2018年，湘西举办中国·古丈第二届茶旅文化节。古丈县与中国工程院院士、中国农业科学院茶叶研究所研究员陈宗懋签订绿色防控体系框架协议。本届茶旅文化节推出古丈毛尖春茶开园节、“创意茶旅”年度风云盛典、古丈毛尖春茶推介会和中国有机茶高峰论坛四大主题活动。开园仪式现场，地道茶歌唱浓郁茶香，群口快板述美丽古丈，身着民族盛装的采茶女摘下茶树顶端的嫩芽，沏一壶春茶迎春来。本次开园仪式五大有机茶园同时连线直播春茶盛况，首届“最美茶艺师”选手通过多样化镜头带领观众玩转古丈，茶频道多家工作站同步上线看开茶，更有中国工程院院士陈宗懋、湖南农业大学教授刘仲华等知名茶专家在现场解读小小茶叶里的大奥妙。

2019年，保靖在吕洞山下的葫芦镇国茶村举办2019保靖黄金茶“茶王”争霸赛决赛。18名参赛选手通过传统手工制茶技艺切磋，角逐保靖黄金茶“茶王”总冠军桂冠。综合所炒之茶的色、香、味及制茶速度等因素，由18位大众评委进行初评，最后由专业评委终评。来自水田河镇的炒茶师梁兴妹夺得总冠军，葫芦镇国茶村的石二兰获亚军，葫芦镇大岩村的石玉洁获得季军。阿臣·保靖黄金茶吉首店的包红祥、吕洞山镇黄金村的马少梅和石贵云、葫芦镇国茶村的龙明富、水田河镇中心村的张有杰5位选手获得优胜奖。

2020年，湘西州茶叶面积突破70万亩，在全省占比25%，茶园面积居全省第一，产量1.3万t；涉茶人口超过14万人，茶农人均增收4000元以上，有茶叶专业合作社500余家；茶叶生产向规模化集约化方向发展，成为湘西州稳定脱贫的重点产业和支柱产业。

附录二

古丈茶歌

桑木扁担轻又轻，我挑担茶叶出山村，乡亲们问我哪里去，北京城里看亲人。桑木扁担轻又轻，我挑担茶叶上北京，你要问我是哪来的客，湘西古丈种茶人。桑木扁担轻又轻，千里送茶情意深，香茶献给毛主席，都说我是幸福人。

二十世纪六七十年代风靡全国的歌曲《挑担茶叶上北京》，讲述的是湖南湘西古丈县几位茶农给毛主席寄茶叶的故事。这个故事发生在1958年清明节前。那时，漫山遍野的茶叶吐着新芽、泛着新绿，古丈县古阳镇思源桥村（原红星大队）的几位年轻的土家族茶农，也像春天的新茶发着新芽、漫着新绿。他们怀着吃水不忘挖井人、幸福不忘毛主席的深厚感情，精心炒制了十斤一芽一叶的明前茶，湘西人叫社茶，寄给了毛主席，还特别在茶叶里夹了一封情深意切的信，以表达土家族儿女对毛主席的爱。在忐忑不安而又急切喜悦的等待中，毛主席居然委托中共中央办公厅寄来了回信，回信说：毛主席收到了你们寄来的古丈毛尖，不愧为名茶，很可口，毛主席尝后连声称道“好茶！好茶！”希望古丈人民大力发展……信后，毛主席还叮嘱茶农种茶辛苦以后不要再寄了，祝福古丈县人民身体健康、家庭幸福、社会主义的美好日子越过越好。毛主席的回信，立刻像春风一样吹遍了古丈县的每一寸土地，古丈县人民种茶的劲头也一个比一个足，古丈县的每个山头、每个家庭，都种了茶叶，成了茶园。一个小小的、不到15万人口的小县，居然栽种了15万亩茶叶，一人一亩，可谓名副其实的茶乡。

这几个当年给毛主席写信寄茶的土家族青年茶农，叫杨祖南、张显翠、汪明月、汪明星。

著名作家叶蔚林听说这个故事后，写了一首歌词《挑担茶叶上北京》，请著名作曲家白诚仁作曲、土生土长的古丈籍歌唱家何纪光演唱。何纪光因此一夜成名，成为家喻户晓的歌唱家。如今，杨祖南等几个土家族茶农都已作古。叶蔚林、白诚仁、何纪光等也仙逝。他们共同演绎的歌曲，却成了全国人民心头一片永恒的茶叶，年年发绿，万年长青。特别是湘西腹地的古丈县人民，更是把这首歌曲融进了大地和血脉，把茶叶当成了生命中不可或缺的生活和日子。

走进古丈，峰岭是茶，山腰是茶，河谷是茶，狭坪是茶。

从北到南，从东到西，远远望去，到处是茶丛茶垛。坪场里、屋后面，坎上坎下，左左右右，都方方溜溜地栽了一排。阳台上的花钵里，小小的几丛绿色，常常是剪了又长，长了又剪的茶叶。

这茶叶，三国即有记载，唐朝即为贡品。唐皇的深疾，因饮了这茶乡的茶叶，通体舒畅，神采飞扬，本很窒息的心胸立即海阔天空，多年的病痛一下子无影无踪。所以封了地盘，派了臣民，来这里垦殖了千山万山的茶叶。无怪乎常常有人骄傲自己的先祖，说他们的某某远亲近戚，做过唐王的大臣。

这实在是一种得意，一种传说。可郁郁葱葱的茶叶，却真真切切地繁茂起来。你想象得到漫山的绿色，可想象不到到底有多宽、多远、多长。茶叶在坪里一行行一排排地站成一片绿色，在山坡里一垄垄一圈圈地组成遍山风景。一到春天，绿色便嫩得闪亮，鲜灵灵地浸在茶尖。茶季便有了一年的高峰，任茶乡人长出亿万双手也采摘不尽这透亮的绿色。亲戚、熟人、朋友，四面八方的脚步蜂拥进茶乡盛季，采这茶乡如许的颜色和风情。

姑娘们穿着五彩，在山那边一唱，歌声就峰回路转，鸟翅般缓缓荡去，落在这边厚实的肩头。因了这歌，小伙一声吆喝，四山有音，坡坡岭岭，有了青春者们的春心对歌。茶树成了钢琴，茶叶成了琴键，灵巧地指头流泻出银铃叮咚的琴声。

趁着这热辣辣的歌弦，间或有人禁不住挎了茶篮茶篓，边摘边溜。不料主人却在路口笑吟吟地挡着。不知所措的时候，却见主人从自己的茶篓里再取一些添了，送过来。说这茶是春茶，炒时要掌握火候，揉时要注意力度，否则就有了茶味没有了茶形，有了茶形又没了茶味，说得你面红耳热，不知如何是好。

晚上，炉火在灶膛里不那么旺，但红光照得见影子，男的就在凳上坐着，一边添柴一边凝神端详着女人的脸，女人一边揉着温温的茶叶一边递来千娇百媚，十几年的恩恩爱爱就在眼睛里传来传去，要有几多情就有几多情。难怪茶叶这么条索紧细匀齐挺直、这么翡翠光润银毫闪亮，原来是两个温存浸透的千年感情。

有了茶，随便一杯什么水，河里的、井里的、沟里的、池里的，杯里一冲，那茶叶就成了一只醒了的翠鸟，在雾气里缓缓地亮开翅膀，一片一片地舒展挺立，齐刷刷地指向蓝天。这杯水也就或黄或绿，清澈透亮，溶化了大自然的清香甘醇。

有了这得天独厚的一杯茶，茶乡人就拥有了一种诚挚与慷慨，在每个餐馆的桌子上，在每个单位的铁门前，在每家每户的阶檐上，都摆着或大或小的茶缸茶桌和茶杯，渴了累了，你可以尽情地喝，不管主人在不在，不管你是否人生地熟。有老两口退休闲居，就在十字路口搭了一个茶亭，一天到晚给行人烧水泡茶。钱是不要的，家家户户一样。来客、出门，茶叶就成了友谊成了朋友成了亲亲密密的关系和难以推却的盛情。远亲的，近族的，只要你来我往，两斤茶叶是少不了的。

茶杯是不会说话的金口，茶叶是不会说话的舌尖，而茶客则是会唱歌的精灵。古丈县的这枚好芽，这杯好茶，在茶客的嘴里，就成了世上难得的美味佳茗，到处传颂。在古丈县背着茶篓、唱着茶歌走出来的宋祖英，也在维也纳金色大厅里，给世界唱起了家乡人民最爱唱的《古丈茶歌》：绿水青山映彩霞，彩云深处是我家；家家户户小背篓，背上蓝天来采茶。青青茶园一幅画，迷人画卷天边挂，画里弯出石板路，弯向海角和天涯。春茶尖尖叶儿翠，绿得人心也发芽，远销五洲四海客，逢人都夸古丈茶。

如是，在全国各地的茶楼里，在各种各样的茶话会上，在各家各户的珍藏室里，在每一场国际博览会的茶艺大比武中，都有了这茶绿茶香和茶座，有了古丈毛尖这茶乡的绿色使者。

（彭学明，摘自《人民日报》2014年5月12日）

湘西黄金茶 这片绿色“黄金飘香”

我是一片绿叶，生长在东经110°、北纬30°。

1300年前，我生于此，深山幽谷、涓涓溪流、缭绕云雾造就了我不凡的气质。

移步至湘西州吉首市马颈坳镇隘口村，这里至今还耸立着一段青石残墙，斑驳的墙体镌刻下悠远而不同寻常的历史——明朝黄金茶唯一交易遗址。

千年间，几番沧海桑田、世事变迁，而我，也从曾经房前屋后零星茶园发展到今天总面积达12.1万亩绿色海洋，唯一不变的是我的天然“黄金”之香。

4月19—20日，我将不负大好春光，于“2020中华茶祖节·第五届湘西黄金茶品茶节”上惊艳登场。

亚太茶茗大赛金奖、“中茶杯”名优茶金奖、“茶祖神农杯”名优茶金奖、“潇湘杯”名优茶金奖、广东茶叶博览会名优精品展唯一指定用茶等都是我的名片。

我就是湘西黄金茶，我发源自冷寨河畔的隘口村。

深山有“黄金”飘香逾千年

“一方水土养一方人，一方山水有一方风情”，一方水土、一方山水孕育了“湘西黄金茶”。茶里乾坤大，壶中日月长，让我们探究“水土”与“茶”的故事。

我们推开了历史大门……

早在明朝之前，深居在隘口厚地的湘西苗族同胞，便以当地一种味道醇厚、汤色如金的奇特野生茶作为主要“货币”，用于交换各种日常生活用品，并深受周边地区各族群众欢迎。尤其到了明朝中期之后，隘口的茶叶交易市场日益繁荣，人人口啜香茗，家家杯盛“黄金”。

因茶而起，一队满载着“黄金”的车马从深山出发，一条通往云南、四川的茶马古道至今仍然完好地沿着清澈见底的冷寨河谷向远方延伸着……

从村里老人口中我们得知，朴实的苗族人民将土生土长的茶叶变成可以流通的货币之后，对于上天恩赐给他们的一方“神物”充满了敬畏与感激，并将茶取名为“苟洪吉”，意即“黄金茶”，视此茶为茶中黄金，珍贵无比。

于是，黄金茶的美名便在深山幽谷、云雾缭绕的隘口至湘西地区得以口口相传，远播山外。

湘西秘境，好山好水做“底”，为何隘口会成为湘西黄金茶的发源地？

《茶经》有曰：“上者生烂石，中者生栎壤，下者生黄土。”而吉首隘口一带正是由砂岩、石灰岩以及古老的板岩、石英砂岩等组成的地表，尤其是以板溪群紫红色砂质板岩、砂岩为主要母质母岩的土壤，再加之特殊的峡谷气候，云若雾罩、雨水充沛，年均气温在17.79℃左右，漫射光多，孕育出“黄金茶，香千年”。

从历史中走来，黄金茶的香沁心脾、醇和绵厚常让嗜茶者“牵肠挂肚”，但要成为茶中之首，还需现代技术为其正名。经茶叶专家刘仲华院士验测，黄金茶天然地具备绿茶的最佳品质：茶叶氨基酸含量高达7.8%，超过同期绿茶两倍有余；而茶多酚的含量达30%，加之水浸出物的比值为46.6%，当壶中滚水一过，黄金茶不苦不涩的清幽之味回味于唇齿之间。

我国首位茶学院士陈宗懋在湘西实地走访，对黄金茶反复品鉴后激动地说：“黄金绿茶不仅可称为最好的绿茶之一，加之采摘时间长，相较其他绿茶更具发展潜力。”

好茶出“深闺”绘就产业蓝图

守着自然馈赠的品种优势与生态优势，但因湘西交通闭塞，市场经济发展滞后，湘西黄金茶曾一度陷入“酒香也怕巷子深”的窘境。诚然，如果藏在深闺，孤芳自赏，再好的茶也不过是“杯中之叶”。

如何破局、解局？2014年，随着习近平总书记精准扶贫战略落地实施，湘西黄金茶开启“黄金时代”。

“吉首市围绕认真贯彻落实州委、州政府‘打造百亿茶产业、增添湘西新名片’茶叶产业发展部署，坚持品质立茶、品牌兴茶、政策扶茶、文旅活茶，着力将湘西黄金茶产业打造为吉首市优势产业、富民产业、生态产业。”吉首市委书记刘珍瑜说。

基地奖补、加工奖补、资质奖补、市场奖补、营销奖补，全方位激励湘西黄金茶产业，打造湘西黄金茶。比如凡连片新开茶园，按面积一次性奖补5万~10万；在吉首市内开设“湘西黄金茶”专营店，给予奖补5万~10万元，“湘西黄金茶”年度销售额500万元以上的，给予奖补5万~15万元……

为更好地打造“湘西黄金茶”品牌，2019年又增设了品牌建设、媒体宣传、市场营销奖补。每年整合资金800万元用于“湘西黄金茶”品牌建设、媒体宣传、市场营销、产品包装、节会活动、广告宣传、门店奖补、线上线下销售奖补等。鼓励和支持茶叶企业争创龙头企业、创品夺牌、参加国内外茶叶评比、加大媒体宣传、线上线下市场营销，真正的要让“湘西黄金茶”品牌更响，市场更广。

吉首市委、市政府拿出了“真金白银”的政策，先后出台了《吉首市产业扶贫奖励实施方案》《中共吉首市委、吉首市人民政府关于印发〈吉首市进一步加快推进茶叶产业发展的实施方案〉的通知》。累计整合各部门项目资金近1.6亿元用于支持茶叶产业发展，其中，2019年兑付茶产业奖补资金3500万元。

“在利好政策的鼓励下，大大刺激了茶农茶企投身茶产业的热情，短短几年时间，吉首市茶叶产业发展来势迅猛，全市已建茶园面积12.1万余亩。”刘珍瑜自豪地告诉我们。

如果说，生态与品种的优势成就了湘西黄金茶的“前世”，那么，“今生”的腾飞离不开科技的“加持”。

在产业发展之初，吉首市人民政府与省茶叶研究所共同编制了《吉首市茶叶产业暨湘西黄金茶发展规划（2012—2020）》，茶叶基地建设严格遵循“标准化种植、科学化管理、无害化防治”开发原则。每年开展专业技术培训20余期，“学校培训”与“田间授课”相结合、“请进来”与“走出去”并存。

省委省政府的宏观产业发展政策，千亿茶产业的建设、四个茶叶优质带的确立，都给吉首带来了加快发展之机。《湖南省人民政府关于推进茶叶产业提质升效的意见》（湘政发〔2013〕）26号文件）中明确将吉首市纳入全省新一轮茶叶产业县市之一，全力推进武陵山区生态茶博园项目建设。《湖南省茶叶产业发展规划》（湘政办发〔2014〕6号）要明确将吉首市列入“U型优质绿茶带”区域布局，将“吉首万亩黄金茶谷”纳入茶文化创意工程进行打造，举办湘西茶文化节。

第一个尝到“走出去”甜头的是隘口村村支书向天顺。

沿司马河而下，我们在茶园里寻到向天顺。从种茶“小白”到今天的“致富带头人”、湖南省外贸职业技术学院客座教授，向天顺告诉我们，他的师傅遍布恩施、杭州、武夷山、黄山等各名茶产区。向天顺不仅自己学，每年还召集合作社专业技术人员对茶农进行技术指导。

“过去，各家种各家的，品质、标准不统一。吉首市着力推进茶叶质量安全建设，引导鼓励茶企、合作社开展‘三品一标’（无公害农产品、绿色食品、有机农产品和农产品地理标志）认证工作；与此同时，积极开发湘西黄金茶新产品。”吉首市茶叶办主任杨继志说。

一路走来，吉首市从少量家庭式加工小作坊起步，然后有了1家专业合作社、5家茶馆，到今天，已有茶叶企业、专业合作社132家，茶叶加工厂38家，茶馆增加了上百家……

杨继志表示，惊人数字变化离不开吉首市积极争取项目资金，提供宽松创业环境，加大对茶叶企业、合作社支持力度。

傍晚时分，吉首市新田农业科技开发有限公司里依旧一片忙碌。工人正加班进行产品包装，尽快将这批明前茶送到好茶者手中。公司2012年成立，如今已是吉首市龙头企业，全州综合排名前三，年销售额达2700万元，直营店遍布全国各大城市。

与包装车间热闹形成鲜明对比的是加工间“小憩”的自动化生产线，这条生产线是公司的宝贝。2017年，市茶叶办向省供销合作总社申报农开项目资金350万元，引进了这条全州第一条全自动、机械化、清洁化、集红、绿茶加工于一体的智能化生产线，日均可处理鲜叶5000斤。从此，公司茶叶加工驶上“高速公路”。

“这是今年的产品‘天圆地方’，首批订单3万套已售罄，每年春茶供不应求。”说起公司得意之作，田海满脸兴奋。

借着“春风”，吉首市茶叶市场主体企业不断成长壮大，涌现一大批创业明星、致富能手。

河溪社区，有个远近闻名的林茶基地，一排排古楠木如卫士般守护着身边的茶株。这片林茶基地的负责人就是河溪社区党支部书记张晓梅，她也是妇女创新创业带头人。

2012年，她带着多年南下打拼积累的本金一头扎入茶园，成立吉首市丰裕隆茶业专业合作社，建茶叶加工厂。如今，直营店开到长沙、株洲，甚至有客商从山西慕名前来。

在隘口村，远嫁他乡的苗家三姐妹也因茶重聚家乡。“2012年，响应政府号召，全家投入发展茶产业，建了村里第一家加工厂。但老人只懂技术，不熟营销，于是我们三姐妹也加入进来了。”洪丹说着向我们展示了一张照片，2017年广州茶博会上，身穿苗服的三姐妹与湘西黄金茶吸引不少客商前来咨询。

“随着全市茶产业产量与质量齐升，品牌知名度不够、发展后劲不足的弊端也日益显现。”市茶叶办副主任涂洪强介绍，近年，吉首市确立了以“湘西黄金茶”为茶叶产业公共品牌，连续投入大量人力、物力、财力，并于2018年获得“湘西黄金茶”地理标志证明商标。

如今，省内外消费者看到“湘西黄金茶”五个字便放心购买。涂洪强还告诉我们，包装上苍劲有力的“湘西黄金茶”特色题字背后有着一段艺术名家寄托乡情的故事。

原来，题字作者是早已享誉书画界的中国著名书画家苏高宇，土生土长的吉首娃。当家乡向他抛出“品牌顾问”的橄榄枝后，苏高宇义不容辞接下重任，不仅泼墨挥毫，更向文艺界朋友“带货”湘西黄金茶，国务院参事忽培元，著名主持人、画家董浩，著名作家王跃文等文化名人都对湘西黄金茶赞赏有加，纷纷表示“终身只喝黄金茶”！还不惜笔墨，为湘西黄金茶题字、作画，丰富和提升湘西黄金茶文化品位。

茶叶扶贫“金矿”，造福子孙后代

吉首，因茶闻名，茶叶使吉首终于找到摘掉“省级扶贫开发重点县”帽子的金钥匙。

吉首市茶叶开发涉及10个乡镇、街道，88个行政村，其中绝大多数是交通不便、耕地短缺、自然条件差的贫困村，因为发展茶叶，隘口村从原来的贫困村变成远近闻名的小康村，全市2.3万建档立卡贫困人员因茶脱贫。

人间四月天，春茶采摘近尾声，冷寨河的廖结忠还是那么忙碌着，合作社来了一批闻“香”而动的客人。谁曾知，今天客人口中的廖总曾是村民眼中的浪荡子，在经历了一场婚变之后，廖结忠开始了种茶和炒茶生涯。

2012年，老廖在自家对门的山上新辟了100多亩的生态茶园；2013年，他牵头成立了吉首市冷寨河茶叶专业合作社；2015年，一位来自北京的投资人通过多方考察终于选定他；今年春季，一场突如其来的疫情，他又转型“带货网红”，通过抖音平台分享湘西黄金茶……

住进新房子，建好新厂房，买上新汽车，老廖的生活彻底因茶而改变。在他的带领下，合作社43户成员全部脱贫，不少更“自立门户”。“我一直鼓励合作社成员学好技术、学会营销，独立出去，自己当老板。”更让老廖得意的是，他带出来的徒弟大有超过师傅的发展势头。

茶叶是劳动密集型产业，老百姓自己种茶一亩，一年收入可达6000元以上，加上参与合作社务工，户均年收入过万元。因为发展茶叶，许多百姓实现了家门口就业，过去冷冷清清的“留守村”重新恢复生机。

每当采茶期，太平镇青干村热闹无比，一辆辆大巴从附近村接送茶工来合作社上班。“朝八晚五”，靠着熟能生巧的技术，村民在家门口每年就能增收2万元以上。村支书张才宣是一家合作社创办人之一，见证了茶产业为整个村子带来的改变。

隘口村城内组的张天顺一家也“吃”上了茶产业的红利。家里经营着一家叫“茶食小院”的农家乐，独特的茶餐颇受游客欢迎，旅游旺季，“茶食小院”常一位难求。

“茶旅一体，有茶就有旅”。吉首市在做强茶产业的同时，积极推进茶旅融合，打造集历史文化、田园风光、休闲娱乐为一体的生态黄金茶谷，茶谷建设已纳入《湖南省茶叶产业发展规划》。目前，黄金茶谷建设如火如荼，其中，苗疆黄金茶谷被评为“全国首批十条茶乡旅特色路线”。

2019年，湘西黄金茶博览园项目正式启动。跨过寒冬，盼来春风，新种下的茶苗生长正旺，随着项目施工进程，博览园又是一番新景象。

湘西黄金茶博览园集茶叶种植、加工、观光、品鉴、交易于一体，建成后年加工湘西黄金茶1000t，实现年产值5亿元以上。同时，利用旅游黄金线路的辐射带动，园区年可吸引10万至20万人次到园区购物、参观、体验、住宿及餐饮等，预计可带来近2000万元旅游综合收入。

谷雨至，茶更香。

30万苗族、土家族、汉族兄弟们，因茶致富、因茶更和谐。

湘西黄金茶，一片绿叶，穿越千年，迎来了她的“黄金时代”！

魅力吉首，黄金飘香，醉美湘西黄金茶。

黄金飘万里，湘西黄金茶。

我轻轻摘下一枚黄澄澄的茶芽，嘴里细嚼慢咽，浓稠的板栗香霸道地粘住了舌尖，顿觉千山万岭间一片生机盎然。

（张笛，摘自《湖南日报》2020年4月16日）

后记

盛世修典，在国家高度重视农业农村绿色产业发展的大势下，湘西茶业近年取得辉煌的成绩，涌现出了“保靖黄金茶”“古丈毛尖”“湘西黄金茶”“十八洞黄金茶”“永顺莓茶”“凤凰雪茶”等知名茶叶区域公用品牌。编纂《中国茶全书·湖南湘西卷》是展示湘西悠久的茶史、厚重的茶文化底蕴及湘西人文精神风貌的良机，是千古流芳的好事、幸事，意义重大而深远。

湘西州人民政府高度重视《中国茶全书·湖南湘西卷》的编纂工作，成立了编纂委员会，组建了以湘西州人民政府党组成员、秘书长，湘西州人民政府办公室党组书记、主任包太洋为主编，湘西州人民政府办公室党组成员、副主任高建华和湘西州农业农村局局长田科虎为副主编，湘西州委党史研究室（湘西州地方志编纂室）副主任李雄野担任执行主编的编纂委员会，聘请“湘西州史志图书编纂专家库”专家代尚锐为总执笔承担编纂工作。

2019年10月25日，湘西州政府秘书长、州政府办公室主任包太洋主持召开会议，专题讨论参与《中国茶全书·湖南湘西卷》编纂相关工作。湘西州农业农村局、州农科院、县市人民政府办公室分管或协管茶叶工作副主任，州茶叶协会负责人等参加会议。会议听取了《中国茶全书》编纂委员会总主编王德安、副主编刘治等一行关于《中国茶全书》编纂工作情况介绍，充分讨论了州本级、县市参与《中国茶全书》编纂相关事宜。会议要求，各县市、州直相关单位要充分认识参与编纂工作的重要性，明确具体目标任务。

2019年12月23日，湘西州人民政府办公室下发了《湘西州人民政府办公室关于做好〈中国茶全书〉编纂相关工作的通知》，要求各级政府办公室高度重视，办公室主任亲自抓，分管副主任具体抓，积极组织开展编纂工作，对标《中国茶全书》质量标准和体例要求，全面推进资料收集和组稿撰稿工作。

2020年1月，湘西州政府组织召开编纂专家座谈会，研究并确定《中国茶全书·湖南湘西卷》篇目架构，编辑部认真开展编纂和收集资料工作，奔赴湘西州各茶叶产区，与茶企负责人、茶农大户、茶叶办工作人员、茶叶科研机构技术人员等进行座谈交流，对湘西州的茶情、茶产、茶艺、茶俗、茶文化底蕴等专题调研。湘西州委党史研究室

（湘西州地方志编纂室）副主任李雄野负责整体篇目的设计和整理工作，湘西州史志专家库成员代尚锐担任常务副主编，统领日常编纂事务。全体编纂人员与茶农同吃同住，走访每一个茶叶基地，踏勘每一个茶企，拜访茶农和制茶名师与工匠，核实《中国茶全书·湖南湘西卷》条目内容表述，查验数据与事实，征集资料及图片，全面推进编纂工作。湘西州各县市茶叶办、茶叶协会等为该书的编纂提供了诸多珍贵史料和有益帮助。

编纂期间，湖南省方志专家库专家、湘西州委党史研究室（湘西州地方志编纂室）副主任李雄野不辞辛劳，带领编纂人员多次前往茶叶基地指导田野调查，提出了诸多建设性的指导意见，对全书的编纂质量进行全面把关。编辑部始终坚持“广征博采、甄别提炼、考证核准、精编严审”的编纂方针，先后搜集茶文化口述资料和民间古籍等各类资料达100万字、各类图片近400幅。工作强度之大，紧张程度之高，资料收集之繁，文辞校汇之巨，远在想象之外。相关史志专家多次审改，编辑部多次修订，于2021年3月中旬形成送审稿清样，4月初，州政府组织召开专家评审会，5月初，完成“齐、清、定”精修任务并交付出版社。

茶全书编修，乃众手所成。《中国茶全书·湖南湘西卷》付梓面世，得益于湘西州委、州政府的高度重视和大力支持。湘西州人民政府秘书长包太洋牵头调度编纂工作，高建华、田科虎、黄文军、史春枝等领导和专家全程参与，督查跟进，为该书成功编纂做了大量积极而富有成效的工作。同时，该书的顺利成稿，也凝聚了全体编纂人员的劳动汗水，是集体智慧的结晶。在此，向为该书编纂工作提供支持和帮助的领导和专家、社会各界热心人士表示诚挚的谢意！

《中国茶全书·湖南湘西卷》虽经编纂人员辛苦耕耘，数易其稿，但囿于资料、时间和编纂水平等原因，书中难免出现疏漏与差错，恳请各级领导、专家学者及广大读者批评指正！

编 者

2021年12月